实用微生态学

主　　编　熊德鑫
执行主编　王吉善　何丽娟　王　奋

科学技术文献出版社
·北京·

图书在版编目（CIP）数据

实用微生态学 / 熊德鑫主编. —北京：科学技术文献出版社，2023.1
ISBN 978-7-5189-9713-8

Ⅰ.①实…　Ⅱ.①熊…　Ⅲ.①微生物生态学　Ⅳ.① Q938.1

中国版本图书馆 CIP 数据核字（2022）第 199091 号

实用微生态学

策划编辑：孔荣华	责任编辑：吴 微	责任校对：张永霞		责任出版：张志平

出 版 者　科学技术文献出版社
地　　　址　北京市复兴路15号　　邮编　100038
编 务 部　（010）58882938，58882087（传真）
发 行 部　（010）58882868，58882870（传真）
邮 购 部　（010）58882873
官方网址　www.stdp.com.cn
发 行 者　科学技术文献出版社发行　全国各地新华书店经销
印 刷 者　北京地大彩印有限公司
版　　　次　2023 年 1 月第 1 版　2023 年 1 月第 1 次印刷
开　　　本　787×1092　1/16
字　　　数　243千
印　　　张　13
书　　　号　ISBN 978-7-5189-9713-8
定　　　价　168.00元

版权所有　违法必究

购买本社图书，凡字迹不清、缺页、倒页、脱页者，本社发行部负责调换

编委会

主　　编　熊德鑫
执行主编　王吉善　何丽娟　王　奋
副 主 编　郑跃杰　吴承堂　郭军飞　姚玉川　黄辉球
编　　委　（排序不分先后）

　　　　　　熊德鑫　解放军总医院第四医学中心
　　　　　　王吉善　北京大学人民医院
　　　　　　何丽娟　北京大学人民医院
　　　　　　王　奋　美国堪萨斯大学医学院
　　　　　　郑跃杰　深圳市儿童医院
　　　　　　吴承堂　南方医科大学南方医院
　　　　　　郭军飞　广东省妇幼保健院
　　　　　　姚玉川　中国人民解放军第一五二医院
　　　　　　王　云　首都医科大学附属北京同仁医院
　　　　　　邓若旺　《江西医药》编辑部
　　　　　　伍丽萍　江西省中西医结合医院
　　　　　　伍颖君　江门市中心医院
　　　　　　武天同　南方医科大学南方医院白云分院
　　　　　　钟俊新　广州市中西医结合医院
　　　　　　符振华　广东省妇幼保健院
　　　　　　黄辉球　惠州市九惠制药股份有限公司
　　　　　　韩凤英　东北制药集团沈阳第一制药有限公司
　　　　　　刘伟学　内蒙古普泽生物制品有限责任公司
　　　　　　黄泰润　惠州市九惠制药股份有限公司

主编简介

熊德鑫教授，生于1944年10月23日，南昌市人，中国共产党党员。1963年考入江西医学院医疗系；1979年9月考入中国医学科学院北京协和医学院，师从刘秉阳教授（魏曦院士和刘秉阳教授是中国微生态学奠基人），从事微生物学微生态研究；1982年硕士研究生毕业被分配到江西省科学院微生物研究所工作，曾任副所长，1988年晋升为副研究员。一直从事微生物厌氧菌方面的研究。

1986年曾应四川大学华西医学中心（原华西医科大学）口腔医院的邀请帮助该院组建厌氧菌实验室，在南昌工作期间多次到科学技术部参加科学技术项目的评审工作。1988年中华预防医学会微生态学分会成立，熊德鑫教授任常务委员，此后熊教授积极参与中华预防医学会微生态学分会的各项学术活动。

1990年11月由解放军总后勤部特招入伍，在中国人民解放军第304医院烧伤研究室工作，担任烧伤研究室副主任，后晋升为研究员，在该院工作期间多项科研项目获军内和地方二、三等奖和荣立三等功一次，并研制出新药金双歧、四联活菌（获国家专利），为该院创造了一定的经济效益。

同时，还无私帮助其他单位进行研究生的带教工作，曾先后指导过南方医科大学（原第一军医大学）、北京大学人民医院、中国中医科学院西苑医院、中国航天中心食品研究中心、北京友谊医院、四川大学华西医学中心（原华西医科大学）的博士研究生做实验。同时，多次主持并参加四川大学华西医学中心（原华西医科大学）、中国疾病预防控制中心等单位的硕士研究生及博士研究生的论文答辩工作。

2002年熊德鑫教授担任中华预防医学会微生态学分会主任委员。2003年熊德鑫教授退休。退休前他是国家科学技术奖评审专家（国家2007年8月授牌）、国家新药审评专家库成员。退休后他仍努力认真完成国家新药审评、国家科学技术奖评审的工作。熊德鑫教授还曾任北京保护健康协会微生态学专业委员会名誉会长，也是北京保护健康协会专家委员会专家、《中国保健营养》杂志专家指导委员会委员。熊德鑫教授先后在《中国微生态学杂志》《微生物学报》《微生物学通报》《解放军医学杂志》《中华检验医学杂志》等杂志发表论文100余篇，多次在《健康报》上发表文章，宣传微生态学术观点，防止抗生素滥用。主编著作6部，担任副主编著作2部，参编著作8部。

20世纪90年代初，熊德鑫教授便将自己所学的专业知识用于临床，因为当时尚无益生菌药物，他用自己多次实验驯化了的双歧杆菌、乳酸杆菌等益生菌做成酸奶后，自己及家人先吃，确保安全后，再给患者服用，治愈了很多患者的慢性腹泻。之后刘秉阳教授研制的双歧杆菌三联活菌（培菲康）、康白教授研制的双歧杆菌活菌（丽珠肠乐）、熊德鑫教授研制的金双歧及四联活菌（四联康）等益生剂相继问世，给广大患者带来了福音。为了在临床上推广益生剂，熊德鑫教授曾多次参加中华医学会消化病学分会的学术活动，为专家们答疑、推广益生剂。率先提出用益生菌制剂治疗菌群失调的患者，解决了临床上因抗生素引起的菌群紊乱而无药可医的状况。许多慢性胃肠炎的患者得到了合理的治疗。

熊德鑫教授一生酷爱阅读，阅读范围甚广，很少在晚上12点以前休息，总是在他的书桌旁不停地看和写。从中华预防医学会微生态学分会卸任后，总结了近10年来大量的国内外资料，他认为微生态学科发展日新月异，自己有责任、有必要将国内外一些先进的理念和技术及自己数十年从事微生态学研究的经验介绍给大家，希望微生态学科能健康发展。于是动笔编写了《实用微生态学》。在编写过程中有许多学术界的同人和学生踊跃参与其中，在编书期间熊德鑫教授因患有严重的心脏病、重度心功能不全，曾多次住院抢救，但出院后仍坚持写作，历时5年终于完成了《实用微生态学》的初稿编写工作。熊德鑫教授于2019年4月22日下午在睡梦中永远离开了我们。他尚未等到新书出版便与世长辞了！希望这本书能帮助到从事微生态事业的开拓者和工作者们。

在此对关心和支持、帮助《实用微生态学》出版的领导、同事和朋友们表示深深的感谢！

熊德鑫教授的夫人何丽娟
熊洪亮（子）、熊玉芳（女）
2022年5月于北京

熊德鑫教授主持编写的著作

《厌氧菌的分离和鉴定》，主编，1986年

《临床厌氧菌检验手册》，主编，1994年

《现代微生态学》，主编，2000年

《现代肠道微生态学》，主编，2003年

《健康从肠内开始》，主编，2005年

《肠道微生态制剂与消化道疾病的防治》，主编，2008年

《老年微生态学》，副主编，1993

《感染微生态学》，副主编，2002

参与编写的著作

《细菌名称（第2版）》，1996年

《现代危重病学》，1998年

《预防医学微生物学及检验技术》，2002年

《临床检验诊断学》，2002年

《人及动物的病原细菌学》，2003年

《微生物与健康》，2004年

《微生态学》，1988年

《肠道生活好管家》，2008年

主要荣誉表彰

1995年参与"肠道外营养对创伤条件肠道屏障功能影响的研究"获解放军总后勤部科技进步奖二等奖

1995年因"电磁旋转平板稀释法的建立和应用"获解放军总后勤部科技进步奖三等奖

1999年因"气相色谱技术用于肠通透性监测的研究"获解放军总后勤部科技进步奖三等奖

1999年因"急性坏死性胰腺炎继发感染的机理及防治的研究"获解放军总后勤部科技进步奖二等奖

2000年因"双歧三联活菌片研究"获内蒙古自治区科学进步奖二等奖

2001年"急性坏死性胰腺炎继发肠道细菌和内毒素易位的机理和防治研究"获广东省科技进步奖三等奖

2002年因"厌氧菌手套箱及厌氧培养方法的研究"获解放军总后勤部科技进步奖二等奖

前 言

生态领域是当今世界各国政府与民众高度关注的话题，大到我们生活的地球生态环境，中到我们生活、工作的生态环境，小到熊德鑫教授主编的《实用微生态学》所关注的人体健康与疾病的微生态环境。国际质量科学院（International Academy for Quality，IAQ）院士拉姆·拉马纳森（Ram Ramanathan）先生和格里高利·沃森（Gregory H. Watson）博士提出的振兴质量宣言中，宣布了实现人类质量愿景的十个方向，其中第二项就是不造成生态伤害。宣言指出，要植入这样一种理念，即不伤害社会和地球生态环境并为其造福，不是限制质量应用的条件，而是将质量应用扩展到所有的地域、行业、企业、医疗、教育与政府管理及职能领域。这个宣言刊登在2021年5月18日的《国际质量学报》中。这说明生态环境越来越得到国际社会高度和广泛的关注，保护好人类生存的生态环境是社会高质量发展进步的重要内容。

微生态学是研究人体内正常微生物的分布、功能结构及与其宿主相互关系的科学，是生命科学的重要组成部分，是正在兴起的新型学科。在生物进化过程中，微生物与其宿主（人或其他动物）微环境之间，长期相互适应，形成了一个微生态体系并保持生态平衡。当有害微生物侵入人体时，微生态平衡的破坏会给人体带来极大的影响，并产生疾病。微生态的概念是由德国专家Volker Rush于1977年首次提出，经过40多年的研究，微生态学取得了显著的发展。其中，微生态制剂在临床的广泛应用是微生态学发展的重要成果之一。微生态制剂又称为益生剂，是利用对人体有益的微生物菌种或促进有益微生物生长的物质所制成的制剂，它通过调整或维持微生态平衡，达到防治疾病、增进健康的目的。从PubMed网站和中国知网上了解到的关于益生菌研究的文章，在进入21世纪以来逐年增加，人们对肠道菌群的研究方兴未艾，微生态乃至整个生物医学领域对益生菌的关注度也在持续升高，有人说"21世纪是微生态的世纪"。

《实用微生态学》正是代表这个时代的新特征，它对微生态领域进行了系统的研究和阐述。这部著作包括：第一章微生态学基础学科——厌氧细菌学简介；第二章正常微生物群的概念及组成；第三章正常微生物群的生理功能；第四章正常微生物群的检测方法；第五章分子生物学技术在肠道微生态种群分类学中的应用；第六章关于基因流、膜菌群、短链脂肪酸的代谢及双歧杆菌的分子生物学研究进展；第七章微生态制剂在内科、儿科疾病防治中的应用；第八章手术、创伤的感染与微生态学；第九章转基因食品、中药与微生态学；第十章益生剂与健康；第十一章益生原与健康；第十二章合生原制剂与健康。从各章的标题就可以看出《实用微生态学》系统地汇总了国内外微生态学领域近年来的研究成果。学习了解这本书对研究微生态环境的理论与方法、研究健康与疾病的关系、维护个人健康长寿与实现健康中国的发展目标具有非常重要的意义。

  本书内容力求深入浅出，各段落层次清晰，易读、易懂、易用，适用于临床医生与科学实验室的研究人员、从事转基因食品与中西医药物的研究人员、从事保健品研究推广的企业、事业单位人员，各界人士也可以各取所需，用于自我保健学习。我国《"健康中国2030"规划纲要》指出健康优先，把健康摆在优先发展的战略地位，立足国情，将促进健康的理念融入公共政策制定实施的全过程，加快形成有利于健康的生活方式、生态环境和经济社会发展模式，实现健康与经济社会良性协调发展。我们相信，本书的出版一定会引起社会各界的广泛关注，有效推动微生态领域的研究与发展。

目　录

第一章　微生态学基础学科——厌氧细菌学简介 1
　　第一节　厌氧性细菌 1
　　第二节　厌氧芽孢梭菌 8
　　第三节　无芽孢厌氧菌 19

第二章　正常微生物群的概念及组成 51
　　第一节　正常微生物群 51
　　第二节　个体菌群 52
　　第三节　正常微生物群的变迁 53
　　第四节　正常微生物群的相对概念和确定标准 54
　　第五节　生态防治的原则 58

第三章　正常微生物群的生理功能 65

第四章　正常微生物群的检测方法 77
　　第一节　直接观察法 77
　　第二节　粪便标本的直接涂片观察法 79
　　第三节　生物量的测定 84
　　第四节　粪便标本的肠道菌群分析法 86

第五章　分子生物学技术在肠道微生态种群分类学中的应用 91

第六章　关于基因流、膜菌群、短链脂肪酸的代谢及双歧杆菌的分子生物学研究进展 111

第七章　微生态制剂在内科、儿科疾病防治中的应用 119
　　第一节　益生菌的作用机制及其药理学特点 119
　　第二节　急性腹泻 121

第三节　抗生素相关性腹泻 122
　　第四节　幽门螺杆菌感染 123
　　第五节　肠易激综合征 124
　　第六节　炎症性肠病 124
　　第七节　肝硬化 125
　　第八节　新生儿坏死性小肠结肠炎 126
　　第九节　儿童过敏性疾病预防 127
　　第十节　儿童呼吸道和消化道感染的预防 128
　　第十一节　儿童孤独症谱系障碍 129

第八章　手术、创伤的感染与微生态学 131

　　第一节　手术、创伤感染的主要病原菌 131
　　第二节　病原菌的主要致病因子——毒素 135
　　第三节　手术、创伤与免疫平衡的失调 140
　　第四节　手术、创伤后免疫功能紊乱和微生态失调的防治 145

第九章　转基因食品、中药与微生态学 151

　　第一节　转基因食品与微生态学 151
　　第二节　中药与微生态学 153

第十章　益生剂与健康 157

第十一章　益生原与健康 171

　　第一节　益生原简介 171
　　第二节　益生原的生理功能 172
　　第三节　益生原与人类健康相关的若干问题 178

第十二章　合生原制剂与健康 193

第一章

微生态学基础学科——厌氧细菌学简介

第一节 厌氧性细菌

一、厌氧性细菌的分布与正常菌群

厌氧细菌学是一门古老而又年轻的学科。地球上出现最早的"居民"之一恐怕应该首推厌氧性细菌（简称厌氧菌）了。人类开始了解厌氧菌不过100多年历史，早年人们认识的厌氧菌以芽孢细菌为主，近几十年来，由于培养技术的显著改进和发展，已经证明了人和其他动物各部位的皮肤、黏膜等处定居着许多正常菌群。正常的菌群中90%~99%是厌氧菌，其中主要是无芽孢厌氧菌；需氧菌仅占1%~10%，有时甚至只占0.1%。一方面，这些厌氧菌不仅在数量上占绝对优势（如下消化道中类杆菌，每克粪便标本达10^{12}~10^{13} cfu/g活菌数），也在宿主的营养、免疫、生长发育及生物屏障（又称为定植抗力）方面起重要作用；另一方面，由于机体抵抗力降低、皮肤和黏膜损伤及抗生素、免疫制剂、抗肿瘤药物或放射治疗等方法使用不当时，会引起机体皮肤或黏膜等处的菌群失调或以某种方式突破屏障而发生移位，从而引起感染症（厌氧菌感染症大部分属于内源性感染）。可见厌氧菌作为正常菌群中的主要成员，广泛地分布于机体的皮肤和黏膜表面，既具有利于宿主防御感染、营养的生理性作用，也具有条件致病的有害作用。

厌氧菌主要栖居在人的呼吸道、腔道（如鼻旁窦）、口腔、肠道、阴道和尿道等处的黏膜和皮肤上，它们与需氧菌、兼性菌一起构成人体的正常菌群，也就是说厌氧菌存在于人体各个部位，在有些部位，如肠道和口腔，厌氧菌占绝对优势，它与需氧菌之比约为1000∶1。厌氧菌在人体分布情况列于表1-1中。

表1-1 厌氧菌在人体的分布情况

主要厌氧菌属	呼吸道	口腔	肠道	尿道	阴道	皮肤
类杆菌属（Bacterioides）	+	+	++	+	+	0
普雷沃菌属（Prevotella）	+	++	+	+	+	0
梭杆菌属（Fusobacterium）	+	++	+	+	+	0
纤毛菌属（Leptotrichia）	±	++	±	0	0	0
二氧化碳嗜纤维菌属（Capnocytophaga）	0	+	0	0	0	0
韦荣球菌属（Veillonella）	0	+	+	0	+	0
双歧杆菌属（Bifidobacterium）	0	±	++	0	0	0
乳杆菌属（Lactobacillus）	0	+	++	±	++	0
丙酸杆菌属（Propionibacterium）	0	±	+	±	0	++
优杆菌属（Eubacterium）	0	0	++	0	0	0
消化球菌属（Peptococcus）	0	0	++	+	±	±
消化链球菌属（Peptostreptococcus）	+	0	++	±	+	0
梭菌属（Clostridium）	0	0	++	±	±	0

注：0表示无或很少；+表示常有；++表示大量存在；±表示不规则。

（一）厌氧性细菌的定义

厌氧菌是指一群在菌细胞代谢的呼吸链中不能以分子氧作为终末电子受体的细菌，它们以有机或无机化合物作为终末电子受体，必须在无氧或低氧分压、低氧化还原电势（Eh）并含一定的浓度CO_2环境中才能生长，它们的能量只来自酵解途径。

厌氧菌是近年来发展变化迅速的微生物，其种名和属名每年都有较大变化，1994年评议版《伯杰氏系统细菌学手册》记载，厌氧菌大致包括40个菌属、300多个菌种或亚种，其中绝大多数是无芽孢厌氧菌，有芽孢厌氧菌只含一个菌属，称为梭菌属，目前已报道227个菌种和亚种。

（二）厌氧性细菌的分类（主要厌氧性细菌的生物学分类）

1. 杆菌

杆菌分为有芽孢梭状菌芽孢杆菌属（又称为梭菌属）和无芽孢梭状菌芽孢杆菌属。

（1）革兰阳性杆菌

1）产生丙酸和乙酸，蛛网菌属（Arachnia）只含一个菌种，即丙酸蛛网菌（A.propionica），此属现已取消并归为丙酸杆菌属，此菌又称为丙酸杆菌（P.propionica）。丙酸杆菌属（Propionibacterium）包括9个菌种，其中皮肤群包括3个菌种。

2）产生乙酸和乳酸归双歧杆菌属，包括33个菌种或亚种，是目前人们所认识的细菌中唯一可能不致病的菌属。

3）只产生或以乳酸为主（90%以上）归乳酸杆菌属。

4）产生适量乙酸、少量甲酸、大量琥珀酸；或产生适量乙酸、少量甲酸、大量琥珀酸和乳酸；或产生适量乙酸、少量甲酸、大量乳酸，此为放线菌属（Actinomyces）原包含8个菌种，现增加了3个菌种包括杰格式放线菌（A.gergiae）、杰锐斯放线菌（A.genenseriae）及白纳德放线菌（A.benadiae），现共有11个菌种。

5）产生丁酸和其他酸；或既产生丁酸又产生甲酸；或无主要脂肪酸产生，此为优杆菌属（Eubacterium）和毛螺菌属（Lachnospira）。优杆菌属新增两个菌种，即藏匿优杆菌（E.saphenus）和小优杆菌（E.minutum），优杆菌属也被译为真杆菌属，为了统一，笔者建议均译为优杆菌属。

（2）革兰阴性杆菌

1）周鞭毛或非运动性：①产生丁酸（而无大量的异丁酸和异戊酸产生）为梭杆菌属，新增3个菌种，总共包括13个菌种，新增菌种有龈沟梭菌（F.alocis）、沟迹梭菌（F.sulci）和溃疡梭杆菌（L.ulcerans）。②只产生乳酸为纤毛菌属，其只有一个菌种称为口腔纤毛菌。③产生乙酸和H_2S还原硫酸盐为脱硫单胞菌属。④主要来自肠道，不产生丁酸；或产生丁酸的同时产生相当量的异丁酸和异戊酸，为类杆菌属，也称为拟杆菌属，为避免名称的混乱，建议统称为类杆菌属为宜。近年来这个菌属增加了4个菌种，即纤维类杆菌（B.gracilis）来自人的口腔龈沟；粪类杆菌（B.cacae）、屎类杆菌（B.mardae）、便类杆菌（B.dtercoris）主要来自于粪便标本。该菌属包括25个菌种，其中脆弱类杆菌（B.fragilis）最常见，约占临床厌氧菌分离总数的40%。⑤来自口腔的，不产生丁酸，或产生丁酸的同时也产生一定量的异丁酸和异戊酸为普雷沃菌属，原口腔类杆菌全部转至普雷沃菌属，它包括16个菌种。⑥来自口腔的，同上，在培养平板上产生黑色菌落，为卟啉单胞菌属（Porphyromonas），包括5个菌种，即非解糖卟啉单胞菌、牙龈卟啉单胞菌、牙髓卟啉单胞菌、齿周卟啉单胞菌及唾液卟啉单胞菌。

2）端鞭毛：①糖发酵性：产生丁酸为丁酸弧菌属（Butyrivibrio）；产生琥珀酸为琥珀酸单胞菌属（Succiniomonas）和琥珀酸弧菌属（Succinivibrio）；产生丙酸和乙酸为厌氧弧菌属（Anaerovibrio）。②糖非发酵性：从延胡素酸产生琥珀酸为生琥珀酸弧菌（Vibrio succinogenes）；从延胡素酸不产生琥珀酸为弯曲菌属（Campylobacter）、雷肯菌属（Rikenella）及梳状菌属（Pectinatus）。

3）在月牙形细菌的凹部具鞭毛为月形单胞菌属（Selenomonas），近年来生痰月形单胞菌又增加了6个菌种，即瘤胃、有害、佛鲁格氏、伤害、迪安娜和阿特米丝月形单胞菌，口腔多见。

4）有轴丝螺旋形细胞为密螺旋体属（*Treponema*）和疏螺旋体属（*Borrelia*）。

2. 球菌

（1）革兰阳性球菌

1）双球状、链状排列，要求发酵碳水化合物产生丁酸：①形态学上见有出芽时常会染成革兰阴性菌，为芽殖菌属（*Gemmiger*）；②革兰阳性链球菌为链球菌属（*Streptococcus*），包括5个种群，22个菌种，其中厌氧链球菌有4个菌种。

2）不产生丁酸只产生下列脂肪酸中某1~2种：如乙酸（A）、甲酸（F）、乳酸（L）和琥珀酸（S），为瘤胃球菌属（*Ruminococcus*）。

3）不需要发酵碳水化合物：①只产生乳酸，为链球菌属（*Streptococcus*）中两个产乳酸菌种；②除产生乳酸外还产生其他短链脂肪酸，为消化球菌属（*Peptococcus*）和消化链球菌属（*Peptostreptococcus*），前者只含一个菌种，称为黑色消化球菌（*P.niger*），后者原有10个菌种，新增4个菌种，即产氢消化链球菌（*P.hydrogenalis*）、人眼泪液消化链球菌（*P.lacrimalis*）、阴道消化链球菌（*P.vaginalis*）和解乳消化链球菌（*P.lacrolyticus*），此菌属含14个菌种。

还有葡萄球菌属（*Staphylococcus*），它只有一个菌种属于厌氧菌，称为解糖葡萄球菌（*S.saccharolyticus*）。

（2）革兰阴性球菌

1）产生丙酸和乙酸，为韦荣球菌属（*Veillonella*）。

2）产生丁酸和乙酸，为氨基酸球菌属（*Acidaminococcus*）。

3）产生异丁酸、丁酸、异戊酸、戊酸、乙酸，为巨球型菌属（*Megasphaera*）。

其中较为重要的是韦荣球菌属，除了个别菌种可酵解果糖外，一般不酵解其他糖类，它包括7个菌种，与人类健康密切相关的有3个菌种，即小韦荣球菌（*V.parvula*）、不典型韦荣球菌（*V.atypical*）和殊异韦荣球菌（*V.dispar*）。

二、厌氧性细菌感染

厌氧菌感染几乎遍及临床各科，人体的各个部位、各个器官和组织都可发生厌氧菌感染，而且感染率相当高，有些甚至可达100%，其中一部分是厌氧菌单独感染，而大部分是与需氧菌混合感染。国外报告约60%的临床感染有厌氧菌，国内临床标本厌氧菌检出率为31%~61%。

厌氧菌与需氧菌感染，不但诊断方面有差异，治疗方面也不相同。常规需氧菌的检测方法是不能检出厌氧菌的。临床常规使用的抗菌药物，如磺胺类和氨基糖苷类抗生素（如链霉素、庆大霉素、卡那霉素和新霉素等），对厌氧菌无效。厌氧菌中最常见的菌种是脆弱类杆菌，对青霉素G和头孢菌素有很高的耐药性。临床上有不少标本常规细菌培养为阴性，常用的抗生素治疗无效，但临床症状很像细菌感染，因而诊断为"无菌感染"或"无菌脓肿"的病例，可能大多数还是厌氧菌感染。近年来有一些病例，常规细菌检验找到某些需氧致病菌，也给予抗需氧菌的抗生素治疗，有一定的疗效，但是由于实际上是需氧菌和厌氧菌的混合感染，病灶中的厌氧菌未能被常规检验发现，未能完整治疗，因而疗效不全，故不断复发。临床上疗效不全现象比比皆是，这反映出厌氧菌与需氧菌混合感染相当普遍。机体本身无论组织内或组织外都是有氧环境，利于需氧菌生长，所以混合感染早期总是需氧菌占优势，待需氧菌将环境中O_2耗竭，机体抵抗力被削弱以后，环境又利于厌氧菌生长，故厌氧菌感染总是继发性和慢性方式，尤其以内源性感染多见。

厌氧菌感染的临床和细菌学特征如下。

（1）厌氧菌感染的一个重要特征是感染的局部易产生气体，其中以产气荚膜梭菌产生的气体最多。其感染可能在局部造成组织严重肿胀和坏死，称为气性坏疽。胸腔、腹腔有大量积气及皮下有捻发音等。当然无气体也不能排除厌氧菌感染，因为也有不少的厌氧菌不产生气体。

（2）厌氧菌感染的分泌物恶臭，这与厌氧菌产生的丁酸、戊酸等代谢产物有关。铜绿假单胞菌的脓液有姜味，变形杆菌的脓液有霉味，只有厌氧菌感染脓液有腐败性臭味。

（3）厌氧菌感染的分泌物常带血或呈黑色，且在紫外线照射下发出红色荧光，这是紫色小单胞菌感染的特征。分泌物含有黄色颗粒，可能是放线菌感染。组织中含有大量气体，致组织极为肿胀、疼痛，皮肤呈灰色，并迅速扩散，要怀疑是气性坏疽。

（4）黏膜破损时易发生厌氧菌感染，并可进一步侵入血流，引起菌血症或深部脓肿。对于常规血培养阴性的细菌性心内膜炎，并发脓毒症的血栓性静脉炎，伴有黄疸的菌血症等，都应考虑可能有厌氧菌感染。

（5）细菌学方面，标本有恶臭，分泌物带气泡、呈黑色或咖啡色，直接涂片染色镜检发现细菌染色不均，形态奇特，多形性明显者；标本直接涂片有细菌而培养阴性者，此菌在含庆大霉素或卡那霉素培养基中能生长者；在硫乙醇酸盐或琼脂高层底部能生长者；菌落有双溶血环，呈黑色，菌落表面不平有小斑点或菌落如面包屑者，都要考虑厌氧菌感染的可能性。

总之，厌氧菌感染存在于人体的各个部位，遍及临床各科。过去对厌氧菌知之甚少，易诊断为"无菌性炎症"，而这些炎症又多迁延不愈或复发，实际上这些炎症大部分是厌氧菌感染症。据美国1977年统计，约有60%的临床感染标本检出厌氧菌。厌氧菌感染，尤其是无芽孢厌氧菌感染症中的厌氧菌大多数是来自宿主的正常菌群，因此称为内源性感染症。人体包括六大菌群，即皮肤、口腔、肠道、呼吸道、阴道和尿道菌群，尤其是口腔和肠道，堪称两大"细菌库"，人类感染的厌氧菌中80%来自这两大"细菌库"。有人说，人类发生的各种类型的细菌感染都可能包括厌氧菌。一般来说，临床厌氧菌感染多以慢性、迁延性炎症或脓肿为主，其病变严重程度除了与厌氧菌感染的种类、数量等有关外，还因病灶所在部位的不同而有所差异。

三、厌氧性细菌的检验

厌氧菌的检验不同于常规的需氧菌检验，检验步骤包括标本采集、标本输送、标本分离的程序和特殊的培养方法，以及进行厌氧菌的鉴定和药敏试验等。

（一）标本采集

1. 原则

厌氧菌群是人体正常菌群，对人体来说是内源性的。厌氧菌感染时，常常是在一定区域，厌氧菌的数量大大超过了需氧菌。因此，厌氧菌的检验原则是一切可能污染正常菌群的标本都不宜做此检验。下列标本不能进行厌氧菌的检验：咳痰、齿龈拭子、小肠内容物、咽喉内容物、溃疡面分泌物、阴道分泌物、尿液、粪便、洗胃液等。

2. 临床标本的采集方法

临床标本最简洁的采集方法是用注射器抽取样本后立即（将针头）插入橡皮塞内。

对各部位不同类型的临床标本采用不同的采集方法。

（1）任何闭合性脓肿：用注射器抽取，注射针头插入橡皮塞内，以免空气侵入。

（2）支气管：用Wimberger双层聚四氟乙烯套管绒毛刷，在利多卡因局部麻醉后进行；或纤维支管镜头带套管（自制），支气管镜到达支气管后伸出内管取样，之后抽回套管内取出。漱口后取新咳痰（漱口液为0.5%甲硝唑和0.01%氯己定混匀）。

（3）胸腔：穿刺（术前做好消毒工作）用注射器抽取。

（4）尿道：皮肤严格消毒后经耻骨联合上方穿刺或用清洁中段尿。

（5）生殖道、盆腔：以吡咯烷酮碘消毒后，后穹窿穿刺，取盆腔渗出液。子宫分泌物用双导管抽取，抽取后将取样管退回外套管后取出，以防阴道正常菌群污染。

（6）阑尾脓肿等腹腔脏器感染：无菌外科切开后抽取。

（7）溃破脓肿：先用无菌棉签擦去表面脓液，然后取深部脓液。

（8）口腔：使用Newman带空气导管的藻酸钙倒刺或活动尖端的刮器采样，导管可抽回于内管并充入无氧的CO_2，标本采集后退回外套管取出。

（9）血液：做好采血部位消毒，一般使用3%碘酊消毒皮肤，消毒7~13分钟后采血，一次采血量以>5 mL为宜；在使用抗生素或进行化疗前24小时宜采血2~3次。一般使用10 mL的磨口试管，内含溶血剂聚乙二醇辛基苯基醚（乳化剂op）和抗凝剂共0.8 mL，经高压灭菌后置室温备用。取患者血5 mL，立即注入L-c管，并充分颠倒混匀10次以上，待L-c管内红细胞完全溶解后（液体透明），将L-c管以400 r/min离心15～20分钟，然后将离心的L-c管的上清液弃去，取管底沉渣划线接种血平皿，同时涂片镜检。将平皿做需氧菌和厌氧菌两种培养，到7日无菌生长才报告阴性。

（二）标本输送

标本输送应注意以下几点。

（1）尽量在厌氧环境中输送，如注射器插入橡皮塞或无氧小瓶直接输送。

（2）常温下输送比低温下输送更好。

（3）混合气体中输送比单纯CO_2中输送好。

（4）输送容器内保持一定的湿度，避免标本干燥而使厌氧菌死亡。

（三）标本分离的程序

厌氧菌临床标本分离的程序如图1-1。

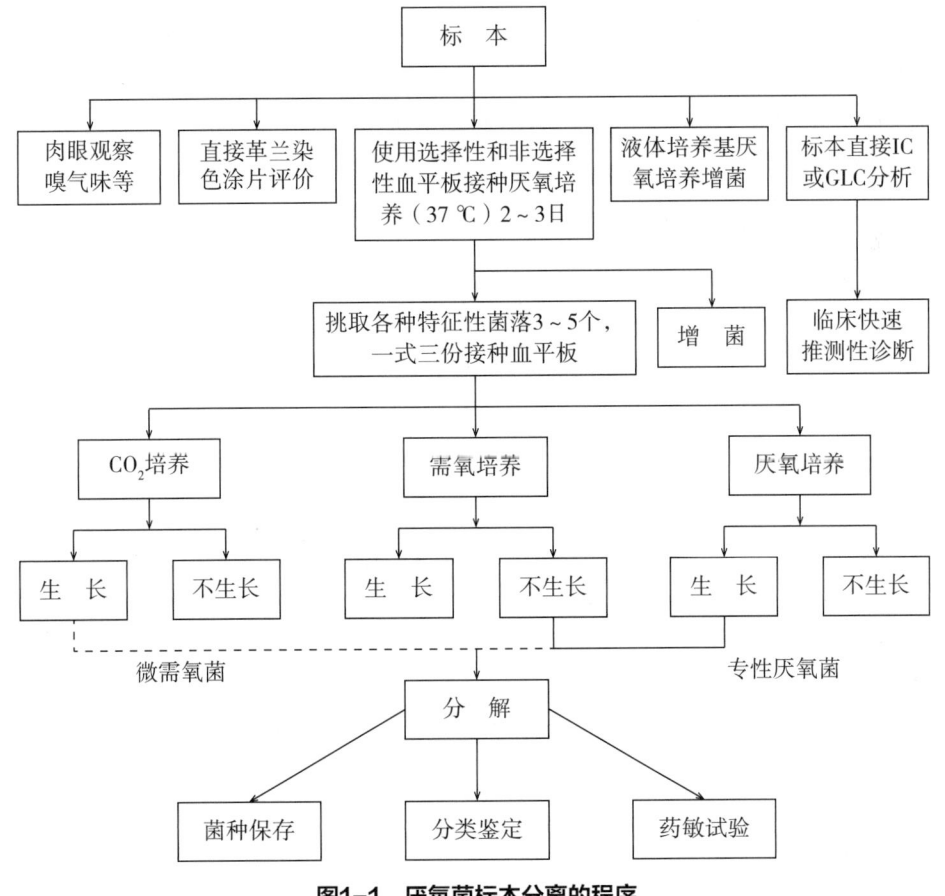

图1-1　厌氧菌标本分离的程序

（四）厌氧性细菌的鉴定总则

厌氧菌的分离培养鉴定是个较复杂的工作，一般依据《伯杰氏系统细菌学手册》第9版第1、第2卷和评议版所列的表型特征（形态、生化性状、生长需要等）及遗传特征（DNA杂交符合率或DNA G+C mol%含量等）进行系统鉴定，但对于一般的临床检验室多使用Finegold的厌氧菌的三级鉴定方法进行鉴定。

1. 一级鉴定

一级鉴定又称初级鉴定，一般指对初代培养结果的观察。主要根据耐氧试验、选择性培养基、标本的来源和细菌菌落、菌细胞特征报告厌氧菌检出结果，一般只能鉴定到类、群或属（种）。如在七叶苷胆汁（BBE）平皿上出现黑色带晕的 > 1 mm的菌落，镜检为革兰阴性杆菌，染色不均，菌体可见未染色的空泡，多形态，可初步判定为脆弱类杆菌；又如在KV血平皿上，菌落深陷生长，培养基表面留有坑痕者，可能是解脲类杆菌和纤细类杆菌等。

2. 二级鉴定

二级鉴定是在一级鉴定的基础上进行的，如观察菌落形态、溶血性、色素产生、芽孢形成等，进一步结合细菌生长特性、生化试验结果等将厌氧菌鉴定到属或种，如在卡那霉素、万古霉素溶血平皿上有棕色或黑色菌落或虽无黑色菌落但在紫外线照射下有红色荧光，不耐受20%胆汁，对粘杆菌素（10 mg/L）敏感性不定，可定为产黑色素普氏杆菌或卟啉单胞菌。有不少二级鉴定中加入抗生素纸片的敏感性试验，如Wadsworth手册的标准，对一些厌氧菌属的鉴定也具简便可靠的特点。

3. 三级鉴定

三级鉴定是在一、二级鉴定基础上进行的，补充菌的代谢产物的GLC分析（正确定菌属），并补充系统生化性状测定，以及DNA G+C mol%含量测定或使用标准菌株进行杂交试验以确定厌氧菌菌种。

第二节　厌氧芽孢梭菌

厌氧芽孢杆菌只有一个菌属，即梭状芽孢杆菌属，简称为梭菌属（*Clostridium*），本菌属包括130个菌种和亚种，广泛地分布于自然界，多数为腐物寄生菌，少数为致病菌，能分泌外毒素和侵袭性酶类，可使人或动物致病。

一、破伤风梭菌

(一) 生态

破伤风梭菌（C.tetani）广泛地分布于自然界，在人与动物的肠道和土壤中都存在，由于它可能形成芽孢在自然界（如土壤里）存在数年至十数年。当机体遭受创伤或新生儿娩出时使用不洁用具剪断脐带，破伤风梭菌可侵入伤口生长繁殖，分泌外毒素引起机体痉挛性抽搐，称为破伤风，新生儿破伤风又称为脐带风。

(二) 生物学性状

1. 形态

菌体细长，大小为（2~5）μm×（0.3~0.5）μm。有周鞭毛、能运动。无荚膜，芽孢呈正圆形，比菌体大，位于菌体顶端，使细菌呈鼓槌状，为本菌特征。初代培养物为革兰阳性，培养48小时后，尤其是芽孢形成后，易转为革兰阴性。

2. 培养

破伤风梭菌为专性厌氧菌，在普通培养基上不易生长，使用BHI或CDC血平板，37 ℃培养48小时，形成直径2~4 mm、扁平、半透明、灰白色、边缘不齐的菌落，偶可出现向外扩散生长倾向，此时不易获得单个菌落，如改用高浓度琼脂血平板（4 g/100 mL），其扩散生长可受抑制，有狭窄乙型溶血环（即β溶血环）。在庖肉培养基中，肉渣部分消化，微变黑，有少量气体，生成甲硫醇及H_2S，有腐败性臭味。培养数天后，培养液变清，这是菌体的自溶现象。

3. 生化

破伤风梭菌一般不发酵糖类，能液化明胶。产生H_2S，形成吲哚，不还原硝酸盐，对蛋白质有微弱的消化作用。

4. 抵抗力

本菌繁殖体抵抗力与其他细菌相似，但芽孢抵抗力甚强，在土壤中可存活数十年不死，能耐煮沸1小时、干燥15 ℃及50 g/L苯酚10~15小时。

(三) 致病性与免疫性

破伤风梭菌主要产生神经毒素（痉挛毒素）和溶血毒素而引起严重病症，如神经毒素能与神经节苷脂结合，封闭脊髓抑制性突触，阻止抑制性突触释放抑制性冲动的传递介质（如甘氨酸），致使上、下神经元之间正常的抑制性冲动受阻，导致中枢性超常反射，引起骨骼肌痉挛，患者强直性痉挛，呈角弓反张，全身肌肉呈强直性收缩，严重者可窒息死亡。

本菌产生外毒素除了痉挛毒素外还有溶血毒素，能溶解人或许多动物的红细胞。此菌有菌体（O）抗原和鞭毛（H）抗原。菌体抗原各型相同，而鞭毛抗原有型特异性，根据H抗原差异，可分为10个血清型，各型所产生毒素的生物活性与免疫活性均相同，可被任何型的抗毒素中和。

（四）微生物学检验

根据破伤风的典型临床表现即可做出诊断，故一般不进行细菌学检查，直接涂片镜检见菌体一端有圆形芽孢呈鼓槌状杆菌的典型形态可做出初步报告。由于分离培养时间长且不易有阳性结果，故细菌学检验不列为常规。

1. 直接涂片

从病灶处取脓汁或坏死组织，直接涂片并进行革兰染色，镜检见菌体一端有圆形芽孢呈鼓槌状的杆菌典型形态，可初步报告结果。

2. 厌氧培养

将可疑标本接种于庖肉培养基，在75～85℃水中加热30分钟，杀灭其他杂菌，而芽孢得以存活，置35～37℃环境培养2～4小时，如验材为组织宜先用电动组织捣碎器将组织标本捣碎后再接种，在庖肉培养基中生长后，可转种至适宜的培养基（如GMTA或BHI培养基），新鲜的血平板接种后，厌氧培养18～24小时，如有此菌，则呈迁徙性生长，其边缘扩散，常扩至平板的2/3～1/2。要获得纯培养可使用培养基加硫酸新霉素的选择性平板培养基，传代2～3次即可。

3. 动物实验

以菌培养滤液做小白鼠的毒性试验和保护力试验，可确定毒素有无及其性质。毒性试验，可在小白鼠尾根部皮下或肌内注射0.1～0.25 mL培养滤液。阳性者，注射后12～24小时可出现尾部僵直竖起、后腿强直或全身肌肉痉挛等症状，甚至可死亡。保护力试验是将0.1～0.5 mL培养滤液以1∶10稀释破伤风抗毒素，给另一小白鼠注射（上述毒力试验作为对照），若不发病，表示保护力试验阳性，证明培养滤液中有破伤风毒素存在。动物毒性试验和保护力试验可做确证。

（五）流行病学与防治原则

由于本菌芽孢抵抗力甚强，在土壤中可数十年不死，因此本菌在野外感染主要通过创伤、烧伤、外伤切口缝合，局部坏死组织并多伴有其他化脓性球菌感染，造成病灶局部组织中氧化还原电势低而成为混合感染。此菌对氯霉素、克林霉素、红霉素、青霉素G及四环素都敏感。本病的防治除了早期选用敏感的抗生素外，还应该尽早使用破伤风抗毒素，以尽量减轻破伤风外毒素的损害。

二、产气荚膜梭菌

产气荚膜梭菌（C.perfringens）又名魏氏梭菌（C.welchii），它是引起气性坏疽的病原菌之一。

（一）生态

产气荚膜梭菌广泛地分布于自然界，尽管它在人畜肠道中菌群数量不大，为$10^4 \sim 10^5/g$，但它是人畜肠道正常菌群之一。此菌对人致病的菌型主要为A型和C型，A型产气荚膜梭菌是土壤及肠道菌群成员之一，而B型、C型、D型、E型菌可能是动物专性栖生菌，偶尔在人体内发现。可从食物、牛奶、奶酪或包装不合格的肉食及野味中分离该菌，在人体中，除了口腔外，子宫颈、阴道、尿道、消化道中也可分离到此菌，此外1/5的人群还可能从前肘窝皮肤分离到此菌。A型产气荚膜梭菌参与气性坏疽的致病。

（二）生物学性状

1. 形态

产气荚膜梭菌是革兰阳性粗大杆菌，无鞭毛，不能运动，直杆菌，两端钝圆，单个或成双排列，偶见长丝状，芽孢呈椭圆形，位于菌体中央或次极端，芽孢直径不大于菌体，在一般培养时不易形成芽孢，在无糖培养基中容易形成芽孢，在机体内易形成明显的荚膜。

2. 培养

厌氧，但要求不严格。繁殖迅速，培养2小时后，在液体培养基深层即有明显生长，经4~6小时培养后出现表面生长，在平板培养基上培养24小时，表面菌落直径达2~4 mm，圆形、凸起、光滑、半透明、边缘整齐，无迁徙生长现象。在血平板上，多数菌株有双层溶血环，内环完全溶血是由于θ毒素的作用，外环不完全溶血则是由α毒素所致。在蛋黄琼脂平板上，菌落周围出现乳白色浑浊圈，是由于此菌所产生的卵磷脂酶分解蛋黄中卵磷脂，可被特异性抗血清所中和，这一现象称为纳格勒氏（Nagler）反应。这些对于菌株的确定有决定性意义。在疱肉培养基中产生气体，肉渣呈粉红色，不被消化。在牛乳培养基中能分解乳糖产酸，使酪蛋白凝固，同时生成大量气体（H_2和CO_2），将凝固的酪蛋白冲成蜂窝状，并将液面上凡士林向上推挤，甚至冲开管口棉塞，气势凶猛，称为"汹涌发酵"，是本菌鉴别的重要特征之一。

3. 性状

所有菌株均能发酵葡萄糖、麦芽糖、乳糖和蔗糖，产酸、产气。不发酵甘露醇或水杨苷；液化明胶，产生H_2S，不能消化已凝固蛋白质和血清，吲哚阴性。主要代谢产物乙酸和丁酸，有时也形成丁醇。

（三）致病性与免疫性

本菌能产生β、ε、μ等12种外毒素，这些毒素与溶血、动物致死、侵袭等致病作用有关。根据细菌产生外毒素种类的不同，可将产气荚膜梭菌分成A、B、C、D、E五型，过去曾增加到F型，现普遍认为F型实为不典型C型。对人类致病的主要是A型、C型。A型主要引起气性坏疽和食物中毒，临床上大约80%的气性坏疽是由产气荚膜梭菌引起的，此外还可以引起菌血症和其他混合感染。E型引起坏死性肠炎。

（四）微生物学检验

1. 注意标本的感染和处理

一般取感染创伤深部的分泌物、穿刺物、坏死组织块等固体，这些标本经组织捣碎器研磨成悬液，一份直接涂片染色镜检，另一份用庖肉培养基增菌，再取一份接种血平板或卵黄琼脂，48小时厌氧培养以后再纯化。

2. 鉴定依据

（1）形态特征：革兰染色阳性粗大杆菌，缺少芽孢，有荚膜。

（2）24小时固体培养基上形成圆形、凸起、半透明、边缘整齐而无迁徙生长现象，而在血平板上有双层溶血环和糖发酵反应，尤其是汹涌发酵现象。

（3）卵磷脂酶试验阳性，卵磷脂酶具有抗原性，它的活性可被相应抗血清所抑制，测定时在乳糖卵黄牛乳琼脂平板的半侧涂以A型产气荚膜梭菌与A型诺维氏梭菌混合抗毒素，而后从未涂抗毒素的一侧向涂抗毒素的一侧接种待测菌株，厌氧培养18小时后观察，在未涂抗毒素的一侧生长菌落周围出现浑浊白环，而在涂抗毒素的一侧生长的菌落无此现象，称为卵磷脂酶试验阳性。本试验也可先在平板上划线接种待测菌株，然后贴一浸过抗毒素的长条滤纸，结果同上，即磷脂毒素被抗毒素中和，借以能确定产生了卵磷脂酶。

（4）动物实验：如用豚鼠可取本菌庖肉培养基1 mL，接种于动物的左后腿肌肉中，使其产生实验性坏疽，接种动物24~48小时死亡，接种后数小时局部有明显肿胀，由气体产生捻发音。水肿可扩展至腹部或腋下区等，如预先注射相应的抗菌血清，可使致伤动物得到保护；或者将本培养物0.5~1 mL注射入家兔或小鼠静脉内，10分钟后杀死动物，取其肝脏或其他脏器37 ℃培养5~8小时，脏器出现大量气泡，又称"泡沫肝"，涂片镜检发现有革兰阳性粗大杆菌，并有明显荚膜。

（5）代谢产物的气相色谱分析：以乙酸和丁酸为主。

以上5条都可作为有产气荚膜梭菌致病的依据。

（五）流行病学和防治原则

产气荚膜梭菌致病条件与破伤风梭菌类似，宿主在大面积创伤（烧伤）、局部供血不足时，组织缺氧坏死，氧化还原电势下降，芽孢发芽繁殖，产生毒素和侵袭酶，引起感染致病，如气性坏疽、食物中毒和坏死性肠炎等。本菌还有12种外毒素，如α、β、γ、δ、ε、ζ等，其中重要的是α毒素，即卵磷脂酶，能分解人和其他动物细胞膜上磷脂和蛋白质的复合物，破坏细胞膜，引起溶血组织坏死和血管内皮损伤，使血管通透性增高造成水肿，同时，α毒素还能促使血小板凝聚，导致血栓形成和局部组织缺血；β毒素可引起人类坏死性肠炎；ε毒素有坏死和致死作用；θ毒素有溶血和破坏白细胞作用，对心肌有毒性；κ毒素（胶原酶）能分解肌肉和皮下胶原组织，使组织溶解；μ毒素（透明质酸酶）能分解细胞间质中的透明质酸；γ毒素（DNA酶）能使细胞核DNA解聚，降低坏死组织黏稠度。这些毒素和酶与组织溶解、坏死、产气、水肿及病变的迅速扩散、蔓延和全身中毒症状均有密切关系。本病防治除了对此菌进行抗毒素治疗外，此菌对青霉素G敏感，对氯霉素、克林霉素、甲硝唑也相对敏感，可用于治疗此病。但近年来有不少报告显示，从动物（如猪）体内分离出的菌株对四环素、克林霉素、红霉素或四环素、氯霉素耐药，而且对四环素耐药是由耐药质粒传递的。此点更应引起临床医生的关注。

三、肉毒梭菌

肉毒梭菌（*C.botulinum*）是梭菌属中一个常见的致病菌种。

（一）生态

肉毒梭菌是人肠道的正常菌群，它广泛地存在于自然界，土壤中常可检出，偶尔也存在于动物的粪便中，在厌氧环境中，此菌能产生极强烈的肉毒毒素，引起特殊神经中毒症状，死亡率也极高。

（二）生物学性状

1. 形态

革兰阳性粗大杆菌单独或成双排列，有时可呈短链状，有周身鞭毛，无荚膜。在20~25℃时形成椭圆形芽孢，位于菌体的次极端，芽孢大于菌体，使细菌呈汤匙状或网球拍状。

2. 培养

严格厌氧，在普通平板上形成直径3~5 mm的不规则菌落，在血平板上有β溶血，能消化肉渣，使之变黑，产生腐败恶臭。生化性状随毒素型不同而有所差异，一般特征是发酵蔗糖、不发酵乳糖、液化明胶、产生H_2S，但不产生吲哚，能溶血，一般不产生卵磷脂酶，GLC分析结果能产生乙酸（A）和丁酸（B），其他有机酸随型不同而有所差异。

（三）致病性与免疫性

肉毒梭菌致病菌主要是产生肉毒毒素，肉毒霉素是目前已知毒素中毒性最强的，该毒素有强嗜神经性，可作用于脑神经和外神经肌肉接头处与自主神经末梢，阻止胆碱能神经末梢释放乙酰胆碱，导致肌肉麻痹（包括呼吸困难和心力衰竭）。根据肉毒梭菌所产生毒素的抗原性不同，目前肉毒梭菌分为A、B、C_1、C_2、D、E、F、G 8个类型，引起人类疾病的有A、B、E、F型，以A、B型为常见，国内报告的大多是A型。各型毒素药理作用都是相同的，但抗原性不同，只能被同型抗毒素中和。肉毒毒素是由19种氨基酸组成的简单的蛋白质，分子量多为150 000，等电点为5.6，具有一定耐热性，加热到80~90 ℃，5~10分钟或煮沸1分钟可破坏。

（四）微生物学检验

1. 标本的采集

采集血液，分离血清，从血清中检出毒素是最直接和最有效的方法。如果血清采集不及时，患者摄取毒素量过少，可能诊断阴性。采集粪便，从中检出毒素或分离肉毒梭菌也有助于临床诊断。从媒介食品中检出毒素最容易，采取可疑食品作为送检标本颇为重要，虽然是间接手段，但对于判断食品与中毒的关系和证实临床诊断的可靠性很有意义。外伤感染性肉毒中毒患者的伤口坏死组织或渗出液也可作为检验标本。

2. 分离培养

本菌获得纯培养比较困难，因为土壤或其他检材中常有大量的各类芽孢菌存在，常使用增菌方法，通过动物保护性试验证明毒素存在，再接种血琼脂或卵黄琼脂进行传代培养，厌氧培养36~48小时，排除可疑菌落做最后鉴定。培养基中加入硫酸新霉素（50 μg/mL）则有利于抑制污染的需氧菌生长，但应注意其对E型肉毒梭菌的某些菌株有抑制作用。在卵黄琼脂平板上除了G型外，其余都产生局限性不透明区和珠光层，因此有利于选取菌落。在卵黄牛乳培养基上，可以鉴定分解和不分解的菌株，不分解蛋白、不发酵乳糖和分解脂肪的菌落可推测为C、D或E型，或为B、F型的不解蛋白株。

3. 毒素的检测

将可疑剩余食物、呕吐物或胃肠部洗液、粪便浸液、血清及肉培养液等待测标本低温沉淀，取其上清液，除了血清的毒素测定外，应先用1 mol/L的NaOH或HCl把部分上清液pH调至6.2，然后将上清液1.3 mL加入0.2 mL（1/250）胰蛋白酶水溶液中，37 ℃放置1小时，即为胰蛋白酶激活处理，尤其是对蛋白分解型菌株，可充分激活其毒素活性。

4. 毒素的定性检验和毒素类型鉴定

（1）定性试验：取待检物上清液，分别用0.5 mL接种两只小鼠腹腔，其中一只在接种前预先注射肉毒毒素的多价毒素血清做保护性试验。接种后数小时即潜伏期出现早期症状：呼吸困难、两侧腰肌明显凹陷呈"蜂腰"。继而出现无力、麻痹、四肢伸直，一般在18~24小时死亡，也有延迟到4日死亡的。注射多价血清则无上述症状且存活，为动物保护成功。

（2）毒素类型鉴定：须用血清做中和试验和反向间接血凝试验。后者采用特异性抗毒素致敏红细胞，测定食物或血液中存在毒素，并可检测其类型，中和试验所用的上清液及胰蛋白酶激活液按表1-2处理。然后取经各种处理的混合物0.5 mL进行小鼠腹腔内接种，每种混合物接种两只小鼠，观察72小时，小鼠一般在注射后12~24小时开始死亡。注射加热处理及混合相应抗毒素组的小鼠因得到保护而存活。

表1-2　肉毒毒素中和试验混合液的制备

编号	上清液或其活化液（mL）	血清或抗毒素（mL）	处理
1	1.2	0.3正常兔血清	37℃放3分钟
2	1.2	0.3B正常兔血清	煮沸10分钟
3	1.2	0.3A型抗毒素	37℃放30分钟
4	1.2	0.3B型抗毒素	37℃放30分钟
5	1.2	0.3E型抗毒素	37℃放30分钟
6	1.2（活化）	0.3F型抗毒素	37℃放30分钟
7	1.2（活化）	0.3正常兔血清	37℃放30分钟
8	1.2（活化）	0.3正常兔血清	煮沸10分钟
9	1.2（活化）	0.3B型抗血清	37℃放30分钟
10	1.2（活化）	0.3E型抗血清	37℃放30分钟
11	1.2（活化）	0.3F型抗血清	37℃放30分钟

5. 微生物检查确定依据

（1）电镜检为革兰阳性近极端芽孢，呈汤匙状。

（2）48小时、37℃厌氧培养后有上述形态菌生长，或肉渣培养管变黑并产生恶臭味。

（3）平板培养菌落边缘有皱褶。

（4）肉毒毒素检测试验阳性。

（5）一般经7日厌氧培养无菌生长方可报告阴性。

（五）流行病学和防治原则

常因食用（如罐头食品或发酵食品等）被污染食品而引起肉毒芽孢梭菌感染和中毒，

该菌在厌氧条件下可产生强烈外毒素——肉毒毒素，此毒素有嗜神经性，可作用于脑神经和外神经——肌肉接头处与自主神经末梢，阻止胆碱能神经末梢释放乙酰胆碱导致肌肉麻痹（如头晕、头痛）出现眼部症状（复视、眼睑下垂、斜视、眼内外肌瘫痪、瞳孔放大），相继发展至咽部肌肉麻痹、吞咽困难、语言障碍、声音嘶哑，进而出现膈肌麻痹、呼吸困难。而E型者多表现为胃肠道症状，如恶心、呕吐、腹痛、腹泻；重者可死于呼吸困难与心力衰竭。婴幼儿有时也可感染中毒，患儿常见便秘，1～2周后迅速出现全身软弱、不能抬头、无力吸乳、哭声低弱。本病与一般食物中毒不同，仍属于感染中毒，可持续8周以上，注意营养和护理，一般1～3个月可自然恢复。

防治原则：应注意食品加热至90℃以上或煮沸10～30分钟，这样既可以破坏其毒素，又可以杀菌。对于肉毒梭菌感染可选用敏感抗生素，如氯霉素、克林霉素、红霉素、青霉素G和四环素，其对甲硝唑、利福平或一些头孢霉毒也敏感，但对萘啶酸或庆大霉素耐药或不敏感，故在选择抗生素时应注意此点。

四、艰难梭菌

本菌对氧甚为敏感，较难分离培养，故名艰难芽孢梭菌（C.difficile）。近10年来发现此菌与伪膜性肠炎有关系，近年来该菌已成为医院内感染常见的病原菌之一。

（一）生态

艰难梭菌是肠道正常菌群成员之一，一般不产生毒素（只有16%产毒），但是它一旦成为优势种群，就能产生肠毒素（毒素A）和细胞毒素（毒素B），尤其是当宿主免疫功能下降时，病死率高达20%以上。

（二）生物学性状

1. 形态和染色

本菌为粗长杆菌，能运动或不能运动。运动菌株为周毛菌。芽孢为卵圆形或长方形，初发于菌体次极端，后移向极端。无荚膜，革兰染色阳性，培养2日后有转为阴性的趋向。

2. 培养特性

本菌为严格的专性厌氧菌，用一般的厌氧培养方法不易生长，只有在厌氧手套箱中培养才易成功。生长温度为25～45℃，而最适温度是30～37℃。在血琼脂、牛脑心浸液琼脂或专门选择性培养基环丝氨酸-甲氧头孢霉素-果糖-琼脂（cycloserine-cefoxitin-fructose-agar，CCFA）等平板培养基上，经48小时严格的厌氧培养后，形成菌落直径为3～5 mm，圆形、略凸起、白色或淡黄色，不透明，边缘不整齐，表面粗糙的艰难梭菌。在血平板上不溶血,在卵黄磷脂平板上不形成乳浊环,在CCFA平板上不形成芽孢,其菌落经紫外线照射可出现黄绿色荧光。本菌肉汤培养2日以上,有溶菌现象。

3. 生化性状

不分解蛋白质,发酵葡萄糖、果糖、甘露醇,产酸。水解七叶苷,液化明胶不定。不分解乳糖、麦芽糖与蔗糖。不产生吲哚和H_2S,不凝固牛奶,不还原硝酸盐,不产生卵磷脂酶及脂肪酶。挥发性代谢产物有少量乙酸、异丁酸、异戊酸、戊酸、丁酸和异己酸,少数菌株还产生甲酸、丙酸、乙酸、琥珀酸等。

(三)致病性与免疫性

现已确定艰难梭菌是抗生素相关性肠炎(antibiotic associated colitis,AAC)及其假膜性结肠炎(pseudomembranous colitis,PMC)主要的病原菌。艰难梭菌是肠道正常菌群,正常情况在双歧杆菌、乳酸杆菌等生理性细菌的拮抗作用下,此类菌占位密度低,基本上不产生毒素。但是一旦抗生素使用不当,肠道中生理性细菌被抑制,艰难梭菌成为优势种群时,它们能产生肠毒素(即毒素A)和细胞毒素(即毒素B),而引起AAC或PMC,两种毒素抗原性各异,互不交叉,可被各自的抗毒素所中和,毒素B还能被索氏梭菌(C.sordellii)的抗毒素中和。毒素A和毒素B均有细胞毒性,但在细胞毒性上毒素B比毒素A大几千倍;在致死性上,毒素A比毒素B大17倍;对肠黏膜的毒性上,毒素A明显大于毒素B。

(四)微生物检验

1. 直接涂片染色镜检

革兰阳性大杆菌,比产气荚膜梭菌略细,两端稍圆,偶见卵圆形或长方形芽孢,比菌体大,位于次极端。平皿上生长菌的形态与粪便直接涂片类似。

2. 分离培养

粪便标本可直接接种在CCFA选择性培养基上,培养基中加环丝氨酸500 μg/mL和头孢甲氧霉素16 μg/mL、1%中性红乙醇溶液和5%蛋黄液等,经37 ℃ 48小时厌氧培养后,见直径3~5 mm、圆形、淡黄色、不透明、粗糙性菌落,挑菌转种于庖肉培养基中进行纯培养,供鉴定试验和毒素测定。在CCFA上菌落形态典型,涂片染色菌形态典型,不分解蛋白质、不凝固牛奶,发酵葡萄糖、果糖、甘露醇产酸,水解七叶苷,其他糖不分解。

3. 毒性检验

(1)毒素B(细胞毒性测定)试验:粪便标本先以2000 r/min去渣,如粪便水分不多可加入等量pH 7.2的PBS液混匀,置4 ℃环境2~3小时后离心取上清液;或庖肉培养基37 ℃ 4D培养物3000 r/min 30分钟离心沉淀,取上清液,经0.45 μm孔径滤膜除菌,接种于含单层细胞的微孔塑料板，细胞种类任选，但最好是人胚肺成纤维细胞，Hela细胞也可用；35 ℃环境培养4小时即有病变，24小时病变达高峰，出现细胞变圆、折光性改变而发亮。

还可以进行抗毒素中和试验，如将等量索氏梭菌或艰难梭菌抗血清置于粪便或庖肉培养滤液中，混合后放置10分钟，再接种塑料板，加入抗血清中和的滤液，无病变出现。

（2）毒素A（肠毒素）试验：取待检的粪便或庖肉培养上清液，加入抗毒素A抗血清发生凝集，再加入毒素致敏性乳胶，就不能再发生凝集，凝集被抑制称为乳胶试验阳性，这就是乳胶凝集抑制试验的原理。

一般来说，伪膜性肠毒素B的检出率达98%，抗生素相关性腹泻相关率达44%，抗生素相关性肠炎相关率达9%。对于患者预后测定细胞毒素（毒素A）更有价值，在致死性上毒素A比毒素B高17倍，这两个毒素检测往往是此菌致病的重要依据。

4. 家兔肠袢试验

取停食2日的家兔，剖腹后取出小肠扎成4段，分别注入：①待测标本滤液；②经56 ℃ 30分钟灭菌的滤液；③经抗毒素处理的标本滤液；④生理盐水。24小时后再剖腹，观察各肠段内的液体贮积量。若只有注入未经处理的待测标本滤液的肠段内积有大量暗红色浑浊液，而其他各段无变化，判为阳性反应。

5. 致死试验

豚鼠或小鼠致死试验也可用来检测毒素B的毒性。

（五）流行病学与防治原则

流行病学调查发现艰难梭菌是人肠道正常菌群之一，各年龄段携带情况大致如下：1岁以内婴儿带菌率为30%～90%，之后下降；3～6岁健康儿童带菌率约为20%；健康成人带菌率约3%。但是机体免疫功能下降患者（如癌症患者）带菌率高达40%。抗生素相关性腹泻患者，艰难梭菌检出率高达62.2%，这是因为使用抗生素抑杀肠道内大量敏感菌株，而艰难梭菌因耐药而大量增生，发生菌交替症，最常见肠道内类杆菌、真杆菌和厌氧球菌减少，而当艰难梭菌消失时，上述3类菌又明显增加，可见肠道正常菌群中一些生理性细菌是艰难梭菌重要的拮抗菌。

防治原则：①合理使用抗生素。对于年老体弱者、手术后（尤其是腹腔和盆腔大手术后）患者及免疫力极差的癌症患者，要特别注意尽量避免选用易诱发抗生素相关性肠炎（antibiotic-associated colitis，AAC）的抗生素，如氨苄西林、头孢霉素，尤其是克林霉素和林可霉素等；②停用抗生素后一般AAC即消失，如仍有腹泻等症状可选用万古霉素125～500 mg，q6h，7～8日一个疗程；或用甲硝唑200 mg，tid，5～7日一个疗程，均有良效；③复发病例应口服万古霉素或甲硝唑一个疗程；④注意支持疗法，包括提供营养和纠正电解质紊乱；⑤补充生理性细菌以促进肠道微生态平衡，主张多种制剂联合大剂量使用，如金双歧加促菌生片，或四联活菌加肠康宁丸，或双歧乳杆菌三联活菌片加肠康宁片（或酪酸梭菌活菌片），一般一次4~6片，q6h或q8h。

第三节　无芽孢厌氧菌

一、革兰阴性杆菌

革兰阴性厌氧杆菌在临床厌氧菌感染中很常见，类杆菌属居第一位，近年来由于DNA G+C mol%及同源性差异，原类杆菌属划归为3个菌属，即来自口腔的革兰阴性厌氧杆菌（原类杆菌）现归类于普雷沃菌属和卟啉单胞菌属，以及肠道的原类杆菌属。其次为梭杆菌属，偶有纤毛菌属和沃廉氏菌属，月形单胞菌较少检出。

（一）类杆菌属

类杆菌属是革兰阴氧性无芽孢厌氧杆菌，无动力或少数菌株有荚膜或周鞭毛有动力。专性厌氧，有机化能异氧菌，代谢碳水化合物、蛋白质或中间产物，其菌细胞DNA G+C mol%含量为28~61，模式菌种为脆弱类杆菌，其他包括25个菌种，临床常见的有10~15种。

1. 生态

类杆菌属所包括的25个菌种中，主要来自人体正常菌群和临床标本的有9~10个菌种，主要来自人和其他动物的共有6个菌种，主要来自动物和昆虫的有10个菌种（包括牛、羊、猪、狗、大鼠、小鼠、蜗牛和白蚁等）。类杆菌是人或动物肠道正常菌群中的主要成员之一，有统计认为约占所分离活菌的1/3，因此可以认为它是人或许多动物肠道菌群中的优势种群之一。有报道证明它不仅与宿主的胆固醇和胆汁代谢有关，还参与一些水溶性B族维生素的合成。此外，其个别菌种（如单形类杆菌）在人激动时更容易分离，即与宿主的精神状态和情绪有关。

2. 生物学性状

类杆菌形态为短杆菌，染色不均，中间染色浅或不着色，两端圆而浓染，使菌体呈空泡状。在固体培养基上培养物形态较规则，而在液体培养基，尤其在含糖培养基中，培养物形态不规则，长短不一。

在营养丰富的血琼脂平板培养基上，一般能形成小菌落（直径1~5 mm），菌落呈圆形，边缘低凸、半透明或不透明，或呈灰白色，稍溶血或不溶血（羊血琼脂平板上）。葡萄糖肉汤培养物多带光滑的浑浊沉淀，最终pH低于6.0。脆弱类杆菌群等部分菌种，在含20%胆汁的培养基中促进生长和触酶试验阳性。许多解糖菌种能利用或需要CO_2，并将其结合到琥珀酸中。许多菌种生长需要氯化血红素和维生素K_1的刺激作用。类杆菌属细菌是专性厌氧菌，只有在含10% CO_2、10% H_2和80% NO_2混合气体的环境中生长良好。CO_2是多数解糖菌种所必需的，H_2主要用于消耗环境中残余的O_2，部分也满足少数菌株代谢所需。初代培养对氧化还原电势有一定要求，因此，对于一个成功的初代培养来说，除了严格的厌氧环境外，低氧化还原电势也是极其重要的。类杆菌最佳培养环境是37 ℃和pH 7.0，此时生长最快，血清或腹腔积液（5%～10%）、瘤胃液（10%～30%）、表面活性剂吐温80或油酸（0.02%）、甲酸铵（0.2%）、高锰酸盐（0.2%）和聚丙酸盐（0.9%）等物质可促进其生长。

3. 致病性和免疫性

脆弱类杆菌含有脂多糖（lipopolysaccharide，LPS），具有内毒素的一些特点，但是其LPS是不完全的，其核心部分无2-酮基-3-脱氧辛酸（KDO）和庚糖。脂质A不含10-羟基十四烷酸（即肉豆蔻酸），脂质A与多糖部分疏松相连。脆弱类杆菌的不完全LPS具有白细胞趋化作用，它能激活补体第二途径。从病灶分离的脆弱类杆菌多具有荚膜，除了脆弱类杆菌外，普通、吉氏、多形、卵形、单形类杆菌都能分离到含荚膜的菌株，类杆菌的荚膜不仅能保护细菌的存活，对抗吞噬细胞的吞噬作用，而且类杆菌的荚膜多糖也具有免疫原性，能引起免疫T细胞依赖反应。宿主对抗脆弱杆菌攻击时，具有保护作用的免疫T细胞属于Lyt1$^-$2$^+$3$^+$细胞亚群而不属于Th细胞群。

除了上述荚膜多糖和脂多糖"O"抗原外，还发现脆弱类杆菌分泌的神经氨酸酶、溶解纤维酶及DNA酶也有致病作用（与致病和扩散有关），但有待进一步研究证实。

4. 微生物学检查

类杆菌是革兰阴性无芽孢厌氧杆菌，它包括2个种群、25个菌种。其形态与梭杆菌属的许多菌种类似，除了选择性培养基（KV平板）生长及特征外（即GAM或CDC平板加5%脱纤维兔血、卡那霉素100 μg/mL、万古霉素7.5 μg/mL），主要依靠菌的终末代谢产物的气相色谱分析结果和DNA同源性测定结果，相互鉴别和鉴定属种。如菌的终末代谢产物的气相色谱分析结果以丁酸为主，伴有丙酸、乙酸和乳酸等其他产物，它们是梭杆菌属；而类杆菌属的菌种一般无丁酸产生，即使有少量丁酸产生，也常伴有异丁酸和异戊酸产生（而梭杆菌属细菌一般不伴有异丁酸和异戊酸产生等）。其实验室诊断依据生化性状、耐药性、抗生素敏感性、终末代谢产物、DNA G+C mol%和同源性测定等结果综合分析。

以往的微生物学常把类杆菌属分成3大群，即脆弱类杆菌群、口腔群和产生黑色素类杆菌群，但根据1994年评议版《伯杰氏系统细菌学手册》所列，类杆菌属目前只分成脆弱类杆菌群和动物类杆菌群，原口腔群转至普雷沃菌属，而产生黑色素类杆菌群一部分被划归新的菌属，即卟啉单胞菌属，另一部分转为产生黑色素的普雷沃菌属。类杆菌属各菌种的微生物学检查主要特征列于表1-3中。

5. 流行病学与防治原则

类杆菌主要存在于人体和动物的结肠中，是健康人粪便中的正常菌群，约占从粪便标本分离活菌的1/3，粪便标本中有10^{10}~10^{12} cfu/g，是大肠埃希氏菌（*E.coli*）或肠球菌的100~1000倍，脆弱类杆菌是厌氧菌感染中最常见的病原菌，约占厌氧菌临床分离株的40%；临床厌氧菌的感染以需氧菌或兼性菌的混合感染多见；主要为内源性感染，也可见于女性生殖系统、脓胸、颅内感染和菌血症等。

防治原则：对厌氧菌的防治，一般首选甲硝唑，其对脆弱类杆菌和大部分厌氧菌有强大的抗菌活性，但对需氧菌或兼性菌的混合感染无效，必要时适当加入庆大霉素或卡那霉素以对抗需氧菌，如检出革兰阳性球菌或杆菌则可加选青霉素G。如考虑产生β-内酰胺等耐药性问题，可适当选用林可霉素或克林霉素等。

（二）普雷沃菌属

原口腔中类杆菌全部划归普雷沃菌属（又称普氏菌属），由于它也是重要的革兰阴性无芽孢厌氧杆菌，故本书中以独立章节介绍。普氏菌属是以法国厌氧微生物先驱者A.R.Prevot的名字命名的（表1-4）。

1. 生态

普雷沃菌属包括17个菌种，它们主要栖居在人的口腔、女性泌尿生殖道或瘤胃动物（麋、牛、羊）的瘤胃或鸡粪便中。它们也是定植上述部位的正常菌群。

2. 生物学性状

普雷沃菌属细菌是化能异氧菌，代谢碳水化合物、蛋白质或中间产物。解糖菌种的发酵产物包括琥珀酸、乙酸、乳酸、甲酸和丙酸，以及微量到中等量的异丁酸、异戊酸或丁酸等混合酸产物，有时也有短链醇产生。不解糖的菌种则从蛋白胨产生少量到中等量的琥珀酸、甲酸、乙酸和乳酸等酸的混合产物。普氏菌不像从肠道来的类杆菌，它们大多数对胆汁敏感。普氏菌不少菌株在45℃的温度生长良好，在25℃和30℃的温度菌株间的生长情况不一。氯化血红素对普氏菌模式株的生长有明显的刺激作用，且多半是普氏菌生长所必需的。在KV血平板上常形成0.5~1 mm、圆形、表面光滑、凸起、边缘整齐、半透明或不透明的菌落。菌体革兰染色阴性无芽孢，菌体多为（0.5~1.2）mm×（1.0~8）mm大小的细菌，排列成双或短链。

3. 致病性与免疫性

普氏杆菌也含内毒素，即脂多糖，它可引起发热，抑制中性粒细胞的吞噬作用。由于脂多糖结构不完整，故毒性较低。不少的普氏杆菌胞壁含二氨基庚二酸，具有免疫原性。

表1-3 类杆菌属的菌种鉴定

菌种名称	20%胆汁生长	吲哚产生	硝酸盐还原	液化明胶	牛奶反应	肉渣消化	扁桃苷	阿拉伯糖	纤维二糖	糊精	水杨苷	七叶苷	果糖	葡萄糖	肌醇	乳糖	麦芽糖	甘露糖	甘露醇	淀粉	松三糖	密二糖	棉子糖	鼠李糖	核糖	蔗糖	海藻糖	木糖	GLC分析PYG产物	DNA G+C mol%
脆弱类杆菌 (B.fragilis)	+	−	−	W	C	−	−	−	W	+	−	−	W	+	−	V	+	+	−	−	−	+	+	−	+	+	−	−	S.A.P (B.iv.L)	41～44
普通类杆菌 (B.vulgatus)	+	−	+	−	C	−	−	+	−	+	−	+	+	+	−	+	+	+	−	−	−	+	+	+	+	+	−	+	S.A.P (iv.iB)	40～42
吉氏类杆菌 (B.distasonis)	+	−	+	−	C	−	−	−	+	+	−	+	+	+	−	+	+	+	−	+	−	+	+	−	+	+	+	−	S.A.P (iv.iB.L)	43～45
卵形类杆菌 (B.ovatus)	+	+	−	−	V	−	+	+	+	+	+	+	+	+	V	+	+	+	−	+	+	+	+	+	+	+	+	+	S.A.P (iv.iB.L)	39～43
多形类杆菌 (B.thetaiotaomicron)	+	+	+	−	w	C	+	+	+	+	−	+	+	+	V	+	+	+	−	+	+	+	+	+	+	+	v	−	S.A.P (iv.iB.L)	40～43
单形类杆菌 (B.uniformis)	+	+	+	−	C	−	−	+	+	+	+	+	+	+	−	+	+	+	−	+	−	+	+	+	+	+	+	+	S.A.P (iB.iv)	45～48
类类杆菌 (B.caccae)	+	−	Nt	V	−	−	−	+	+	Nt	Nt	w	Nt	+	−	w	Nt	Nt	Nt	Nt	Nt	+	+	−	Nt	+	+	−	S.A (P.iB)	40
尿类杆菌 (B.merdae)	V	+	Nt	Nt	−	−	−	−	+	−	+	−	Nt	+	−	−	Nt	−	Nt	Nt	Nt	+	+	−	+	+	−	−	S.A (P.iB.iV)	44
埃氏类杆菌 (B.eggerthii)	+	+	+	−	c	−	−	+	−	+	−	+	+	+	−	+	+	+	−	−	−	−	−	W	+	−	−	+	S.A.P (iB.iv)	44～46
内脏类杆菌 (B.splanchnicus)	+	+	+	−	c	−	−	+	−	+	−	+	+	+	−	+	+	v	−	−	−	+	+	−	+	−	−	+	S.A.P (iB.iv)	Nt
列氏类杆菌 (B.levii)	−	−	−	−	Cp	+	−	−	−	−	−	−	−	+	−	−	−	−	−	−	−	−	−	−	+	−	−	−	S.A.P (iv.iB)	45～47
恒河猴类杆菌 (B.macacae)	−	−	+	−	A	−	−	−	+	+	−	+	−	+	−	−	+	−	+	−	−	−	+	+	+	+	−	−	P.S.A.iV.iB	43～44
嗜淀粉类杆菌 (R.amylophilus)	−	−	−	−	−	−	−	−	−	+	−	+	+	+	−	+	+	−	−	+	−	−	−	−	−	+	−	−	S.A.F.L	40～42

续表

菌种名称	20%胆汁生长	吲哚产生	水解七叶苷	硝酸盐还原	液化明胶	牛奶反应	肉渣消化	扁桃苷	阿拉伯糖	糊精	纤维二糖	水杨苷	七叶苷	果糖	葡萄糖	肌醇	菊糖	乳糖	麦芽糖	甘露糖	淀粉	甘露醇	松三糖	密二糖	棉子糖	核糖	鼠李糖	蔗糖	海藻糖	木糖	GLC分析PYG产物	DNA G+C mol%
多毛类杆菌 (*B.capillosus*)	−	−	−	−	c	−	−	−	−	−	−	−	−	−	−	−	−	−	−	−	−	−	−	−	−	−	−	−	−	−	S.A (L.F.P)	60
叉形类杆菌 (*B.furcosus*)	−	+	−	−	w	−	−	−	−	−	−	−	−	−	+	−	−	−	+	−	−	−	−	−	−	−	−	+	−	−	L.A.P (F.S)	34
解脲类杆菌 (*B.ureolyticus*)	−	−	+	+	−	−	−	−	−	−	−	−	−	−	−	−	−	−	−	−	−	−	−	−	−	−	−	−	−	−	S.A (L.F)	28~30
便类杆菌 (*B.steraras*)	+	+	Nt	−	Nt	Nt	−	−	−	−	−	−	−	+	+	−	−	+	+	+	−	−	−	−	w	−	+	+	−	−	S.A (P.iB.iV)	Nt
纤维类杆菌 (*B.gracillis*)	−	−	−	+	−	−	−	−	−	−	−	−	−	−	−	−	−	−	−	−	−	−	−	−	−	−	−	−	−	−	S.A	44~46
结瘤类杆菌 (*B.nodosus*)	+	−	+	−	P	+	−	−	−	−	−	−	−	+	+	−	−	−	−	−	−	−	−	−	−	−	−	−	−	−	A.S (iV.iB.F)	45
仿肺类杆菌 (*B.pneumosintes*)	−	−	−	−	−	−	−	−	−	−	−	−	−	−	−	−	−	−	−	−	−	−	−	−	−	−	−	−	−	−	A (S.L)	Nt
腐败类杆菌 (*B.putredinis*)	−	−	+	−	P	V−	−	−	−	−	−	−	−	−	−	−	−	−	−	−	−	−	−	−	−	−	−	−	−	−	S.iV.Pa.iB.B.L	Nt
凝固类杆菌 (*B.coagulans*)	v	+	−	−	C	−	−	−	−	−	−	−	−	−	+	−	−	−	+	+	−	−	−	−	−	−	−	−	−	−	A (F.P.L.S)	37

注：+ 为阳性，pH < 5.5; − 为阴性，pH > 5.7; −+ 表示阴性或阳性。W 为弱反应；牛奶 a 为产酸；c 为凝块；p 为膨化；V 为不定（可变结果）；A 为乙酸；P 为丙酸；B 为丁酸；F 为甲酸；iB 为异丁酸；iV 为异戊酸；C 为己酸；iC 为异己酸；Pa 为苯乙酸；py 为丙酮酸；L 为乳酸；S 为琥珀酸。大写字母为产值 > 1 meq/100 mL，小写字母为产值 < 1 meq/100 mL；括号内为可能产生（后表同），英文 Nt 为未做。

表1-4 普雷沃菌属主要菌种

菌种名称	DNA G+C mol%	生态环境	吲哚产生	七叶苷水解	β氨基葡萄糖苷酶	α果糖酶	β木糖酶	β菊糖酶	甘氨酰胺肽酶	木糖	阿拉伯	纤维二	鼠李糖	水杨苷	蔗糖	乳糖	GLC分析PYG产物
产黑色素普氏菌（P.melaninogenicus）	36~40	人齿龈	−	−	+	+	Nt	−	−	−	−	−	−	−	+	+	S.A.ib（iv.F.l）
两路普氏菌（P.bivia）	36	40%阴道、腹腔及泌尿生殖道标本	−	−	+	−	−	−	+	−	−	−	−	−	−	+	A.iv.S（F.ib）
颊普氏菌（P.buccae）	50~52	人口腔	−	+	−	−	+	+	−	+	+	+	+	+	+	+	A.s（P.ib.iv.l）
口颊普氏菌（P.buccalis）	42~56	人口腔	−	+	+	−	−	+	−	−	−	−	−	−	+	+	a.iv.s
躯体普氏菌（P.corporis）	43~46	人口腔	−	−	+	+	Nt	−	−	−	−	−	−	−	−	−	S.iv（f.ib.l）
住齿普氏菌（P.denticala）	49~51	人齿龈	−	−	+	+	Nt	−	−	−	−	−	−	−	−	+	S.a（f.L.ib.iv.py）
解糖胨普氏菌（P.disiens）	40~42	20%阴道、腹腔及泌尿生殖道标本	−	−	−	−	−	−	+	−	−	−	−	−	−	−	S.a（f.p.ib.iv）
溶肝素普氏菌（P.heparxinalyticus）	42~46	人口腔	+	+	Nt	+	+	+	−	−	−	Nt	+	+	+	+	S.A（p.ib.iv.f）
中间普氏菌（P.intermedia）	41~44	人口腔及多种临床标本	+	−	−	+	Nt	−	−	−	−	−	−	−	−	−	Sa.iv（ib.p.f）
罗氏（莱氏）普氏菌（P.loescheii）	42~46	人齿龈	−	+	+	+	Nt	+	−	−	+	−	−	−	+	+	S.A（f.l.p.v）
口腔普氏菌（P.oralis）	43	人口腔	−	−	−	−	−	−	−	−	−	+	+	+	+	+	A.f.S（l）
口普氏菌（P.oris）	42~46	人口腔	−	−	−	+	−	−	−	+	+	+	+	+	+	+	A.S（p.ib.iv）
龈炎普氏菌（P.oulora）	42~46	人口腔	−	−	−	−	−	−	−	−	−	−	−	−	−	+	S.A.P（ib.iv.l）
栖瘤胃普氏菌（P.rumimicola）	48~50	麋、牛、羊的瘤胃或鸡粪	−	+	−	+	Nt	Nt	−	+	+	−	+	+	+	+	A.s（p.ib.iv）
真口腔普氏菌（P.veroralis）	43	人齿龈	−	+	+	+	Nt	V	−	−	−	+	−	−	+	+	a.s
成胶团普氏菌（P.zoogleoformans）	47	人齿龈	−	+	+	Nt	Nt	Nt	−	V	V	−	V	+	+	+	A.P.S（ib.v）
变黑普氏菌（P.nigrescens）	40~44	人齿龈	+	Nt	Nt	Nt	Nt	Nt	Nt	−	Nt	Nt	Nt	+	A.S.iv（ib.p）

注：F为甲酸；A为乙酸；P为丙酸；PY为丙酮酸；L为乳酸；S为琥珀酸；B为丁酸；iB为异丁酸；V为戊酸；iV为异戊酸；C为己酸；iC为异己酸；PA为苯乙酸；Fu为延胡素酸；M为丙二酸。产值>1 meq/100 mL时记大写字母，产值<1 meq/100 mL时记小写字母。括号为可能产生（后表同），Nt为未做。

部分普氏杆菌共有荚膜，可抗吞噬细胞的吞噬和消化作用，并可抵抗机体参与的调理作用。不少普氏杆菌菌种产生毒性酶（如胶原酶），利于溶解宿主组织中的胶原纤维，容易入侵组织和致病；也产生免疫球蛋白分解酶、透明质酸酶、DNA酶和神经氨酸酶等，它们与对抗宿主的体液免疫作用，以及细胞的入侵、扩散和繁殖致病有关。

4. 微生物学检验

普雷沃菌属是使用KV平板培养基中来源于口腔标本中的革兰阴性杆菌，基本上属于口腔类杆菌群，其大部分菌种能发酵葡萄糖产酸，但它们只具有中等酵解糖的能力，在含2%牛胆汁平板上生长差，主要代谢产物是琥珀酸和乙酸，菌细胞因缺乏葡萄糖-6-磷酸脱氢酶（G6PD）和6-磷酸葡萄糖脱氢酶而区别于类杆菌属的其他细菌。本菌属包括6个菌种，其菌种鉴定的微生物学检验列于表1-4。

5. 流行病学与防治原则

普雷沃菌常常从感染的牙根管及牙周袋分离到，这类感染可通过根尖孔或侧支根管延至髓腔，甚至引起脓毒血症，并且分离的普氏菌中有30%~50%产生β-内酰胺酶，1/3~1/2的菌株对四环素与环丙沙星耐药。以普氏菌与链球菌（兼性菌）混合感染多见。临床上，多口服甲硝唑400~500 mg，每日3~4次即可；合并感染宜加用哌拉西林钠4~20 mg/d肌内注射或静脉滴注，或头孢呋辛每次0.75~1.5 g，每日3次，肌内注射或静脉滴注。

（三）卟啉单胞菌属

卟啉单胞菌属，由Shah和Collins（1988年）首次建议将从人体分离出来的3种不发酵糖且能产生黑色素的口腔类杆菌归入一个新菌属，命名为卟啉单胞菌属，又名紫质单胞菌属。Love（1992年）从猫的口腔中分离出2个新菌种，将其命名为环牙卟啉单胞菌（*P.circumdentaria*）和唾液卟啉单胞菌（*P.salivosus*），加上从其他动物口腔中发现的4个新菌种，即卡氏卟啉单胞菌（*P.catoniae*）、利氏卟啉单胞菌（*P.levii*）、犬齿龈卟啉单胞菌（*P.cangingivalis*）和猕猴卟啉单胞菌（*P.macacae*），本菌属目前至少包括9个菌种。

1. 生态

卟啉单胞菌是口腔正常菌群之一，属于龈下菌斑常居菌，是成人牙周炎、青少年牙周炎或快速进行性牙周炎可能的病原菌之一，它也是常和口腔链球菌混合感染导致牙周病尤其是龈炎的有关病原菌之一。

2. 生物学性状

卟啉单胞菌为革兰阴性无芽孢厌氧杆菌，多为短杆菌或球杆菌，菌细胞两端圆钝，染色不均，中间似有空泡，培养特点为专性厌氧，在血琼脂平板上，菌落直径为1~2 mm、圆形、缘齐、凸起、表面光滑（偶有粗糙）、有光泽，培养4~8日后，可见菌落从边缘至中心逐渐变黑（由血红素原大量积聚所致，菌落中心仍有极微量的原卟啉存在），黑色菌落在紫外线（365 nm）照射下，不显示荧光，也可能有极少数菌落不变黑。碳水化合物对生长无影响，而胰蛋白胨、氨基酸能促进其生长，0.5%~0.8%氯化钠亦可促进其生长，最适温度为37 ℃，最适pH为7.5~8.0，主要代谢产物有乙酸和丁酸，少数菌种尚伴有少量丙酸、异丁酸、异戊酸和苯乙酸等。

3. 致病性与免疫性

卟啉单胞菌的致病性与以下因素有关。

（1）黏附作用：卟啉单胞菌通过细菌表面结构如菌毛、细菌外膜和细菌膜泡等黏附在牙周袋上方、颊黏膜和菌斑细菌表面，还能附着并凝集红细胞，对胶原细胞具有强亲和力，并能有效黏附于牙龈或纤维细胞。卟啉单胞菌的外膜中段黏附于被血液或唾液包被的羟基磷灰石上，其黏附性强于普氏杆菌。

（2）卟啉单胞菌的黏附：可以黏附在胶原、纤维连接蛋白和基膜连接蛋白上，但其黏附活性各有差异，这种差异与菌株的疏水活性差异有关。菌细胞的疏水程度不仅与黏附作用有关，而且也是逃避宿主防御机制的主要因素。具有疏水表面的细菌容易被宿主的白细胞所吞噬，而亲水的细菌则具有抵抗吞噬的能力，从而有利于细菌的入侵。

（3）菌细胞的外膜泡（extra cellular vesicles，ECV）：它是许多革兰阴性菌的适应性和功能性生物特征，是菌细胞外膜的呈水泡状突起的膜结构，也能游离出来进入周围的微环境。ECV不仅能凝集红细胞，而且还具有溶血活性，已可作为细菌毒性因子和各种蛋白酶的载体，加之ECV体积小、易穿过细菌不能进入的解剖屏障，从而容易导致牙周深层组织破坏。

（4）内毒素卟啉单胞菌的胞壁脂多糖因缺乏2-酮基-3-脱氧辛酸（KDO），不具有典型的内毒素结构，因此内毒素的生物活性相应较低，但它具有强的激活补体和刺激中性白细胞趋化的作用，且能诱导巨噬细胞和外周单核细胞产生白介素-1（IL-1），体外试验还证明其内毒素显示有骨吸收的活性和抑制骨胶原合成的能力。

（5）细菌产生的酶：①胰酶样蛋白酶（thaumatin-like protein，TLP）又名牙龈素，具有强的蛋白质分解活性，能降解胶原纤维和纤维连接蛋白、破坏基膜连接蛋白、降解基底膜胶原，它还能抑制成纤维细胞的生长繁殖，激活补体，从而刺激前列腺素介导的破骨细胞骨吸收。TLP还能降解sIgA和IgG，从而降低局部免疫功能，由于免疫球蛋白（如IgG）的降解为局部环境中微生物生长提供了肽和氨基酸等营养物质，即易与局部环境中其他微生物发生共聚（共生）作用；②胶原酶除了TLP的作用外，牙龈卟啉单胞菌还具有强的纤维溶解活性和降解胶原基质的能力；③其他酶类：磷酸酯酶A、碱性磷酸酶、酸性磷酸酶、DNA酶和RNA酶等。

4. 微生物学检验

尽管卟啉单胞菌包括9个菌种，但上述与人口腔相关的只有5个菌种，它们的菌种鉴定列于表1-5中。

表1-5 卟啉单胞菌属菌种鉴定

菌种名称	丁酰胆碱酯酶	乙酰胆碱酯酶	葡萄糖发酵	20%胆汁生长	产生黑色素	KV平板生长	黑角藻酶	类胰蛋白酶	苯乙酸产生	七叶苷水解	吲哚产生	绵羊红细胞	GLC分析PYG产物	DNA G+C mol%
非解糖卟啉单胞菌（P.asaccharolytica）	-	-	-	+	-	+	-	-	-	+	-		A.B.S	52~54
牙髓卟啉单胞菌（P.endodontalis）	+	+	-	+	-	-	-	-	-	-	-		A.B	49~51
牙龈卟啉单胞菌（P.gingivalis）	+	-	-	-	-	+	-	+	-	+	+		B.iV.pa	46~48
产色素普氏菌群（P.melaninogenicus）	+	-	+	-	+	+	-	-	-	-	-		S.A	36~51
环牙卟啉单胞菌（P.circumdentaria）	-	-	-	-	+	-	-	-	-	-	-		A.B.iV.S	48~54
唾液卟啉单胞菌（P.salivosus）	-	-	-	+	-	+	-	-	-	-	-		A.B.iV.ib.pa	48~51

5. 流行病学和防治原则

牙髓卟啉单胞菌和牙龈卟啉单胞菌与其他厌氧菌一起，对牙根管感染有重要意义，此外还与人类一些软组织感染有关系，如菌血症、脑脓肿、中耳炎和乳突炎等，从临床标本分离的大多数卟啉单胞菌对青霉素敏感，但少数菌株也会产生β-内酰胺酶，5%~15%的菌株对克林霉素和环丙沙星耐药，但米诺环素对卟啉单胞菌十分有效。

（四）梭杆菌属

梭杆菌属（*Fusobacterium*）细菌是一群革兰阴性无芽孢的专性厌氧菌，新增加3个菌种，本菌属含13个菌种。其中具核梭杆菌又分成4个亚种，即具核亚种（*Fn.SSP.nucleatum*）、多形亚种（*Fu.SSP.polymorphum*）、文森氏亚种（*Fu.SSP.vincentii*）及动物亚种（*Fu.SSP.animalis*）。

1. 生态

梭杆菌属细菌是人和其他动物体内（如口腔、上呼吸道、肠道、泌尿生殖道）的正常菌群，一些菌种也可寄生在昆虫（如蟑螂和白蚁）的体腔中。一些菌种可以是条件致病菌，可从临床脓液、坏疽性感染的标本中分离。在口腔中最常见的梭杆菌属细菌是具核梭杆菌，它可以在唾液和菌斑中检出，被认为是牙周炎、感染牙根管和拔牙后混合感染菌类之一。其他梭杆菌常从口腔标本中检出，但检出率低。除了坏死梭杆菌外，其他未见于口腔疾病相关的文献报告。新增3个菌种，即牙周梭杆菌、龈沟梭杆菌和龈沟迹梭杆菌在龈下菌斑有较高检出率，与牙龈炎和牙周病有密切关系。

2. 生物学性状

（1）形态和染色：梭杆菌细菌大多为梭状细胞，但也可见多形态细胞，如多形梭杆菌细胞呈多形态的球菌或杆菌细胞。而死亡梭杆菌也常见明显的多形态、不规则的球形肿胀细胞和线性细胞。无动力，无芽孢，革兰染色阴性，镜下梭杆菌形态常见人工绘画竹叶形梭形细胞。

（2）培养特征：专性厌氧菌。一般在需氧和补充5%~10% CO_2的琼脂平皿表面不生长。但对氧的敏感性与菌种、接种量和培养基的种类有关。培养基中加入5%~10%的血清或腹腔积液可维持细菌生长。最适生长温度是37 ℃，最适pH是7，在含蛋白质或酵母提取物的复杂营养培养基中才可生长，瘤胃液、氯化血红素和挥发性脂肪酸可刺激其生长。

3. 致病性与免疫性

梭杆菌属中最常见的是具核梭杆菌，其致病性与黏附作用及内毒素等有关。

（1）黏附作用：具核梭杆菌与牙龈卟啉单胞菌一样，能通过菌细胞表面的黏附素黏附和凝集人及绵羊红细胞，并能黏附于上皮细胞及羟基磷灰石表面，它还能与牙龈卟啉单胞菌发生明显的共聚作用。

（2）内毒素与其他毒性物质：梭杆菌的细胞壁脂多糖含有庚糖和2-酮基-3脱氧辛烷酸，其具有典型的内毒素结构，具备LPS的一切特点，因此其毒性高。它可以通过C3旁路激活补体系统，使巨噬细胞释放组胺。其内毒素对牙周膜成纤维细胞具有明显的抑制生长的作用，且此作用强于牙龈卟啉单胞菌和小韦荣球菌。梭杆菌的超声菌体提取物能明显诱导鼠巨噬细胞产生IL-1，此能力强于牙龈卟啉单胞菌和黏性放线菌，这种诱导作用在临床病理学上具有重要意义。

4. 微生物学检验

革兰阴性无芽孢梭形杆菌、专性厌氧、无鞭毛，能利用糖和蛋白质，菌细胞中DNA G+C mol%含量为26~34，梭式种为具核梭杆菌。最适生长温度为37 ℃，最适pH为7.0，培养基中加入10%的血清或腹腔积液，可促进其繁殖。梭杆菌属的主要菌种鉴定列于表1-6中。

5. 流行病学与防治原则

梭杆菌常参与口腔疾病如牙周炎、冠周炎、根管感染和拔牙后感染等混合感染，其中坏死梭杆菌毒力较强，常从扁桃腺周围脓肿中被分离出来，并可引起咽峡后脓毒症等严重感染。龈沟梭杆菌、龈沟迹梭杆菌和牙周梭杆菌常可从牙周袋中分离，溃疡梭杆菌与热带溃疡有关。大多数梭杆菌对青霉素敏感，但近年来美国及欧洲发现该属有产生β-内酰

第一章 微生态学基础学科——厌氧细菌学简介

表1-6 梭杆菌属的菌种鉴定

菌种名称	苏氨酸乳酸盐	产氢	水解七叶苷	吲哚产生	20%胆汁生长	液化明胶	牛奶反应	肉渣消化	苦杏仁苷	纤维二糖	七叶苷	果糖	葡萄糖	乳糖	麦芽糖	甘露糖	蜜二糖	棉子糖	水杨苷	淀粉	蔗糖	海藻糖	木糖	GLC分析PYG产物	DNA G+C mol%
龈沟梭杆菌 (F.alocis)	–	–	–	–	–	–	–	–	–	–	–	–	–	–	–	–	–	–	–	–	–	–	–	B.A	Nt
核梭杆菌 (F.nucleatum)	+	–	+	+	+	–	–	–	–	–	–	w	w	–	–	–	–	–	–	–	–	–	–	B.a.p (F.L.S)	27~28
微生子梭杆菌 (F.gonidia formans)	+	4	–	+	–1	w	–	–	–	–	–	–	–	–	–	–	–	–	–	–	–	–	–	B.a.p (l.f.s)	Nt
多变梭杆菌 (F.varium)	+	4	–	d	4	–	–	–	–	–	–	w	w	–	–	w	–	–	–	–	–	–	–	B.l.a.p (s)	29
坏死梭杆菌 (F.necrophorum)	+	4	+	+	1	+	c.p	–	–	–	–	w	w	–	–	–	–	–	–	–	–	–	–	B.l.a.p (l.s)	31~34
极臭梭杆菌 (F.per foetens)	+	4	–	–	–4	–	–	–	–	–	–	w	w	–	–	–	–	–	–	–	–	–	–	B.a.p (+)	28~30
舟形梭杆菌 (F.naviforme)	–	–	–	+–	–1	–	–	–	–	–	–	–	w	–	–	–	–	–	–	–	–	–	–	B.l.a (f.p.s)	Nt
拉氏梭杆菌 (F.russii)	–	–	–	–	–1	w	–	–	–	–	–	–	–	–	–	–	–	–	–	–	–	–	–	B.l.a (f)	31
死亡梭杆菌 (F.mortiferum)	+	4	+	–	4, s	–	c	–	w	w	–	w	w	w	w	w	w	w	w	w	w	–	w	B.a.p (s.f.iv)	26~28
坏疽梭杆菌 (F.necrogenes)	+	4	+	–	4, 1	–	–	–	–	w	–	w	w	–	w	–	w	w	w	–	w	–	–	B.l.a.p (f.s.l)	28
普氏梭杆菌 (F.plautii)	–	–	–	–	1–	–	a	–	–	–	w	w	w	w	–	–	w	–	w	w	w	w	–	B.L.F (s)	52~57
龈沟迹梭杆菌 (F.sulci)	–	–	–	–	–	–	–	–	–	–	–	+	w	w	–	–	–	–	–	–	–	–	–	B.A.s	39
牙周梭杆菌 (F.periodonticum)	+	–	–	+	–	–	–	–	–	–	–	+	+	–	–	–	–	–	–	–	–	–	–	B.P.a	28

胺酶增多的趋势。梭杆菌另一耐药特征是对红霉素甚至万古霉素耐药,而环丙沙星仅中度有效。

(五) 嗜胆菌属

嗜胆菌属(*Bilophila*)是新确定的一个菌属,目前此属仅有一个种,称为沃氏嗜胆菌(*B.wadsworthia*)。其耐胆汁,主要存在于健康人粪便中,数量为$10^3 \sim 10^8$ cfu/g,属于粪便正常菌群之一,密度中等,由于本菌属于专性厌氧菌且较难生长而易被忽视,其生态作用还有待研究。近年来发现其经常从阑尾标本中分离,也可从其他临床标本如血液、关节液、肠腔积液中分离,属于条件致病菌之一,本菌属多数菌株产生β-内酰胺酶。革兰阴性无芽孢厌氧杆菌还包括纤毛菌属(*Leptotrichia*)、沃林菌属(*Wolinella*)、月形单胞菌属(*Selenomonas*)、二氧化碳嗜纤维菌属(*Capnocytophaga*)等,但由于本书篇幅有限,就不一一介绍了。

二、革兰阳性无芽孢厌氧杆菌

革兰阳性无芽孢厌氧杆菌大致包括9个菌属(包括新增的3个菌属),本书仅介绍5个菌属。

(一) 放线菌属

放线菌属(*Actinomyces*)细菌是革兰阳性无芽孢厌氧丝状杆菌,据1986年第9版第2卷《伯杰氏系统细菌学手册》所记载,其包括12个菌种。

1. 生态

放线菌是人口腔、肠道、女性生殖道中的正常菌群。不少菌种也是动物口腔或肠道正常菌群,如牛型放线菌(*A.bovis*)、黏性放线菌(*A.viscosus*)、住齿放线菌(*A.denticolens*),以及豪威放线菌(*A.howellii*)、受损大麦放线菌(*A.hordeovnlneris*)和猪放线菌(*A.suis*),而个别菌种如腐生放线菌(*A.humiferus*)是肥沃土壤中常居菌之一。

2. 生物学性状

(1) 形态:放线菌属细菌形态多样,有直有弯,不分或分枝,多半为革兰阳性丝状杆菌,菌丝可断裂成细长杆菌,形态似假白喉棒状杆菌。菌体呈棒状,染色不均,排列成X、Y、V、栅栏状或短链。无荚膜,无鞭毛,有些菌种所产生菌丝可缠绕成团,形成小菌落,可在患者的脓汁中出现,呈黄色,又称为硫黄颗粒,是放线菌感染的重要特征之一。

(2) 培养:除了衣氏放线菌、溶牙放线菌、梅氏放线菌为微需氧菌,其余多为兼性厌氧菌,故在含5%~100% CO_2的环境中生长最好,生长缓慢,需5~7日才出现菌落。直径为0.5～3 mm的典型菌落呈粗糙型灰白色，有些菌如溶牙放线菌形成红色菌落，黏性放线菌形成黏性菌落，不易挑起和乳化，但约有1/3的菌落呈光滑型，直径1 mm，圆形，发亮，微凸，边缘整齐，生长快，2～3日就出现菌落，也易于挑起和乳化。在液体培养基中沉于管底像一团绒线，这是菌丝沉积物。

（3）特征：多数菌种能发酵葡萄糖，其发酵糖的主要代谢产物是琥珀酸（S），还有少量的乳酸（L）和醋酸（A），但绝不产生丙酸。液化明胶产生吲哚，触酶试验多为阴性，但硝酸盐还原多数菌种为阳性。生长最适pH为6.5～7.0。

3. 致病性和免疫性

（1）对牙面的黏附：放线菌中黏性放线菌、衣氏放线菌、溶牙放线菌与牙面有很高的亲和力，它们大量黏附在牙面上。牙面获得膜中一些成分，如富脯蛋白和富酪蛋白明显地促进了它们的黏附能力。此外，它们对组成牙本质和牙骨质的主要成分——胶原也有很强的亲和力，这也促进了它们在根面的黏附。

放线菌不仅作为黏附支架，形成谷穗状结构，加速了菌斑形成，且随着菌斑的成熟，黏性放线菌的量不断增加，其黏附起主要作用的是菌毛，其中菌毛Ⅱ还介导了与变链球菌、血链球菌、牙龈普氏菌及具核梭杆菌等细菌的集聚和对上皮细胞的黏附；菌毛Ⅱ也能促进黏性放线菌对3-HA的黏附。

（2）放线菌还产生神经氨酸酶，也可促进其与其他细菌、上皮细胞及红细胞的黏附。这是因为此酶可使细胞膜上的糖蛋白及糖脂成分发生改变，暴露出半乳糖及相关成分，而半乳糖是放线菌毛Ⅱ及其他一些细菌的受体，从而促进了细菌的黏附。近年来对放线菌中编码神经氨酸酶的基因和序列进行了较深入的研究，已经克隆出此酶的基因（*NanH*），其由2703个bp组成，编码901个氨基酸，分子量为92 871，等电点为5.72，DNA G+C mol%含量为71。

（3）口腔放线菌：与龋病密切相关，口腔放线菌可发酵多种碳水化合物产酸，使菌斑pH降至5.0以下，且对牙面特别是根面有很高的亲和力。一些放线菌还能合成细胞外多糖和细胞内多糖，这些特性决定了它在龋病中的作用，虽然根部龋的主要致病菌是变形链球菌，但是放线菌在致龋过程中的协同作用不能忽视，尤其是与根面龋发生的关系更密切。放线菌除了与口腔致龋有关外还能引起面颈部放线菌病。

4. 微生物学检验

本菌属尽管包括12个菌种，但是住齿放线菌和豪威放线菌多分离自牛口腔牙菌斑中，并且猪放线菌和腐生放线菌的分类学位置尚未确定，另有3个新增放线菌，即杰格放线菌、杰锐斯放线菌和白纳德放线菌，因此其与人口腔有关的10个放线菌属细菌的鉴别列于表1-7中。

表1-7 与人口腔有关的放线菌属细菌的鉴别

菌种名称	触媒	脲酶	脱氧核糖核酸酶	亮氨酸芳基酰胺酶	还原硝酸盐	吲哚	H$_2$S	牛奶冻化	水解酪蛋白	水解七叶苷	发酵葡萄糖	发酵纤维二糖	发酵棉子糖	发酵鼠李糖	DNA G+C mol%
杰格放线菌	–	–	–	–	+w	–	–	–	–	+	+	–	–	–	65~69
杰锐斯放线菌	–	–	–	–	–	Nt	Nt	Nt	Nt	+	+	–	+	–	70~71
白纳德放线菌	–	–	–	–	–	Nt	Nt	Nt	–	+	+	–	+	–	63~66
牛型放线菌	–	–	–	–	+	–	–	–	–	d	+	+	–	–	57~63
衣氏放线菌	–	–	–	–	d	–	+	–	+	+	+	+	–	d	57~65
内氏放线菌	–	+	–	–	+	–	–	–	–	+	+	d	+	–	63~68.5
溶牙放线菌	–	–	d	–	+	–	+	–	–	d	+	–	–	d	62
黏性放线菌	+	d	–	–	+	–	–	–	–	+	+	–	–	+	59~69.9
化脓放线菌	–	–	+	–	+	–	–	+	+	–	+	d	–	–	56~58
麦氏放线菌	–	d	+	–	+	–	–	–	+	–	–	–	–	–	67

5. 流行病学与防治原则

放线菌是口腔正常菌群，在健康人群口腔牙结石中的含量为6.32×10^6/g牙结石湿重，它们作为条件致病菌引起内源性感染症，除了致龋，还可引起口腔附近的面部和颈部感染，典型病变是局部形成肉芽肿或坏死脓肿，常出现多发瘘管，排出的脓性物质中含有硫黄颗粒，具有诊断价值。本菌可以从呼吸道进入肺部引起肺和胸部放线菌病，也可侵入肠黏膜引起腹部放线菌病。动物实验证实放线菌斑能引起骨吸收，因此它可能与临床疾病反复发作和瘘管形成有关。对正在进行治疗而根尖损害仍在加重的患牙，应考虑有放线菌感染的可能，这类感染常以混合感染多见，故常推荐将青霉素、红霉素、四环素、头孢菌素作为首选药物，疗效不理想时应考虑到耐药性菌株；或选用氨苄西林配合青霉烷砜或克林霉素作为首选药物；或选择第二代或第三代头孢霉素、广谱青霉素、甲硝唑等；或将氨基糖苷类抗生素与克林霉素或甲硝唑合用，总之选择敏感抗生素为宜。

（二）丙酸杆菌属

丙酸杆菌属细菌是革兰阳性无芽孢厌氧杆菌，据1986年第9版第2卷《伯杰氏系统细菌学手册》记载，丙酸杆菌属包括2个大群共8个菌种。

1. 生态

丙酸杆菌属的细菌分为2个大群：一个为乳酪群，包括4个菌种，主要存在于牛乳、乳制品如乳酪等或青贮饲料中；另一个为皮肤群，也包括4个菌种，它们是皮肤正常菌群，尤其是痤疮丙酸杆菌是皮肤的优势种群，栖居在毛囊皮脂腺内，数量为$10^2 \sim 10^4/cm^2$。丙酸杆菌也能从人的鼻咽、口腔、肠道和尿道中分离，它们也是常见的条件致病菌，常从植入修复物或器械感染标本中分离，也可以从脓肿、血源性感染、尿道和骨髓感染甚至中枢神经系统感染标本中分离。

2. 生物学性状

（1）形态：革兰阳性无芽孢厌氧杆菌，直或微弯或呈棒状，常有染色不均，有浓染部分，呈栅栏状或多形态排列。在陈旧的培养物中呈长丝状，有高度多形性或革兰染色易为阴性。专性厌氧，但部分菌株能传代变为耐氧或微需氧。

（2）培养：最适温度为$30 \sim 37$ ℃。菌落小，呈圆形，多半为灰白色或奶粉色，少数为红色（特氏丙酸杆菌）或橘黄色（丙酸丙酸杆菌），能发酵葡萄糖产生大量的丙酸和醋酸，本菌属细菌触酶试验阳性。

3. 致病性与免疫性

丙酸杆菌尤其是痤疮丙酸杆菌主要栖居在人的毛囊、汗腺、皮脂腺管中，其产生的酶可使皮脂中的类脂形成长链脂肪酸，刺激局部产生炎症并引起皮脂管梗阻，形成痤疮或导致毛囊炎。此外，因为它们正常就栖居于皮肤，所以采血、腰椎穿刺或骨髓穿刺培养时本菌也是最常见的污染菌。丙酸杆菌细胞壁成分中缺少分枝菌酸和阿拉伯半乳聚糖，胞壁脂质中主要脂肪酸是C15异构酸，具有免疫原性，胞壁成分能刺激机体产生相应免疫球蛋白，如IgM或IgG等。

4. 微生物学检查

根据疾病种类不同采集血液、脓汁、伤口或软组织溃疡灶分泌物等标本送检，经厌氧培养分离分纯后可按表1-8进行菌种鉴定。

5. 流行病学和防治原则

丙酸杆菌是皮肤正常菌群之一，但也会引发条件致病，如痤疮的形成和发展，或在某些植入修复物或器械引起的感染中有重要作用，并可在原有心瓣膜损伤的患者中引起心膜炎或切开静脉引起导管炎等。因此，预防的重要措施是对通过皮肤采集标本的操作注意严格消毒措施或植入修复物或器械时注意严格无菌操作。抗生素可使用羧苄西林或哌拉西林，二线抗生素可选头孢羟羧氧等第三代头孢菌素等。

（三）优杆菌属

优杆菌属细菌（*Eubacterium*），有些资料译成真杆菌，其实"eu"是良好、有益之意，不是真伪之义，故译成优杆菌属更为准确。

1. 生态

优杆菌属细菌是人或动物肠道中的正常菌群，其占位密度较大，$10^9 \sim 10^{11}$ cfu/g

表1-8 丙酸杆菌的主要菌种鉴定

菌种名称	苦杏仁苷醇	阿拉伯糖	纤维二糖	卫矛醇	赤藓糖醇	七叶苷水解	七叶苷产酸	果糖	半乳糖	葡萄糖	甘油	肌醇	菊糖	乳糖	麦芽糖	甘露醇	甘露糖	松三糖	棉子糖	鼠李糖	核糖	水杨苷	山梨醇	淀粉水解	淀粉产酸	蔗糖	海藻糖	木糖	明胶	牛奶凝固	牛奶消化	吲哚产生	硝酸盐还原	触媒	粘肽层氨基酸和糖残基	DNA G+C mol%
费氏丙酸杆菌 (*P. freudenreichii*)	d	-	+	-	-	-	+	+	+	+	+	-	d	-	+	-	-	d	-	-	+	-	-	-	-	-	-	-	-	d	-	-	-	+	Ala.Glu	67
詹氏丙酸杆菌 (*P. jensenii*)	d	d	-	d	-	-	-	+	+	+	+	+	-	d	-	+	d	+	-	-	+	-	-	-	-	-	d	-	-	-	d	-	-	-	+ Ala.Glu	65~68
螺氏丙酸杆菌 (*P. thoenii*)	d	d	-	-	-	-	-	+	+	+	+	+	d	-	d	+	d	+	-	-	+	-	d	-	-	-	d	-	-	-	d	-	-	-	+ Nt	66~67
丙酸丙酸杆菌 (*P. acidipropionici*)	+	-	+	+	-	d	d	+	+	+	+	+	+	d	d	+	+	+	d	+	+	-	+	+	-	+	+	d	-	-	d	-	-	+	+ Nt	66~68
疮疱丙酸杆菌 (*P. acnes*)	d	-	-	d	-	-	-	-	-	-	d	d	-	d	-	-	d	d	-	-	d	-	d	-	-	-	-	-	-	+	-	d	d	d	- Ala.Glu.Gly.L-DAP	57~60
贪婪丙酸杆菌 (*P. avidum*)	d	-	d	-	-	-	-	-	-	d	+	+	-	d	-	-	d	+	-	+	+	-	-	-	+	+	d	+	-	+	-	d	d	d	+ Ala.Glu.Gly.L-DAP	62~63
颗粒丙酸杆菌 (*P. granulosum*)	-	-	d	-	-	-	-	-	-	-	d	+	-	-	-	d	d	d	d	d	-	-	d	-	-	-	d	+	-	+	-	d	d	d	- Ala.Glu.Gly.L-DAD	61~63
淋巴丙酸杆菌 (*P. lymphophilum*)	+	-	-	-	-	-	-	+	-	-	+	+	-	-	d	-	-	-	-	-	-	-	-	-	d	d	d	-	-	-	-	d	d	d	- Ala.Glu.Lys	53~64

粪便湿重，其中有些菌种如砂优杆菌、缠结优杆菌、不解乳优杆菌及两个新种（藏匿优杆菌、小优杆菌）等是口腔中的正常菌群，栖居于人牙缝和菌斑等处。它占人肠道菌群的6%～10%，占猪肠道菌群的3%，有时在泥土和动植物品种中也可发现，属于条件致病菌，可在许多慢性（或长期）感染的临床标本中分离出来。

2. 生物学性状

（1）形态：革兰阳性无芽孢厌氧杆菌，较纤细、较均一。菌落小、圆、扁、半透明，呈灰白色，不溶血。有鞭毛或无鞭毛，形态呈多形性，出现杆菌或形成球状。

（2）培养：专性厌氧，在37 ℃和pH 7.0的环境中生长最好，部分菌株能发酵葡萄糖产生丁酸（革兰阳性无芽孢杆菌产生丁酸是本菌属重要的鉴别特征），多数触酶试验阴性，极少数呈阳性，除口腔优杆菌外肠道优杆菌，20%胆汁促进其生长。

3. 致病性与免疫性

优杆菌属菌种加上新增的两个菌种，共36个菌种，其中口腔中可见的有7个菌种，即不解乳优杆菌、砂优杆菌、短优杆菌、缠结优杆菌、胆怯优杆菌、迟缓优杆菌、黏液优杆菌，它们专性厌氧程度高，不少菌株只能在预还原培养基上生长，在所有厌氧菌中，因此菌属培养不易，故它是目前对其致病性、分类学、免疫性研究最落伍的一个菌属，笔者只能综合某些零星报告供大家学习和参考。孔氏优杆菌有鞭毛，能运动，这是其致病原理之一，优杆菌（如黏液优杆菌）的细胞壁会有肽聚糖，是革兰阳性菌细胞壁的主要成分，有诱使细胞因子如IL-β、TL-6、TNF-α和IFN-γ的mRNA表达的作用；有报道称36%～50%的克罗恩病患者血清含有抗扭曲优杆菌的抗体，因此克罗恩病患者易于发生优杆菌感染。近年发现宫内避孕器常引起缠结优杆菌感染。似乎优杆菌感染与其胞壁肽聚糖及表面多糖有关，它们可以刺激吞噬细胞并产生相应的细胞因子与宿主炎症反应有关，具体情况有待深入研究。

4. 微生物学检验

在1974年第8版《伯杰氏鉴定细菌学手册》中，优杆菌属只有28个菌种，到1986年第9版《伯杰氏系统细菌学手册》，本属已增加到34个菌种，近年又有2个新增菌种，共36个菌种。标本经分离分纯培养后可按表1-9各项鉴定菌种。

5. 流行病学与防治原则

优杆菌是人或动物口腔和肠道中的正常菌群，已往一般认为优杆菌致病力弱，尽管它是菌群中的优势菌种群之一，但是它也作为条件致病菌参与了不少的混合感染，如分离自人的血液、手术后的伤口和各种脓肿（如脑、直肠、阴囊和肾盂等）的脓肿标本，以及从人粪便标本或淤泥标本中分离。优杆菌多数菌株对氯霉素（8～121 μg/mL）和克林霉素（1.0～1.6 μg/mL）敏感，有的菌株抗四环素（>8 μg/mL）或抗青霉素（>2 μg/mL）。

表1-9 优杆菌的菌种鉴定

菌种名称	细胞运动	苦杏仁苷	阿拉伯糖	纤维二糖	七叶苷水解	果糖	葡萄糖	乳糖原	乳糖	麦芽糖	甘露醇	甘露糖	松三糖	蜜二糖	棉子糖	鼠李糖	水杨苷	山梨醇	淀粉	蔗糖	海藻糖	木糖	七叶苷水解	明胶液化	牛奶反应	消化肉	吲哚产生	硝酸盐还原	H_2产生	产丁酸盐	其他	DNA G+C mol%
产气优杆菌 (E.aerofaciens)	−	−	−	A	−	A	A	−	A−	Aw	−	A	−	−	−	−	−	Aw	−	−	A	−	±	−	−C	−	−	−	4	−		Nt
不解乳优杆菌 (E.alactolyticum)	−	−	−	−w	A	A	−	−	−	−	−	−A	−	−	−	−	−	−	−	−	−	−	−	−	−	−	−	−	4	+		Nt
双形优杆菌 (E.biforme)	−	−	−A	−w	A	A	d	−	d	A−	d	A	−	−	−	−	−	−A	−	−	d	−	d	−	−c	−	−	−	4.2	+		32
短优杆菌 (E.brachy)	−	−	−	−	−	−	−	−	−	−	−	−	−	−	−	−	−	−	−	−	−	−	−	−	−	−	−	−	2, 4	±	Is, iv, ib (f, p, b, l, v)	Nt
布氏优杆菌 (E.budayi)	−	−	WA	−	−	A	W−A−	W	−	A	−	A	−	−	−	−	−	−	−	−W	−	−	+	−	−	−	−	−	4	+	(c)	Nt
溶纤维素优杆菌 (E.cellulosolvens)	d	−	WA	W−	−	A	−	−	d	A	−	A	−	−	W−	−	−	−	−	−A	d	−	±	W C−	−	−	−	−	±	−		Nt
孔氏优杆菌 (E.combesii)	−	W	−	−	−	−	−	−	−	−	−	−	−	−	−	−	−	−	−	−	−	−	d	−	+	−	−	−	4	+	A, B, iv, l, ib, (p, f)	45
扭曲优杆菌 (E.contorrum)	−	−	Aw	A−	−	AW	A	−	A−	A	−	d	−	−	A−	−W	−	−	−	−W	A	−W	+	−	−	−	−	−	4	−		31
柱状优杆菌 (E.cylindroides)	−	−W	−	−W	−	AW	A	−	d	A	−	A	−	−	−W	−	−	A−	−	−W	A−	−	±	−	−	−	−	−	1	−		Nt
长优杆菌 (E.dolich)	−	−	−	−	−	−	−	−	−	−	−	−	−	−	−	−	−	−	−	−	−	−	−	−W	−	−	−	−	−	+	(l, a)	36
挑剔优杆菌 (E.eligens)	+	−	−	AS	−	AW	A	−	A−	A−S	−	−W	−	−	−	A	−	A−	−	W−	A	Wa	±	−W C−	−	−	−	−	4	−		45.5
断链优杆菌 (E.fssicatena)	±	−	−A	−	−	A	A	−	−W AW	A−	−	W−	−	−	−	d	−	−A	−	−S	A	−	+	−	−	−	−	−	2, 3	−	发酵肌醇	40~44
产甲酸优杆菌 (E.formicigenerans)	−	−	d	−s	−	AW AW	A	−	A−	A	−	−A−A	−	−	−	−	−	−A	−	−A	AW	−	±	−	−C	−	−	−	4	+		32~33
庞大优杆菌 (E.hadrum)	−	−	−A	−W	−	AW AW	−	−	AW AS	A− AW	−	−A AW	−	−	−	−	−	−	−	AS	A	−	−	−	−C	−	−	−	4	−		38
霍氏优杆菌 (E.hallii)	−	−	−	−	−	A	−	−	−	−	−	−	−	−	−	−	AW	−	−	−	−	−	+	−	C−	−	+	−	−	−	(a, l, s)	Nt
迟缓优杆菌 (E.lentum)	−	−	−	−	−	−	−	−	−	−	−	−	−	−	−	−	−	−	−	−	−	−	−	± D	−	−	−	−	4	−		47
粘住优杆菌 (E.limosum)	−	−	−A	−	−	A	−	−	−W	A−W	−	A	−	−	−	−	−	−	−	−	W	−	+	−W	−	−	−	d	4	+	(f)	Nt
念珠优杆菌 (E.moniliforme)	+	−	−	−	−	AW	A	−	A	A	−	A	−	−	−	−	−	−	−	−	−	−	−	−	−	−	−	−	4	+	(g)	Nt

续表

菌种名称	细胞运动	苦杏仁苷	阿拉伯糖	纤维二糖	七叶苷水解	果糖	葡萄糖	乳糖	麦芽糖	甘露醇	甘露糖	松三糖	密二糖	棉子糖	鼠李糖	水杨苷	山梨醇	淀粉	蔗糖	海藻糖	木糖	七叶苷水解	淀粉水解	明胶液化	牛奶反应	消化肉	吲哚产生	硝酸盐还原	H_2产生	产丁酸盐	其他	DNA G+C mol%
多形优杆菌 (E.muliforme)	±	-	-	W-	-	-	AW	AW	-	-	-	-	-	-	-	-	-	-	-	-	-	-	-	±	C-	-W	-	-	4	+		N
产亚硝酸盐优杆菌 (E.nitrogenes)	-	-	WA	-	-	AW	AW	AW	AW	A	-	-	-	-	-	-	-	-	-	-	-	+	-	-	-	-	-	+	4	+	(g)	Nt
缠结优杆菌 (E.nocatum)	-	-	-	-	-	-	Δ	W	AW	-	-	-	-	-	-	-	-	-	-W	d	-A	+	-	-W	-C	-	-	+	4	-	Ba (ls)	39~38
泡特优杆菌 (E.plautii)	-	-	-	-	-	-	Δ	-	-	-	-	-	-	-	-	-	d	-	-	-	-	-	-	-	-	-	-	-	-	-		Nt
粪尾优杆菌 (E.plexicaudatum)	+	-	±	±	-	-	=	±	±	±	±	-	-	-	-	-	±	-	±	±	±	+	-	+	±	-C	-	+	-	4	+	44
细枝优杆菌 (E.ramulus)	-	-	-W	A	AA	-	A	A-	-A	-W	-	-	-	-	-	-	d	A-	-	-W	-	+	-	-	C-	-	-	-	4	+		39
直肠优杆菌 (E.rectale)	d	A-	AW	AW	-	-	A	d	A-	-	-A	-	AW AW	AW	-	-	-	-	-	-	-	+	+	-	-C	-	-	-	4	+		30
反刍优杆菌 (E.ruminantium)	-	Aw	A	-	-	W-	-	-	-	A	-	-	-	-	-	-	-	-	A	-	d	W-	-	W-	-	-	-	±	-	-		Nt
砂优杆菌 (E.saburreum)	-	-	-	-	+	-	d	AW	-	d	-	-	-	-	-	-	-	AW	-W	AW	d	+	C	C	C-	-	-	+	4	-		45
懒散优杆菌 (E.saeurm)	-	-	WA	-	-	-	-	-W	-	-	-W	-	-	-	-	-	-	-	-W	-W	-A	±	-	-	±	-C	-	-	4	-		Nt
猪优杆菌 (E.suis)	-	-	-	-	-	-	-	-	WS	-	-	AW	-	-	-	AW	-	-	A	-	±	+	-	-	-	-	-	-	-4	-		55
旋杆优杆菌 (E.rarantellus)	-	-	-	-	A	AW	AW	A	AW	-	AW	-	-	-	W	-	-	-	-	-	-	-	-	+W	-	-	-	-	4	-	产卵磷脂酶 (g)	Nt
纤细优杆菌 (E.tenue)	d	-	-	-	AW	-W	W-	-	W	-	-	-	-	-	-	-	-	-	-	-	-	W-	-	+	de	±	-	-	2, 4	-	(a, s)	Nt
缠绕优杆菌 (E.tortuosum)	-	-	-	-	-	-W	-	-A	-A	-A	A	-	-	-	-	-	W-	-	-	AW	-	-	-	-	-	-	-	-	-	-		Nt
胆枯优杆菌 (E.timidum)	-	-	-	-	AW	-	A	-	-	-	-	-	-	-	W-	-	-	-	-W	-	-	-	-	-	C	d	-	-	-	-		Nt
凸腹优杆菌 (E.ventriosum)	-	-A	-	-	AW	A	AW	-	-	A	-	-	-	-	-A	-	-	-	-	AW	±	+	-	-	C	-	-	-	-	+		Nt
藏匿优杆菌 (E.saphenus)	-	-	-	-	-	-	-	-	-	-	-	-	-	-	-	-	-	-	-	d	-	-	-	-	-	-	-	d	-	-	(ab)	44~48
小优杆菌 (E.mimutum)	-	-	-	-	-	-	-	-	-	-	-	-	-	-	-	-	-	-	-	-	-	-	-	-	-	-	-	-	-	-	(B或b)	38~40

注: + 为 90%~100% 菌株为阳性反应，或为运动株；- 为 99%~100% 菌株为阴性反应，或不能运动；± 表示阴性或阳性，A 产酸 (pH<5.5)，W 为弱反应 (pH 为 5.5~9.0)；d 为不定反应，40%~60% 菌株为阳性或阴性或凝固或卵磷脂酶阳性；C 为牛奶消化或牛奶凝固，产氢，4 为大量并依次减少至为阴性；d 为消化肌肉；f 为消化纤维素；e 为发酵赤藓糖醇；g 为发酵肌醇；s 示促进生长，英文大写字母为产酸产生为产值>1 meq/100 mL，小写字母为产值<1 meq/100 mL；拾号为可能产生（后表同），Nt 为未做。

必须注意标本不能污染正常菌群，如化脓性胸膜炎标本、宫颈上皮细胞（或白带）标本、尿道感染（或尿液）标本或菌血症标本都应注意这一问题。治疗可选用哌拉西林，每日6~8 g，静脉滴注；或选头孢羟羧氧，每日1~2 g，静脉滴注或肌内注射；或用克林霉素，每次0.3~0.6 g，q8h，静脉滴注或口服（吸收迅速，故也可口服）。

（四）乳杆菌属

乳杆菌属（*Lactobacillus*）细菌因能发酵糖类产生大量乳酸而得名，属于革兰阳性无芽孢厌氧杆菌（有的种为兼性厌氧或微需氧菌）。

1. 生态

乳杆菌广泛地分布于自然界，如乳、肉、鱼制品、水果、蔬菜、青贮饲料、酸泡菜、腌菜、酸面团、酒、果汁、污水和垃圾等中，其中不少菌种是人和恒温动物口腔、肠道和阴道中的正常菌群，它主要是人或动物的生理性细菌，少数菌种偶尔也成为条件致病菌，它既是制备酸乳等保健食品的重要菌类，也是制备生态制剂的重要菌类之一。

2. 生物学性状

（1）形态：乳杆菌是革兰阳性无芽孢细长杆菌。无荚膜、无鞭毛，呈单个、成双或短链状排列。有些菌种呈多形性，有些菌种两端染色较深。菌落大小不等（小如针尖，大到直径2 mm），表面粗糙，边缘不整齐。一般不产生色素，个别菌种呈黄、橘黄或红色菌落。

（2）培养：菌种不同或为专性厌氧、兼性厌氧菌或微需氧菌，不少菌种在含5%~10% CO_2的环境中能生长，但常常是在厌氧环境中生长更好；最适温度为30~40 ℃；嗜酸，最适pH为5.5~6.2，有时pH为3.5时也能生长。能发酵糖，主要产生乳酸，不分解蛋白质，故触酶试验、液化明胶、硝酸盐还原及吲哚产生等试验都呈阴性。

3. 致病性与免疫性

乳杆菌被普遍认为是生理性细菌，少数菌种为条件致病菌，这些菌种主要包括干酪乳杆菌鼠李糖亚种、嗜酸乳杆菌、植物乳杆菌、詹氏乳杆菌、罕见唾液乳杆菌和加氏乳杆菌，它们致病的主要条件是离开原生境（如肠道、口腔或阴道）入血或淋巴结甚至一些脏器中，从而引起感染性疾病，一般认为它们在原生境是不致病的。因此，对于乳杆菌致病性和免疫性等方面的研究尚待深入地进行。

4. 微生物学检验

标本采集后可使用MRS培养基分离培养、分纯、然后鉴定属种（表1-10，表格展示仅为部分内容）。1986年第9版第2卷《伯杰氏系统细菌学手册》记载，本属共44种，连同亚种共51种，近年来新增6个菌种，故本属共50个菌种，连同亚种共57种。

表1-10 乳杆菌的菌种鉴定

菌种名称	苦杏仁苷	阿拉伯糖	纤维二糖	七叶苷水解	果糖	半乳糖	葡萄糖	葡聚糖	乳糖	麦芽糖	甘露糖	松三糖	密二糖	棉子糖	鼠李糖	核糖	水杨苷	山梨醇	蔗糖	海藻糖	木糖	甘露糖	乳酸旋光性	15℃生长	粘肽层氨基酸残基和糖残基类型	DNA G+C mol%
德氏乳杆菌德氏亚种（L.delbrueckii subsp.delbrueckii）	-	-	d	-	+	-	+	-	-	d	-	-	-	-	-	-	-	-	-	-	-	-	D	Nt	Lys-DASP	49~51
德氏乳杆菌保加利亚种（L.delbrueckii subsp.bulgaricus）	-	-	-	-	+	-	+	-	+	-	-	-	-	-	-	-	-	-	-	d	-	-	D	Nt	Lys-DASP	49~51
德氏乳杆菌乳酸亚种（L.delbruckii subsp.laetis）	+	-	d	-	+	d	+	-	+	-	-	-	-	-	-	-	-	-	+	+	-	-	D	Nt	Lys-DASP	49~51
嗜酸乳杆菌（L.acidophilus）	+	-	+	+	+	+	+	-	+	+	-	-	d	-	-	-	-	-	+	d	-	-	DL	Nt	Lys-DASP	32~37
嗜淀粉乳杆菌（L.amylophilus）	-	-	-	+	+	+	+	-	+	+	-	-	-	-	-	-	-	-	-	-	-	-	L	-	Lys-DASP	44~46
食淀粉乳杆菌（L.amylovorus）	+w	-	-	+w	+	+	+	-	+	+	+	-	+	-	-	-	+w	-	+	+	-	+	DL	Nt	Lys-DASP	40.3±0.1
动物乳杆菌（L.animalis）	d	d	+	+	+	+	+	-	+	+	+	+	+	-	-	-	-	-	+	+	-	-	L	Nt	Lys-DASP	41~44
卷曲乳杆菌（L.crispatus）	+	-	+	+	+	+	+	-	+	+	-	-	+	-	-	-	d	-	d	d	-	-	DL	Nt	Lys-DASP	35~38
香肠乳杆菌（L.farciminis）	-	-	-	-	+	+	+	-	-	+	+	-	+	-	-	-	-	-	+	-	-	-	LD	Nt	Lys-DASP	34~36
格氏乳杆菌（L.gasseri）	+	-	+	+	+	+	+	-	+	+	-	-	-	-	-	+	-	-	+	-	-	-	DL	Nt	Lys-DASP	33~35
瑞士乳杆菌（L.helveticus）	-	-	-	-	+	+	+	-	+	d	-	-	-	-	-	-	-	-	-	d	-	-	DL	Nt	Lys-DASP	37~40
詹氏乳杆菌（L.jensii）	+	-	-	-	d	+	+	-	+	d	-	-	-	-	-	-	-	-	-	-	-	-	D	Nt	Lys-DASP	35~37
瘤胃乳杆菌（L.ruminis）	+	-	-	-	+	+	+	-	+	+	+	-	+	+	-	-	-	-	+	-	-	-	L	Nt	mDAP-Direct	44~47
弯曲乳杆菌（L.curvaltus）	-	-	+	+	+	+	+	-	d	+	-	-	-	-	-	+	d	d	+	+	-	-	D	+	Lys-DASP	42~44
变质米酒乳杆菌（Inhohioxhii）	+	-	d	Nt	+	+	+	-	d	+	-	-	d	-	-	d	-	-	+	+	-	-	DL	+	Lys-DASP	35~38
麦芽香乳杆菌（L.maltaromicus）	+	-	+	Nt	+	+	+	-	+	+	d	-	+	-	-	+	-	-	+	d	-	-	D	+	Lys-DASP	36
小鼠乳杆菌（L.murinus）	d	-	+	+	+	+	+	-	+	+	+	d	+	-	-	-	d	-	+	+	-	-	L	-	Lys-DASP	43.3~44.3
植物乳杆菌（L.poantarium）	+	-	+	+	+	+	+	-	+	+	+	d	+	+	-	-	+	+	+	+	d	+	DL	+	mDap-Dired	44~46
米酒乳杆菌（L.sake）	+	+	+	-	+	+	+	-	+	+	-	-	-	-	-	+	-	-	+	-	-	-	DL	+	Lys-DASP	42~44
双发酵乳杆菌（L.bifermentans）	-	-	-	-	+	+	+	-	-	-	-	-	-	-	-	-	-	-	-	-	-	-	DL	+	Lys-DASP	45
短氏乳杆菌（L.brevis）	-	+	-	d	+	d	+	-	-	d	-	-	d	d	-	-	-	-	-	-	+	-	DL	+	Lys-DASP	44~47
布氏乳杆菌（L.buchneri）	-	+	-	d	+	d	+	-	+	+	-	-	d	d	-	-	-	-	+	+	+	-	DL	+	Lys-DASP	44~46
菌落形乳杆菌（L.collinides）	-	+	+	-	+	+	+	-	-	+	-	-	-	-	-	-	-	-	+	+	-	-	DL	+	Lys-DASP	46

续表

菌种名称	苦杏仁苷	阿拉伯糖	纤维二糖	七叶苷水解	果糖	半乳糖	葡萄糖	乳聚糖	乳糖	麦芽糖	甘露糖	松三糖	密二糖	棉子糖	鼠李糖	核糖	水杨苷	山梨醇	蔗糖	海藻糖	甘露糖	乳酸旋光性	15℃生长	粘肽层氨基酸残基和糖残基类型	DNA G+C mol%
混淆乳杆菌 (L.confusus)	+	−	+	+	+	+	+	+	−	−	−	−	−	−	−	+	+	−	+	−	+	DL	+	Lys-DASP	45～47
分歧乳杆菌 (L.divergens)	+	−	+	Nt	+	d	+	+	−	−	−	−	−	−	−	+	+	−	+	−	+	L	+	mDAP-Dired	33～35
发酵乳杆菌 (L.fermentum)	−	d	d	−	+	+	+	+	+	+	−	−	−	+	−	+	−	−	+	d	+	DL	−	orn-DASP	52～54
食果糖乳杆菌 (L.fructvorans)	−	−	−	−	+	−	+	d	−	d	−	−	−	−	−	−	w−	−	+	−	−	DL	+	Lys-DASP	38～40
果糖乳杆菌 (L.fructosus)	Nt	−	−	Nt	+	−	+	−	−	−	−	−	−	−	−	+	+	−	+	−	−	L	+	Lys-Ala	34～36
海格乳杆菌 (L.hilgardii)	−	−	−	−	+	d	+	d	−	+	−	d	−	−	−	−	−	−	+	d	−	DL	−	Lys-DASP	34～36
耐盐乳杆菌 (L.halotolerans)	−	−	−	−	+	−	+	+	−	+	−	−	−	−	−	+	+	−	+	−	−	DL	−	Lys-Ala-ser	53
堪勒乳杆菌 (L.kandleri)	−	−	−	−	+	+	+	−	−	−	−	−	−	−	0	+	+	−	+	−	−	DL	+	Lys-Ala-gly-Ala	34～37
高加索乳杆菌 (L.kefir)	−	d	−	−	+	+	+	+	−	+	−	−	−	+	−	+	−	−	+	+	−	DL	+	Lys-DASP	32～33
小乳杆菌 (L.minor)	−	−	+	−	+	+	+	+	−	+	−	−	−	−	−	+	−	−	+	−	−	DL	+	Lys-ser-Als2	43～44
路特乳杆菌 (L.reuteri)	Nt	+	−	−	+	+	+	+	+	+	−	−	+	+	−	+	−	−	+	−	+	DL	−	Lys-DASP	36～37
旧金山乳杆菌 (L.sanfrancisca)	Nt	−	−	Nt	+	−	+	−	−	+	−	−	−	+	−	+	−	−	+	−	−	DL	−	Lys-Ala	41～43
牛粪乳杆菌 (L.uaccinostercus)	−	+w	+w	−	−	+	+	+	−	−	−	−	−	−	−	−	−	−	−	−	+	DL	+	mDAP-Direct	45～47
草绿色乳杆菌 (L.viridescens)	−	−	−	−	+	+	+	+	−	+	−	−	−	−	−	−	−	+	+	d	+	DL	−	Lys-DASP	45～47
口乳杆菌 (L.oris)	Nt	Nt	Nt	Nt	+	+	+	+	−	+	−	Nt	Nt	+	−	Nt	Nt	−	+	Nt	−	DL	−	—	49～50
酿乳杆菌 (L.wli)	Nt	Nt	Nt	Nt	+	+	+	+	−	+	−	Nt	Nt	+	−	Nt	Nt	−	+	Nt	−	L	−	—	53
酿沟乳杆菌 (L.rimae)	Nt	Nt	Nt	Nt	+	+	+	+	−	+	−	Nt	Nt	+	−	Nt	Nt	−	+	Nt	−	L	−	—	44
约汉森乳杆菌 (L.johnsorun)	Nt	Nt	Nt	Nt	+	+	+	+	−	+	−	Nt	Nt	+	−	Nt	Nt	−	+	Nt	+	L	+	—	32～35
阴道乳杆菌 (L.vaginalis)	Nt	Nt	Nt	Nt	+	+	+	+	−	+	−	Nt	Nt	+	−	Nt	Nt	−	+	Nt	−	L	−	—	38～41
似植物乳杆菌 (L.paraplantarun)	Nt	Nt	Nt	Nt	+	+	+	+	−	+	−	Nt	Nt	+	−	Nt	Nt	+	+	Nt	−	L	−	—	44～45

注：Lys 为赖氨酸；DAP 为二氨基庚二酸；DASP 为氨基琥珀酸；Lys-DASP 为二氨基琥珀酰赖氨酸；Ser 为丝氨酸；Ala 为丙氨酸；orn 为鸟氨酸。+为 90% 以上菌株阳性；−为 90% 以上菌株阴性；d 为 11%～89% 菌株阳性；+w 为缓慢阳性的反应；Nt 为未进行测定。

5. 流行病学与防治原则

因为乳杆菌广泛存在于人的口腔、肠道和女性生殖道中，因此采集标本进行乳杆菌检验，直肠优杆菌等多见，其次为缠绕优杆菌等；类杆菌中以多毛类杆菌、吉氏类杆菌、普通类杆菌、多形类杆菌及单形类杆菌多见，其次为脆弱类杆菌、粪类杆菌、屎类杆菌、卵形类杆菌、叉形类杆菌、腐败类杆菌、内脏类杆菌；普氏杆菌属中以口颊普氏菌多见，其次为两路普氏菌、中间普氏菌和口腔普氏菌等。

从上述列举中可知，所谓原籍菌是指占位密度高、低免疫原性的厌氧菌，而类杆菌属脆弱类杆菌是临床最易被分离的厌氧致病菌，约占被分离菌株的1/4，而在肠道正常菌群中它又因是原籍菌群中优势种群之一常被分离，因此正常菌群与致病菌群没有绝对界线，但有一点必须强调，一般来说，正常菌群在原生境中是不致病的。强调原生境是指正常菌群在宿主特定解剖部位定居，它是作为正常菌群存在的，一旦离开了原生境，很可能作为混合感染致病菌使宿主患病，因此对于正常菌群的重要概念之一，是要强调其宿主的特定解剖部位。另一个重要问题是强调宿主所处的生理时期，如新生儿或婴儿时期，双歧杆菌和肠杆菌的占位密度差不多，分离活菌数为$10^8 \sim 10^9$ cfu/mL；而进入儿童或成年时期，其类杆菌、优杆菌及双歧杆菌则成为优势菌群，而肠球菌等需氧或兼性菌就成了外籍菌或环境菌群（即过路菌），这个时期B/E值就有一定判别价值；待步入老年时期，正常菌群也处于稳定状态，但是一般老年人与长寿老人的菌群也是有一定差异的。就肠道菌群而言，其正常菌群还受宿主饮食和生活习性的影响。如在一般饮食和高脂肪或多肉食人群中，前者粪便中双歧杆菌的正常值为10.5 ± 0.2，而后者为9.5 ± 0.2，分离率虽都为100%，但是分离活菌数有显著差异；前者优杆菌为10.5 ± 0.1，后者为10.3 ± 0.1，也有明显差异；前者卵磷脂酶阳性的梭菌为5.1 ± 1.8，阴性为9.1 ± 1.2，而后者分别为6.2 ± 2.5、8.3 ± 0.6，也有差异。从生活习性来说，农村人群调查发现其优杆菌为10.5 ± 0.2，而城市人群为9.9 ± 0.4，有显著性差异；双歧杆菌前者为10.3 ± 0.4，后者为9.8 ± 0.4，也有差异；此外，需氧芽孢菌前者为6.2 ± 2.1，后者为3.8 ± 0.8，也有差异，当然农村人群与城市人群这种差异除了生活习性外也含有饮食方面的因素。从以上列举可知正常菌群除了宿主的生理时期、特定解剖部位等主要影响因素外，尚不能忽略饮食和生活习性方面的因素。

故而正常菌群是指宿主在一定生理时期、特定解剖部位，主要表现为有利于宿主的或宿主健康必不可少的定植的微生物群落，它一旦离开宿主原生境也可能成为致病菌或条件致病菌，两者之间无绝对界线，因此笔者认为以不人为划定界线为妥，上述所列各表可作为肠道正常菌群分析的参考。

（五）双歧杆菌属

人和其他动物体内主要生理性细菌之一是双歧杆菌属，1986年出版的第9版第2卷《伯杰氏系统细菌学手册》中记载本属包括24个菌种，近年新增7个菌种，现共有31个菌种。

1. 生态

双歧杆菌属是人或动物，包括马、羊、鸡、狗、猪、大鼠、小鼠、兔和蜜蜂等肠道中的正常菌群，属于优势种群，是主要的生理菌群，起着维持生态平衡的生理作用。就人而言，双歧杆菌从人出生1～2日内进入人体肠道（主要是结肠）定居、发育、繁殖并伴随人终生，与儿童的生长发育，营养的合成和分解、消化和吸收，生物抵抗和免疫功能等方面均有关系，尤其是在维持人体肠道菌群生态平衡、防止菌群失调及外来致病菌的入侵等方面都具有十分重要的生理作用。双歧杆菌中有个别菌种（如长双歧杆菌、齿双歧杆菌）可能为条件致病菌，但绝大多数菌种都不致病，即便是注入腹腔和静脉也不引起宿主的炎症反应。

2. 生物学性状

（1）形态：革兰阴性无芽孢杆菌，长短不等，形态多样，可直、弯、分叉或呈棒状、匙形等。排列成单、双、短链或X、Y、V、栅栏状。经37℃环境48小时厌氧培养后菌落微凸、呈灰褐色、光亮、圆或卵形，直径为0.5～2 mm（中心褐色，周边菲薄透明呈锯齿状）。液体培养易形成颗粒或絮状沉淀，振摇易散。

（2）培养：专性厌氧菌，生长需要有机氮和碳水化合物，在普通培养基上不易生长，必须在营养丰富的厌氧血平板上生长良好，肝浸液、酵母浸膏及脱脂人乳可促进其生长。泛酸和生物素对双歧杆菌的生长常是必需的，多数菌种还需要泛酸盐和核黄素，青春双歧杆菌尚需要半胱氨酸、维生素B_1、抗坏血酸，P-苯甲酸和生物素等，此外双歧杆菌生长尚需要铁、铜、锰等矿物质。可分解糖，产生乳酸和乙酸，以乙酸为主，触酶试验、明胶液化、硝酸盐还原、吲哚产生等试验都呈阴性。

3. 致病性与免疫性

双歧杆菌属于主要的生理性细菌，它基本上对人畜不致病，个别可以为条件致病菌。它还是形成生物屏障、构成机体定植抗力最主要的正常菌群之一，是人畜肠道常居菌（原籍菌），参与宿主营养、免疫等重要生理作用，具有抗肿瘤、抗感染、抗衰老等生态作用，因此它们是生态制剂、保健食品等主要添加菌类。

4. 微生物学检验

本菌属据1986年出版的第9版第2卷《伯杰氏系统细菌学手册》记载应包括24个菌种，近年来又新增7个菌种，共31种，分离、分纯及鉴定详列于表1-11中。

5. 流行病学和防治原则

双歧杆菌中除了长双歧杆菌和齿双歧杆菌等个别菌种为条件致病菌外，其余都不致病。一旦由双歧杆菌引起感染，可使用青霉素、红霉素、林可霉素、万古霉素等治疗，这

表1-11 双歧杆菌属的菌种鉴定

菌种名称	D-核糖	L-阿拉伯糖	乳糖	纤维二糖	松三糖	棉子糖	山梨糖	淀粉	葡萄糖酸盐	木糖	甘露糖	果糖	半乳糖	蔗糖	麦芽糖	海藻糖	密二糖	甘露醇	甘菊糖	水杨素	胞壁质类型	DNA G+C mol%
两歧双歧杆菌（B.bifidum）	-	-	+	-	-	-	-	-	-	-	-	+	+	-	-	-	-	-	-	-	orn(Lys)-D-ser-D-Asp	58（Bd）
长双歧杆菌（B.longum）	+	+	+	-	+	+	-	-	-	+	-	+	+	+	+	-	+	-	-	-	orn(Lys)-ser-Ala-Thr-Ala	58（Bd）
婴儿双歧杆菌（B.infantis）	+	-	+	-	+	+	-	-	-	d	-	+	+	d	+	-	+	d	-	-	orn(Lys)-ser-Ala-Thr-Ala	58（Bd）
短双歧杆菌（B.breve）	+	-	+	d	d	+	d	-	-	-	-	+	+	+	+	d	+	+	d	+	Lys-Gly	58（Bd）
青春双歧杆菌（B.adolescentis）	+	+	+	+	+	+	d	-	+	+	-	+	+	+	+	+	+	d	d	+	Lys(orn)-D-Aps	58（Bd）
角双歧杆菌（B.angulatum）	+	+	-	-	-	+	d	-	d	+	-	+	+	+	+	-	+	d	d	+	IYS(orn)-D-Aps	59（Tm）
小链双歧杆菌（B.catenulatum）	+	+	+	+	+	+	+	-	d	+	-	+	+	+	+	-	+	d	-	+	Lys(orn)-Ala-ser0.2-1.O	55（Tm）
假小链双歧杆菌（B.pseudocatenulatu）	+	+	+	d	+	+	d	-	d	+	-	+	+	+	+	d	+	d	-	+	Lys(orn)-Ala-ser0.2-0.1	57.5（Tm）
齿双歧杆菌（B.dentium）	+	+	+	-	+	+	d	-	+	+	-	+	+	+	+	d	+	+	-	+	Lys(orn)-D-Asp	61（Tm）
球双歧杆菌（B.globosum）	-	d	-	-	-	+	d	-	d	d	-	+	+	+	+	-	+	-	-	-	Orn(Lys)-Ala2-3	64（Tm）
假长双歧杆菌（B.pseudo longum）	+	d	d	d	d	+	d	-	d	-	-	+	+	+	+	-	+	-	-	-	Om(Lys)-Ala2-3	60（Tm）
兔双歧杆菌（B.cuniculis）	-	-	-	-	-	+	-	-	-	-	-	+	+	+	+	-	+	+	+	-	orn(Lys)-ser(Ala)-Ala2	64（Tm）
小猪双歧杆菌（B.cherinum）	+	-	+	d	+	+	d	-	-	-	-	+	+	+	+	d	+	-	-	-	orn(Lys)-ser(Ala)-Ala2-3	66（Tm）
动物双歧杆菌（B.anomalis）	-	-	d	d	d	+	d	-	-	+	-	+	+	+	+	d	+	+	d	d	orn(Lys)-D-Glu	60（Tm）
嗜热双歧杆菌（B.thermohilum）	-	-	d	-	-	+	-	-	-	-	-	+	+	+	+	d	+	-	-	-	orn(Lys)-D-Glu	60（Tm）
牛双歧杆菌（B.boun）	-	d	d	-	-	+	-	-	-	-	-	+	+	+	+	-	+	+	+	-	Lys-D-ser-D-Glu	60（Tm）

续表

菌种名称	D-核糖	L-阿拉伯糖	乳糖	纤维二糖	松三糖	棉子糖	山梨糖	淀粉	葡萄糖酸盐	木糖	甘露糖	果糖	半乳糖	蔗糖	麦芽糖	海藻糖	密二糖	甘露醇	菊糖	水杨素	胞壁质类型	DNA G+C mol%
大双歧杆菌（B.magnum）	+	+	+	-	-	-	-	-	-	+	-	+	+	+	+	-	+	-	-	-	Lys（orn）-Ala2-ser0.2-0.1	60（Tm）
小鸡双歧杆菌（B.pullorum）	+	+	-	-	-	+	+	-	-	+	+	+	+	+	+	+	+	-	+	+	Lys（orn）-D-Asp	67（Tm）
猪双歧杆菌（B.suis）	-	+	+	-	-	+	+	+	-	+	d	+	+	+	-	-	+	-	+	-	Orn（Lys）-ser-Ala-Thr-Ala	62（Tm）
细长双歧杆菌（B.subtile）	+	-	+	-	-	+	+	+	+	-	-	+	+	+	+	d	+	d	d	d	Lys（orn）-D-Asp	61.5（Tm）
最小双歧杆菌（B.minimum）	+	-	-	-	-	-	+	-	-	+	-	+	+	-	+	-	+	-	-	-	Lys-ser	61.5（Tm）
棒状双歧杆菌（B.caryneforme）	+	+	+	-	-	+	+	-	+	+	-	+	+	Nt	+	-	+	+	Nt	+	Lys（orn）-D-Asp	Nt
星状双歧杆菌（B.asteroides）	+	+	-	-	-	+	+	+	-	d	+	+	d	-	d	-	+	-	-	+	Lys-Gly	59（Tm）
蜜蜂双歧杆菌（B.indicum）	+	-	-	-	-	+	+	+	+	+	d	+	d	+	d	+	+	-	-	+	Lys（orn）-D-Asp	60（Tm）
高卢氏双歧杆菌（B.gallicam）	+	-	-	-	-	+	+	-	+	+	-	+	+	+	+	+	+	-	-	-	Nt	61（Tm）
鸡胚双歧杆菌（B.gallinarum）	+	+	+	+	+	-	-	-	-	-	-	+	+	+	+	+	+	-	+	+	Nt	65.7±1.5（Tm）
瘤胃双歧杆菌（B.merycicLlnl）	+	-	+	d	-	-	-	+	-	-	-	+	+	+	+	-	+	-	-	-	Nt	59~60（Tm）
反刍双歧杆菌（B.ruminantitim）	+	+	+	-	-	-	+	-	-	-	-	+	+	+	+	-	+	-	-	-	L-Lys-D-Glu	57~58（Tm）
波伦双歧杆菌（B.saecular）	-	+	-	+	-	-	-	-	+	+	-	+	+	+	+	+	+	+	-	-	Nt	63.8（Tm）
殊形双歧杆菌（B.inopinatUnl）	-	-	+	-	-	-	-	-	-	-	-	+	+	-	-	-	-	-	-	-	Nt	44~45（Tm）
柄牙双歧杆菌（B.dentioolens）	-	-	+	+	-	-	-	-	-	+	-	+	+	+	+	-	+	-	-	-	Nt	55~56（Tm）

注：Lys 为赖氨酸；orn 为鸟氨酸；Ser 为丝氨酸；Ala 为丙氨酸；Thr 为苏氨酸；Gly 为甘氨酸；Glu 为谷氨酸。

些都是双歧杆菌敏感的抗生素。

革兰无芽孢厌氧杆菌还有隐秘杆菌属（*Arcanobacterium*）、阿托波菌属（*Atopobium*）、动弯杆菌属（*Mobiluncus*）、假瘤胃杆菌属（*Pseudorumenobacter*）等，本书限于篇幅就不一一介绍了。

三、厌氧球菌

（一）革兰阳性厌氧球菌

根据1986年第9版第2卷《伯杰氏系统细菌学手册》所示，革兰阳性厌氧球菌最常见的最少有两个菌属，一个是消化球菌属（*Peptococcus*），另一个是消化链球菌属（*Peptostreptococcus*），前者含1个菌种，后者含9个菌种，共10个菌种，加上近年新增4个菌种，共14个菌种。

1. 生态

在革兰阳性厌氧球菌中，消化球菌主要是人阴道正常菌群之一；消化链球菌是人和其他动物口腔、肠道、阴道（生殖道）正常菌群之一，其中动物包括羊、兔、牛、猪、大小鼠及昆虫（如蟑螂）等，它们也属于生理性种群之一，偶尔也成为条件致病菌，比较常见的是参与临床许多科的混合感染。

2. 生物学性状

（1）形态：黑色消化球菌，菌体呈圆形，直径为0.3~1.3 μm，呈双、短链或成堆排列。培养2~4日后才形成黑色不溶血的小菌落。消化链球菌菌体小，直径为0.5~0.5 μm，菌细胞稍长，排列成双或成链。菌落细如针尖、多呈圆形、光滑、凸起、灰白色、不透明、不溶血。

（2）培养：多数为专性厌氧菌，少数为微需氧菌，最适生长温度为37 ℃，25 ℃或30 ℃可微弱生长或可生长良好，最适pH为7.0，生长要求营养丰富的培养基如心脏浸液琼脂（BHI）。油酸盐（如0.02%表面活性剂吐温80）能刺激生长，少数菌株能酵解糖类，并产生A（乙酸）、少量异丁酸（IB）、丁酸（B）、异戊酸（iV）和异己酸（iC）。

3. 致病性与免疫性

对消化球菌和消化链球菌的致病机制及免疫性研究报告甚少，有待于今后的研究。

4. 微生物检验

从标本分离的消化球菌和消化链球菌的菌细胞大小和排列对菌种鉴定有一定意义，最小菌体为微小消化链球菌，大小为0.3~0.5 μm，最大菌体为大消化链球菌，是前者的2~6倍，大小为0.8~1.8 μm，而厌氧消化链球菌呈中等大小，为0.5~0.6 μm，菌细胞排列成典型四联状，为四联消化链球菌；此外由于厌氧消化链球菌对聚茴香脑磺酸钠（SPS）特别敏感，因此用含5% SPS纸片贴在该菌的平皿划线内，可形成直径大于12 mm的抑菌环，此特点可用于厌氧消化链球菌的鉴定。消化链球菌的菌种鉴定列于表1-12中。

表1-12 消化链球菌的菌种鉴定

菌种名称	产生丁酸	从延胡索酸产琥珀酸	从乳酸盐产丙酸盐	硝酸盐还原	吲哚产生	凝固酶活性	尿酶活性	接触酶活性	水解七叶苷	产酸 葡萄糖	产酸 乳糖	产酸 麦芽糖	产酸 甘露糖	产酸 蔗糖	从谷氨酸产氨	从甘氨酸产氨	产碱性磷酸酯酶	β-葡萄糖苷酸酶	α-葡萄糖苷酶	DNA G+C mol%
厌氧消化链球菌	−	Nt	−	−	−	−	−	−	−	−	−	−	−	−	−	−	−	−	+	33~32
不解糖卟啉单胞菌	+	−	−	−	+	−	V	−	−	−	−	−	−	−	+	−	−	−	−	31~32
还原天芥菜碱斯莱克菌	d	+	−	−	Nt	−	−	−	−	−	−	−	−	−	−	Nt	Nt	Nt	Nt	35~37
吲哚消化链球菌	+	−	+	+b	+	+b	−	−	−	−	−	−	−	−	−	+	−	−	−	32~34
大消化链球菌	−	−	−	−	−	−	−	+	−	−	−	−	−	−	−	+	−	−	−	32~34
微小消化链球菌	−	−	−	−	−	−	−	−	−	−	−	−	−	−	−	+	−	−	−	27~28
普氏消化链球菌	+	−	−	−	−	−	V	−	W	−	V	−	−	−	−	−	−	−	−	29~33
产生消化链球菌	−	Nt	−	−	Nt	d	−	+	+	+	+	+	+	+	Nt	Nt	Nt	Nt	Nt	44~45
四联消化链球菌	−	Nt	−	−	−	+	V	−	+	+	+	+	+	Nt	−	−	−	−	W	30~32

5. 流行病学与防治原则

革兰阳性厌氧球菌可以从许多感染病灶中分离到，包括乳腺及其他软组织的脓肿、外伤感染、以及头部、牙槽组织、呼吸道和女性生殖道感染。约4%的厌氧菌菌血症是由厌氧球菌引起的，其中大多数为消化道链球菌，常是混合感染的细菌，可从许多部位分离到。仅有15%的培养物以纯培养形式出现。近年有报道证实，革兰阳性厌氧球菌是脊髓灰质炎和化脓性关节炎的重要病原菌，尤其是有异物存在时。有人从40例脊髓灰质炎患者的病灶中分离出92株厌氧菌，其中60%为厌氧球菌，大消化链球菌占30%；另外，从43例脓毒性关节炎患者病灶中分离出72株厌氧菌，其中厌氧球菌占53%，一半左右为大消化链球菌。厌氧球菌对青霉素、头孢哌酮、甲氧头孢噻吩或氯霉素、四环素和甲硝唑都较敏感，治疗时都可选用。

（二）革兰阴性厌氧球菌

革兰阴性厌氧球菌包括3个菌属，即韦荣菌属（*Veillonella*）、氨基酸球菌属（*Acidaminococcus*）和巨球型菌属（*Megasphaera*）。本书限于篇幅只介绍韦荣菌属。

1. 生态

韦荣球菌是人和啮齿类动物口腔、肠道中的正常菌群。韦荣球菌也是人口腔中最多的一种革兰阴性厌氧球菌，1898年由德国细菌学家Veillon和Zuber首先发现并命名。它也是条件致病菌之一，在菌斑中占2%以上，随牙菌斑成熟，该菌比例增加。

2. 生物学性状

（1）形态：革兰阴性小球菌，菌细胞直径为0.3~0.5 μm，成对排列或呈短链状。无鞭毛、无动力、无芽孢，菌落直径为1~3 mm，有时呈针尖大小，光滑，不透明，呈灰白色或奶油色，不溶血。

（2）培养：专性厌氧菌，耐碱，在pH为8.0的环境中可生长，培养基中含硫乙醇酸钠促进菌生长。生长时要求补充CO_2，最适生长温度为30~37 ℃，在40 ℃时生长差，在18 ℃和45 ℃时均不生长，最适pH为6.5~8.0。韦荣球菌为化能有机营养菌，其生长时营养要求复杂，包括氨基酸、维生素B_1、维生素B_6和生物素、对氨基苯甲酸、丙酮酸盐及其他生长因子，部分菌种的生长需要腐胺和尸胺。一般不发酵碳水化合物和多元醇类，但可发酵丙酮酸盐、乳酸盐、苹果酸、富马酸和草酰乙酸，也可由乳酸盐产生乙酸、丙酸、CO_2和H_2。

3. 致病性和免疫性

韦荣球菌细胞壁具有典型的三层结构，即外膜、肽聚糖、细胞膜，其肽聚糖具有免疫性，根据韦荣球菌不同的种大概分为8个血清型，其中克氏韦荣球菌（V.criceti）、啮齿类韦荣球菌（V.rodentium）为血清Ⅱ型；拉氏韦荣球菌（V.ratti）为血清Ⅲ型；小韦荣球菌（V.parvula）为血清Ⅳ或Ⅵ型；不典型韦荣球菌（V.atypical）为血清Ⅴ或Ⅵ型，它与上一个菌种有交叉；殊异韦荣球菌（V.dispar）为血清Ⅶ型；豚鼠韦荣球菌（V.caviae）为血清Ⅷ型。此外近年研究还发现，唾液链球菌胞壁蛋白中含有韦荣结合蛋白，它起受体作用，这种菌间相互黏附、球菌斑形成或与龋齿产生密切相关。

4. 微生物学检验

使用VS琼脂（含有万古霉素7.5 mg/mL）的乳酸盐琼脂，进行专性厌氧培养并按表1-13可鉴定菌株的菌种。

表1-13 韦荣球菌的菌种鉴定

菌种名称	硝酸盐还原	触媒试验	葡萄糖酵解	其他	DNA G+C mol%
小韦荣球菌（V.parvula）	+	±	−	紫外灯下菌落发出红色荧光	37~40
啮齿类韦荣球菌（V.rodentium）	−	−	−	−	42~43
非典型韦荣球（V.atypical）	−	−	−	−	36~40
大鼠韦荣球菌（V.ratti）	−	−	−	−	41~43
仓鼠韦荣球菌（V.criceti）	−	−	−	−	38~40
殊异韦荣球菌（V.dispar）	−	+	−	−	38~40
豚鼠韦荣球菌（V.caviae）	−	−	−	−	37~39
发酵氨基酸球菌（A.fermentans）	−	−	−	−	56±0.9
埃氏巨球形菌（M.elsdenii）	−	−	+	−	53.6±0.5

5. 流行病学与防治原则

近年来在口腔致龋有关微生物的研究中，尽管韦荣球菌参与牙菌斑的形成已被肯定，这主要是链球菌胞壁蛋白中含有韦荣球菌结合蛋白起受体作用，但是近年来的研究还进一步证实韦荣球菌可降低变链球菌等致龋作用，这是因为韦荣球菌可以乳酸为代谢产物，将其变为乙酸和丙酸，使菌斑pH升高，减弱乳酸作用，从而减少变链球菌等产酸菌的致龋作用，可见韦荣球菌可以作为口腔生理性细菌，在防止其他菌致龋过程中起一定的保护作用。

厌氧球菌除了以上介绍的3个菌属外，尚有链球菌属（*Streptococcus*）的4个厌氧菌种，以及瘤胃球菌属（*Ruminococuus*）、粪链球菌属（*Coprococcus*）和八叠球菌属（*Sarcina*），氨基酸球菌属（*Acidaminococcus*）和巨球型菌属（*Megasphaera*）等。但本书限于篇幅，只将最常见的菌属做一介绍，以上情况特此说明。

—— 参考文献 ——

1. 熊德鑫. 厌氧菌的分离和鉴定. 南昌：江西科学技术出版社，1989.
2. 熊德鑫. 临床厌氧菌检验手册. 北京：中国科学技术出版社，1994.
3. 陈聪敏. 厌氧菌及其感染. 上海：上海医科大学出版社，1989.
4. 刘秉阳. 厌氧菌感染及检验技术. 中华流行病学杂志，1988，9（2）：27.
5. JUMAILI A I, SHIBLEY M, LISHMAN A H, et al.Incidence and origin of Clostridium difficile in neonates. J Clin Microbiol, 1984, 19（1）: 77-78.
6. CERSDORD H, MEISSNER A, PELZ K, et al. Identification of Bacteroides forsythus in subgingival plaque from patients with advanced periodontitis. J Clin microbiol, 1993, 31（4）: 941-946.
7. HAN Y H, SMIBERT R M, KRIEG N R. Woinella recta, Wolinella cura, Bacteroides ureolyticus, and Bacteroides gracilis are microaerophiles, not anaerobes. Int J Syst Bacteriol, 1991, 41（2）: 218-222.
8. LI J,ELLEN R P,HOOVR C I,et al. Association of peoteases porphyrotmonas(Bacteroides) gingivalis with its adhesion to Actimonyces viscosus. J Dent Res, 1991, 70（2）: 82-86.
9. LOTUFO R F, FLYNN J, CHEN C, et al.Molecular detection of Bacteroides forsythus in human Poriodontitis, Oral Microbiol Immunol, 1994, 19（3）: 154-160.
10. DZINK J L, SHEENAN M T, SOCRANSKY S S.Proposal of three subspecies of Fusobacterium nucleatum Knorr 1992 : Fusobacterium nucleatum subsp. Int J Syst Bacteriol, 1990, 40（1）: 74-78.

11. GHARBIA S E, SHAH H N, LAWSON P A, et al.Distribution and frequency of Fusobacterium nucleatum subspecies in the human oral cavity. Oral Microbiol Immnunol, 1990, 5（6）: 324-327.
12. FINEGOLD S M. Overview of clinically important anaerobes. Clin Infect Dis, 1995, 20（suppl 2）: 205-207.
13. FINEGOLD S M, JUSIMIES-SOMER H. Recently described clinically important anaerobic bacteria: medical aspects. Clin Infect Dis, 1997, 25（suppl 2）: S88-S93.
14. JOUSIMIES-SOMOR H, SUMMANEN P. Microbiology terminology update clinically significant anaerobic gram-positive and gram-negative bacteria（Excluding spirochetes）. Clin Infect Dis, 1997, 25（1）: 11-14.
15. SOCRANSKY S S, HAFFAJEE A D. The bacterial etiology of destructive periodontal disease: current concepts. J Periodontol, 1992, 63（suppl4）: 322-331.
16. 陈聪敏.厌氧菌感染及其微生物学检查法.上海：上海第一医学院，1992：160.
17. FULLER R.Probiotics: an overview. London: Springer, 1994: 61-73.
18. BENNO Y, ENDO K, MIYOISHI H, et al.Effect of rice fiber on human fecal microfrola. Microbioi Immunol, 1989, 33（5）: 435-440.
19. ADAWI D, KASRAVI F B, MOLIN G, et al. Effect of lactobacillus Supplementation with and without arginine on liver damage and bacterial translocation in an acute liver injury model in the rat. Hepatology, 1997, 25（3）: 642-647.
20. CAMPBELL J M, FAHEY G C, WOLF B W. Selected indigestible oligosaccharides affect large bowel mass, cecal and fecal short-chain fatty acids, pH and microflora in rats. J Nutr, 1997, 127（1）: 130-136.
21. CUMMINGS J H, MACFARLANE G T. Role of intestinal bacteria in nutrient metabolism. JPEN J Parenter Enteral Nutr, 1997, 21（6）: 357-365.
22. GALLAHER D D, STALLINGS W H, BLESSING L L, et al. Probiotics, cecal microflora, and aberrant crypts in the rat Colon. J Nutr, 1996, 126（5）: 1362-1371.
23. SCHUSTER G S, CONTRIBU T. Oral Microbiology and Infections Disease. 3rd.Edition Philadelphia: BC Decker, 1990: 441-478.
24. BRADY L J, PIACENTINI D A, CROWLEY P J, et al.Differentiation of salivary agglutinin-mediated adherence and aggregation of mutans streptococci by use of monoclonal antibodies against the major surface adhesin P1. Infect Immun, 1992, 60（3）: 1008-1017.
25. MUNRO G H, EVANS P, TODRYK S, et al.A protein fragment of streptococcal cell surface antigen Ⅰ/Ⅱ which prevents adhesion of Streptococcus mutans. Infect Immun, 1993, 61（11）: 4590-4598.
26. SWITALSKI L M, BUTCHER W G. An in vitro model for adhesion of bacteria to human tooth root surfaces Arch Oral Biol, 1993, 39（2）: 155-161.

第二章

正常微生物群的概念及组成

第一节　正常微生物群

正常微生物群（又称正常菌群）的概念既是具体的，又是相对的。其定义是在宿主特定解剖部位，随宿主长期进化过程形成的，在一定时期定植在宿主黏膜或皮肤上的微生物群。一般在生理情况下，主要表现为有益于宿主的微生物群落，在病理情况下，可能表现为有害于宿主的微生物群落，人们把这些有益于宿主的，而且是宿主所必需的微生物群落统称为正常微生物群。

正常微生物群之所以是具体的，是指在宿主一定生理时期，在特定的解剖部位，定植的微生物群落总是由一定种群组成的，其中一部分是特定的优势种群，另一部分是一般的种群，它们与宿主和环境形成相互依赖、相互制约的统一体，如肠道正常菌群，一般是指结肠菌群，就目前已经认识的种群而言，它最少包括14个菌属，400～500个菌种，其中主要包括双歧杆菌属，约有9个菌种、20个亚种，占全部分离活菌的1/4左右；其次为乳杆菌属，包括8个菌种、6个亚种，共有14个；类杆菌属，包括13个菌种、6个亚种，也有近20个，占全部分离活菌的1/3左右；优杆菌属包括的菌种和亚种也约有18个，占人粪便能分离到活菌的1/3左右。

正常微生物群又分为原籍菌、外籍菌及共生菌群。原籍菌又称为固有菌，外籍菌群又称为过路菌。

一、原籍菌

一般指在成年人或成年动物体内，一定时期在特定部位定植，并在成年人或成年动物的峰顶群落中保持一定种群水平，与定植区域的黏膜上皮细胞有着极为密切的联系，在正常情况下主要表现为对宿主健康有益，具有一定免疫、营养及生物拮抗作用的专性厌氧菌。Fuller（1995年）对原籍菌的定义是在宿主一定时期特定的解剖部位占位密度最高、低免疫原性的厌氧菌。

二、共生菌

T.Rosebery首先提出共生菌的概念，指与原籍菌有共生关系，而与其他外籍菌有共生拮抗关系的生理性细菌；共生菌已适应宿主，一般无传染性，如芽孢菌属（*Bacillus*）。

三、过路菌

Fuller的定义是在宿主一定时期和解剖部位占位密度低的，并具有相当免疫原型的需氧菌或兼性厌氧菌。

提到正常菌群的概念，就很有必要深层次地介绍个体菌群的概念。

第二节　个体菌群

一、个体菌群的概念

一个宿主的个体菌群主要是由原籍菌、共生菌及部分外籍菌和环境菌群构成，因此对正常微生物群正确的理解是由原籍菌、共生菌和部分的外籍菌、环境菌群（后两者又称为过路菌）构成，它们曾经被称为固有菌群。Van der Waal（1985年）后来又提出个体菌群（individual flora）概念，他认为个体菌群是一定个体胚胎发生早期由不同来源的微生物组装起来的正常微生物群。这个概念在20世纪80年代争论较多，到20世纪90年代人们基本上公认个体菌群概念是指宿主个体在一定发育阶段、特定的解剖部位，主要由原籍菌及部分共生菌、外籍菌和环境菌群（即不同来源微生物群）组合起来的正常微生物群。

二、关于共生菌

共生菌是指与原籍菌有共生关系的生理性细菌。与原籍菌的共生关系包括：①中生关系，即在同一生境中的两类种群或个体不产生任何影响的关系；②栖生关系，即在同一生境中两类种群或个体只产生对另一方有利影响的关系；③互生关系，即在同一生境中两类种群或个体产生对双方有利影响的关系；④助生关系，同一生境中两类种群或个体产生相互受益的专性关系。一般来说，共生菌对外籍菌有共生拮抗关系，指在同一生境中两类种群或个体共同生存时获得能源、空间或有限的生长因子而发生的争夺现象，竞争的双方都受到不利影响，两者间竞争排斥或和平共处，它既包括拮抗，还包括偏生、寄生、吞噬等共生拮抗关系。

三、共生的概念和进化

共生概念比较混乱，一般医务工作者不了解也不易接受。共生是指有机体持续和亲密地生活在一起的现象。共生在早期被生态学家框定在严格的互生概念之内，因此多半将寄生排除在外。共生概念是指不同有机体共同生活在同一生境中，只产生对两方或一方有益而对他方无害的关系，尽管寄生是最普遍、最完美的共生，但是它会产生对他方有害的关系，因此生态学把它归于共生拮抗关系，这也就不足为奇了。

共生是进化中形成的，共生性质是一个梯度，从零到非共生，从非共生到共生，从寄生到互生，因此在微生态学理论中，共生协同是一个重要概念。

第三节 正常微生物群的变迁

正常微生物群的变迁既包括演替，也包括原籍菌与外籍菌的转化。人们将这种正常微生物群的演替或不同类型转化现象称之为正常微生物群的变迁。

一、生理性演替和峰顶

人或动物随生理性时期的改变（如年龄、营养、生殖和老龄化等变化）会引起特定解剖部位正常菌群的变化，人们将这种变化称之为生理性演替。对某一生境内微生物群落而言，由初级演替、次级演替到一定时期内形成持续稳定的状态，这种微生物群在一定时空中的持续和稳定的定性和定量结构及其由此表现出现的功能结构总和称为峰顶。

二、病理性演替

人或动物处于某病理性状态（时期）特定部位生境内正常菌群也会引起相应变化，这种变化称之为病理性演替。如顽固性结肠炎患者，其原籍菌如类杆菌、双歧杆菌、优杆菌、消化链球菌或韦荣球菌的检出率几乎为0，而肠球菌和肠杆菌的检出率高达97%~100%，其数量也有明显增加的趋势，也形成在患结肠炎一定时间内持续稳定的状态，这时结肠菌群就形成了病理性峰顶。

三、原籍菌与外籍菌的转化

原籍菌与外籍菌是统一生态系统或微生物群落中的不同类型,在正常生理情况下,个体菌群以原籍菌为优势种群,外籍菌和环境菌群多半为辅助性种群,而在异常的病理性情况下,个体菌群以某类外籍菌或环境菌群为优势种群,而原籍菌反而处于辅助性种群状态,这就是人们常说的菌群失调或菌群紊乱状态,这种原籍菌与外籍菌发生转化的现象也属于正常菌群变迁范畴。

第四节 正常微生物群的相对概念和确定标准

正常微生物群是指宿主长期进化过程中形成的,在宿主一定生理时期、特定解剖部位所定植的有益于宿主或宿主生存中必不可少的微生物群落。它以原籍菌为主,还包括共生菌和外籍菌及环境菌群。正常菌群是既具体又相对的概念,具体是指由以原籍菌为主的益生菌组成的优势种群,以及由外籍菌和环境菌群组成的辅助性种群;相对是指正常菌群也会发生变迁,这种变迁既可能由演替产生,也可能由转化产生,因此确定正常菌群的标准,也当然是人为的可变迁的相对标准。下面以人的肠道菌群为例来进行人的肠道正常菌群的判别,供大家参考。

一、新生儿和婴儿肠道正常菌群略有差异(表2-1)

表2-1 新生儿和婴儿肠道菌群检测结果(Log cfu/g)

菌群名称	母乳喂养儿(n=72)	人工喂养儿(n=65)
肠杆菌	8.1±0.2(1日龄)	9.3±0.23(1日龄)
肠球菌	6.2±0.41(1日龄)	8.2±0.26(1日龄)
双歧杆菌	8.8±1.42(1日龄)	7.3±1.13(6日龄)
类杆菌	7.8±1.26(4日龄)	8.4±1.16(11日龄)
乳杆菌	5.6±1.12(2日龄)	5.8±1.22(13日龄)
梭杆菌	5.1±1.04(2日龄)	6.3±1.44(14日龄)
酵母菌	5.2±1.63(4日龄)	4.8±1.37(13日龄)
消化链球菌	4.8±1.37(1日龄)	5.3±0.26(1日龄)

注:表中日龄指种菌可能出现的日期,如4日龄为第4日出现。n为样本数。

二、健康儿童和成年人肠道正常菌群调查结果（表2-2）

表2-2 健康儿童和成年人肠道正常菌群检测结果（Log cfu/g）

菌群名称	健康儿童（$n=35$）	健康成年人（$n=37$）
肠杆菌	7.8 ± 1.28（100%）	7.7 ± 1.1（100%）
肠球菌	7.4 ± 1.1（100%）	7.3 ± 1.0（100%）
双歧杆菌	9.5 ± 0.59（100%）	9.8 ± 0.7（100%）
类杆菌	9.8 ± 0.53（100%）	10.4 ± 0.5（100%）
乳杆菌	8.45 ± 0.75（90%）	6.5 ± 1.5（95%）
梭杆菌	6.1 ± 1.3（85%）	8.7 ± 1.3（86%）
酵母菌	4.1 ± 1.4（70%）	3.3 ± 1.2（65%）
优杆菌	8.9 ± 0.3（100%）	9.4 ± 0.7（100%）
消化链球菌	5.6 ± 1.2（100%）	4.3 ± 1.2（100%）
韦荣球菌	Nt	7.4 ± 1.4（59%）

注：表中百分数为该菌的分离率。n为样本数。Nt指未检查项目。

三、健康老人和长寿老人肠道正常菌群检测情况（表2-3）

表2-3 健康老人和长寿老人肠道正常菌群的调查结果（Log cfu/g）

菌群名称	健康老人（$n=15$，78.4 ± 10）	长寿老人（$n=15$，82.1 ± 7.2）
总厌氧菌	10.9 ± 0.3（100%）	10.9 ± 0.3（100%）
类杆菌	10.9 ± 0.2（100%）	10.9 ± 0.4（100%）
优杆菌	10.3 ± 0.7（100%）	10.2 ± 0.3（100%）
消化链球菌	10.3 ± 0.4（100%）	10.2 ± 0.4（100%）
双歧杆菌	9.1 ± 0.5（73%）	9.6 ± 0.5（87%）
韦荣球菌	5.6 ± 1.8（80%）	6.5 ± 2.0（100%）
总需氧菌	10.1 ± 0.2（100%）	8.6 ± 1.3（100%）
肠杆菌	8.4 ± 0.8（100%）	8.5 ± 1.0（100%）
肠球菌	6.7 ± 1.0（100%）	7.1 ± 1.5（100%）
芽孢杆菌	5.4 ± 1.6（73%）	3.3（6%）
酵母菌	4.8 ± 1.8（80%）	4.2 ± 1.0（87%）
弯曲菌	2.9（6%）	—
梭杆菌	9.7 ± 0.6（100%）	8.7 ± 0.7（100%）
乳杆菌	7.2 ± 1.8（100%）	6.7 ± 1.8（100%）

注：表中百分数为该菌的分离率。n为样本数，78.4 ± 10和82.1 ± 7.2为年龄数。—表示数据缺失。

四、健康老人和长寿老人原籍菌中主要菌种的分离情况（表2-4）

表2-4　健康老人和长寿老人原籍菌中主要菌种的分离情况

原籍菌中主要菌种名称	健康老人	长寿老人
双歧杆菌	9.1±0.5（67%）	9.6±0.6（87%）
青春双歧杆菌	—	9.3±0.7（13%）
两歧双歧杆菌	9.0±0.8（40%）	9.4±0.6（40%）
长双歧杆菌	8.8±0.9（27%）	9.2±0.5（20%）
其他种	—	—
乳杆菌		
短乳杆菌	—	6.5（6%）
干酪乳杆菌	—	6.2±1.5（13%）
链状乳杆菌	9.6（6%）	—
加氏乳杆菌	6.0±1.4（80%）	6.7±1.8（67%）
植物乳杆菌	—	7.7±1.6（13%）
路氏乳杆菌	5.5±1.4（40%）	6.5±1.7（53%）
唾液乳杆菌	5.8±2.9（33%）	7.8±1.5（70%）
乳杆菌其他种（如嗜酸乳杆菌）	6.6（6%）	—
优杆菌		
产气优杆菌	10.3±0.6（100%）	10.1±0.5（93.3%）
扭曲优杆菌	—	9.7±0.5（33.3%）
柱状优杆菌	9.3（70%）	—
迟缓优杆菌	9.8±0.5（33.3%）	9.0±0.6（33.3%）
直肠优杆菌	8.9±0.5（70%）	—
缠绕优杆菌	9.7±0.9（53.3%）	9.8±0.7（40%）
其他优杆菌	9.9（6%）	—
类杆菌		
类杆菌多毛类杆菌	—	9.0±0.5（13%）
脆弱类杆菌群	10.5±0.5（100%）	10.7±0.3（100%）
粪类杆菌	9.6±0.6（40%）	9.4±0.5（33.3%）
吉氏类杆菌	10.1±0.6（87%）	9.8±0.4（93.3%）
脆弱类杆菌	9.6±0.8（53%）	9.7±0.5（60%）
屎类杆菌	9.8±0.8（26.7%）	9.3±0.6（20%）
卵形类杆菌	9.5±0.7（46.7%）	9.6±0.3（40%）
多形类杆菌	10.1±0.6（53.3%）	9.1±0.7（33.3%）
单形类杆菌	10.0±0.4（20%）	9.3（6%）
普通类杆菌	10.6±0.5（100%）	10.5±0.3（100%）
叉形类杆菌	8.8±2.1（20%）	—
腐败类杆菌	8.9±1.0（20%）	8.3（6%）
内脏类杆菌	—	9.6±0.4（20%）
解脲类杆菌	9.4±0.3（20%）	8.3（16%）
其他类杆菌	10.3±0.5（86.7%）	9.8±1.2（93.3%）
普氏杆菌		
两路普氏菌	9.5±0.4（20%）	—
中间普氏菌	9.5±0.2（13%）	—
口腔普氏菌	9.4±0.6（33.3%）	8.9±1.5（26.7%）
口颊普氏菌	10.5±0.5（66.7%）	9.2±0.4（73.3%）
其他普氏菌	9.7±0.1（13.3%）	9.7±0.6（53.3%）

注：表中百分数为该菌的分离率。—表示数据缺失。

从表2-1至表2-4可知，人肠道正常菌群主要包括肠杆菌、肠球菌、酵母菌等外籍菌和环境菌群，也包括类杆菌、优杆菌、双歧杆菌、梭杆菌和消化链球菌等原籍菌和共生菌。从原籍菌群中优势种群来看，双歧杆菌属中以青春双歧杆菌、两歧双歧杆菌和长双歧杆菌多见；乳杆菌中以干酪乳杆菌、植物乳杆菌等多见，其次为嗜酸乳杆菌、短乳杆菌、加氏乳杆菌、路氏乳杆菌、唾液乳杆菌；优杆菌属中以产气优杆菌、迟缓优杆菌、扭曲乳杆菌、柱状优杆菌为主。

五、共生协同结构的共生性和拮抗性

（一）共生协同结构的共生性

共生协同结构中有有益菌和中性菌（包括互生菌、栖生菌、中生菌），它们数量越大，其共生性水平越高。相反，自然病原和机会病原数量越大，其共生性水平越低。这就是人们需要不断口服微生态制剂的原因，以期增加有益菌和中性菌数量，从而提高共生性水平，达到抑制或排斥非共生菌群的目的。

（二）共生协同结构的拮抗性

共生协同结构内非共生菌（外籍菌：自然病原和机会病原）数量越大，其共生结构的拮抗性越强，其共生性水平越低，这时适当选择抗生素类物质，以期减少非共生菌数量，降低共生结构的拮抗性，因此生态防治包括抗生素使用在内。

六、共生协同结构的形成和进化

微生物在与宿主初期接触时其拮抗性高，因此其大部分被淘汰，随着进化过程逐步形成稳定的共生结构，这时共生性水平越来越高，直至峰顶。这就是微生态系统中共生协同结构随宿主进化过程中逐步形成具有高共生性水平的共生协同结构。

七、结论

对于贮菌库中自然病原和机会病原主要选择抗生素，这就是早期人们提出的全脱定植术（又称为去污染学说），但是经过临床实践证明，这种设想不可能完全达到目的，又提出选择性脱定植术（又称为选择性脱污染），在之后的临床试验中有相当好的效果。对于某些自然病原尚可使用疫苗，达到防治这类病原引起疾病的目的，然而对于中生菌、栖生菌或互生菌引起的菌群失调或紊乱，由于抗生素选择作用的目的性有限，不但不可能达到调整的目的，反而会加重这种失调、紊乱或引起新的菌群失调、紊乱（如抗生素相关性肠炎或伪膜性肠炎），如此庞大的共生菌也不能制备成疫苗，所以对于共生菌引起的菌群失调和紊乱只能使用微生态制剂或益生菌逐步调整，这就是使用微生态调节剂的基本理论根据。

（一）优势种群和微生态平衡理论

在微生物及其所栖生的宿主与环境所构成相互制约、相互依赖的微生态系统内微群落水平中，少数优势种群对整个微群落起着决定性作用，一旦失去了优势种群，就会使相互作用（制约）、相互依赖的关系被打破而引起微生态系统失调或紊乱，微群落会解体而引起宿主相应的组织或系统功能紊乱，导致相应疾病产生，如消化系统功能失调产生腹泻或便秘等，因此补充微生态制剂，实质上就是补充微群落结构中的优势种群（即微生态内涵），保证微生态系统内"三流"（基因流、能量流和物质流）的正常运转，促进微生态平衡，达到防治微生态系统失调或紊乱的目的。

（二）序因子学说和生物屏障结构理论

在微生态系统中，原籍菌（主要是厌氧菌）占99%以上，而过路菌只占1%或以下（主要是兼性菌和需氧菌）。现代研究证实，原籍菌负责宿主定植抗力形成，并直接参与机体生物屏障的构成，形成所谓的分子生物膜结构，与宿主营养、代谢、免疫功能密切相关，人们把这些原籍菌称为序因子，这些序因子在促进和维持微生态平衡中起关键性作用，因此补充微生态制剂，实质上就是补充序因子内涵，坚固宿主生物屏障，促进微生态平衡，从而保证微生态系统中基因流、能量流和物质流的正常运转。

第五节　生态防治的原则

生态防治措施是综合防治措施之一，和其他医疗措施一样，它也是许多防治措施综合形成的积极措施。提出生态防治原则，首先要改变人们的认识，既不能认为微生态制剂可包治百病，也不能认为微生态制剂单纯措施对疾病可以达到防治目的，这就是笔者提出生态防治原则的宗旨，以下原则供大家在进行生态防治措施时参考。

一、积极对症治疗

一切改善微环境的支持疗法必须认真施行，如胃肠炎患者，若出现脱水和电解质紊乱，必须及时纠正电解质紊乱，改善脱水状态，施行补液措施等。

二、选择抗生素原则

根据共生结构理论，对于有明显自然病原和机会病原致病菌的个体，宜首选抗生素，其原则如下：

（1）用小剂量能达到防治目的，决不用大剂量。

（2）使用窄谱抗生素能取得疗效的，尽可能不使用广谱抗生素。

（3）尽量非经口服用药，以免直接扰乱肠道菌群的生理性格局。

（4）尽量选择不影响定植抗力的抗生素，这是用微生态学观点选择抗生素的重要原则，尽量选用不影响定植抗力、对致病菌敏感的、不良反应少、价格低廉的抗生素。

抗生素与干扰定植抗力情况列于表2-5供抗生素选择使用时参考。

表2-5 抗生素与干扰定植抗力情况

抗生素种类和名称	干扰	不明	不干扰	抗生素种类和名称	干扰	不明	不干扰	抗生素种类和名称	干扰	不明	不干扰
青霉素类	+			头孢氨苄	+			多西环素			+
阿莫西林	+			头孢塔齐定			+	阿米卡星			+
氨苄西林	+			头孢曲松	+			红霉素			+
羧苄西林	+			头孢呋辛			+	萘啶酸			+
苯唑西林	+			头孢拉定<1.5 g/d			+	新恶酸			+
苯氧青霉素	+			头孢拉定>1.5 g/d	+			地红霉素			+
哌拉西林	+			头孢唑林	+			米诺环素	+		
青霉素G<3×10⁶/d		+		头孢他啶	+			麦迪霉素	+		
青霉素G>3×10⁶/d	+			头孢克肟	+			诺氟沙星	+		
阿莫西林	+			头孢羟羧氧	+			司帕沙星	+		
克拉维酸	+			头孢替坦	+			洛美沙星		+	
替卡西林	+			氨曲南			+	多氟哌酸	+		
美洛西林		+ 或+		亚胺培南西司他丁	+			依诺沙星			+
苄星青霉素	+			其他类				环丙沙星	+		
头孢菌素类		+ 或+		金霉素	+			乙酰螺旋霉素	+		
头孢克洛	+			林可霉素	+			黄甲硝唑（小量）			+
头孢哌酮	+			克林霉素	+			甲硝唑	+		
头孢曲松	+			四环素	+			替硝唑	+		
头孢噻肟	+			多黏霉素			+				

（6）根据共生结构理论，对来源于贮菌库或内毒素致严重感染或内毒素血症的患者采用选择性脱污染疗法，或称为选择性脱定植疗法，或称为选择性肠道清洁术。其方法是选择口服不吸收的窄谱抗生素，选择性抑制或杀灭个体菌群中的外籍菌或环境菌（如兼性菌、需氧菌和酵母菌等真菌），以减少机会病原或其毒素对机体的损害，防治内源性感染症和脓毒症方法，现将临床成功使用方案摘于表2-6中，供大家选择使用时参考。

表2-6　选择性肠道清洁术临床常用方案

方案名称	首要辅助措施	主要适应证	方案药物	辅助措施	主要注意事项	生态监测措施
NAC方案	先用头孢噻肟，每次1g，q6h，1~2日后实施方案	长期机械通气患者；慢性细菌性痢疾（及带菌）患者	诺氟沙星；两性霉素B；复方新诺明	本方案内3种药物制成的溶液漱口或氯己定溶液漱口	实施生态监测措施	①口、咽、腋下、生殖器外、伤口、支气管分泌物及中段尿培养，每周2次（定性定量和定位检测）；②粪便标本菌群分析方案实施前后及进行中各检测1次；③必要时反复检测呼吸道分泌物，最少每周2~3次；④有发热患者进行血培养，以检测菌血症可能性
PTA方案	先用头孢噻肟，每次1g，q6h，1~2日后实施方案	多发创伤；器官移植；高耐药菌院内暴发性流行；大型围手术期	多黏菌素E；妥布霉素；两性霉素B；氟尿嘧啶	本方案内抗生素喷洒液喷于口腔；庆大霉素喷洒；会阴部用多黏菌素B、两性霉素溶液喷洗	软膏涂抹或外用氯己定溶液清洗；实施生态监测措施	
NC、NP、CP方案	无	白血病患者感染防治；伤寒或痢疾带菌患者	萘啶酸；多黏菌素B；萘啶酸和复方三甲基氧唑；丙氟哌酸	使用本方案内抗生素漱口液或庆大霉素喷洒	实施生态检测措施	
NPAP方案	先用头孢噻肟，每次1g，每日4次，1~2日后实施方案	创伤、器官移植及白血病严重感染者；耐药菌严重感染患者或院内暴发性流行；开放性骨髓炎	新霉素；多黏菌素B；两性霉素B；吡哌酸	抗生素牙膏刷牙或漱口；庆大霉素溶液喷洒；抗生素油膏会阴部涂抹	实施生态监测措施	

三、微生态制剂的灵活应用

对于菌群失调或紊乱，严重或处于急性期的患者，宜扩大用量或增加用药次数，并宜将多联菌制剂或数种微生态制剂合用，如金双歧加促菌生，或双歧乳杆菌三联活菌片加促菌生，或双歧杆菌活菌加乳酸菌片加促菌生（或地衣芽孢杆菌活菌胶囊或肠炎宁胶囊），或四联活菌加酪酸梭菌活菌片（或肠炎宁胶囊等）。所谓加大剂量，即每次4~8片，每日2~3次或3~4次。

四、慢性和反复发作患者的微生态制剂使用

对于菌群失调或紊乱，处于慢性期或反复发作的患者，早期治疗可增加用量或服药次数，反复发作的患者有必要更换微生态制剂种类，以联合用药为宜（数种微生态制剂并用），如开始时用金双歧加促菌生，第二次发作可改用双歧乳杆菌三联活菌片加双歧杆菌

活菌加地衣芽孢杆菌活菌；第三次发作可用四联活菌加肠炎宁或地衣芽孢杆菌活菌，总之是灵活叠加使用，这样既可以减少口服微生态制剂产生的耐受性，也可以减少因个体菌群差异造成的不敏感性。

五、微生态制剂的维持用药

对于菌群紊乱或失调患者，经治疗好转者宜逐步减少用药量或减少用药次数（减至每日2次或每日1次），尽可能维持用药1周或1个月以上，以减少因停用微生态制剂造成的疾病反复发作。巩固治疗以产乳酸制剂为主，并可逐步增加双歧因子制剂。

六、微生态制剂与抗生素合用注意事项

除了生理性真菌制剂（如伯拉德口服胶囊或片剂）可以与抗生素同时使用以外，原则上与不影响活菌制剂的抗生素（如氨基糖苷类抗生素）可同用，余不宜同时使用。有时在临床上不能确认机会病原或自然病原菌感染时，要选用一些抗生素同时使用，此时应注意：①尽量将抗生素通过非口服途径使用，如静脉滴注或肌内注射；②尽量避开抗生素血液浓度的高峰期，即抗生素与微生态制剂一般相隔6~8小时用药为妥。近年来有学者认为只要微生态制剂有足够活菌数量，其与抗生素同用不影响其效果。

七、菌群分析与生态防治

微生态制剂一般是无不良反应的生物制剂，使用时如有条件最好以粪便标本菌群为依据施行，对于病情较重、急性期患者，一般2~3日做一次微生态分析与观察，对于慢性或恢复期巩固治疗患者，原则上1周或2~3周做一次标本的微生态分析和观察，以便根据微生态失调或紊乱逐渐恢复平衡情况调整用药量和用药次数。对于临床上比较常见的革兰阴性菌减少或原籍菌减少失调症，宜补充低聚乳果糖等促进因子制剂。

八、注意生态防治方法中的营养调整

营养是微生态系统的能量来源，微生态系统的能量可直接来自宿主食物，而能量是微生态系运转的齿轮（动力源泉），生态防治中营养调整十分重要，营养调整措施包括以下几个方面。

（一）根据个体代谢类型调整

（1）发酵型腹泻个体：主食多为碳水化合物，易腹泻失气，排便次数和量增加。调整方法是改变饮食结构，增加豆类蛋白质，适当增加精肉、蛋汤、牛奶制品等蛋白质丰富的食物摄入，使肠道发酵菌因缺乏发酵基质而不能过量繁殖。

（2）腐败性腹泻个体：主食常以高蛋白、高脂肪食物为主，易发生溏泄、便少、恶臭、排便困难。调整方法是增加蔬菜、水果的摄入，并适当增加蜂蜜、蔗糖等含果糖的碳水化合物的摄入，使腐败菌因缺乏基质而得以自行调整。

（3）乳糖不耐受个体：常不能喝牛奶，喝后常出现恶心、呕吐和腹痛、腹泻，尤其见于不常喝牛奶的高龄个体，调整方法是嘱其多喝酸奶或服用金双歧等微生态制剂，一段时间（一般1个月以上）后可逐渐加服牛奶制品，从少量到中量，症状因补充了β-半乳糖苷酶而逐渐得到改善。

（4）便秘：多见习惯性便秘，饮食未减量，而大便次数显著减少，常2～3日一次，或1～2日一次，便少而困难，出现腹胀或腹部不适，调整方法是多补充长纤维蔬菜（如芹菜）和水果，可增加低聚异麦芽糖或水苏糖等双歧因子口服液用量或增加蜂蜜等制品的摄入，适当增加户外活次数和时间，以促进肠道蠕动功能恢复和增强。

（5）因创伤或手术而较长期肠道外营养患者：常感胃肠道不适，腹胀短气，营养调整措施为联合使用微生态制剂（如双歧杆菌活菌加双歧乳杆菌三联活菌或加金双歧）3～5日后，可尽快恢复进食流质、半流质饮食，直至全饮食，少量多餐制，并补充异麦芽糖、水苏糖、低聚乳果糖等双歧因子制剂，有利于改善患者胃肠不适的症状。

（二）根据个体群落结构中种群减少或缺乏情况进行营养调整

（1）扶植双歧杆菌主要食物和营养物质，如胡萝卜、香蕉、鲜生地、鲜麦冬、洋葱、芦笋、乳糖、异麦芽糖、野芝麻四糖、低聚棉子糖、乳果糖、维生素C、维生素B_1、维生素B_2、维生素B_6及泛酸盐，这些物质到达结肠后，促进其增殖。

（2）扶植乳杆菌的主要食物和营养物质，如乳糖、蔗糖、牛奶、乳酪等，可促进乳杆菌生长。

（3）扶植大肠杆菌食物或营养物质，如乳糖、维生素B_6、乳果糖等，乳糖等不会被志贺菌和沙门菌等致病菌利用。

（4）扶植肠球菌食物或营养物质，如叶酸、复合维生素B、蜂蜜、乳果糖、异麦芽糖等物质，新鲜的大叶蔬菜和一些水果（如酸枣等）也可扶植大肠杆菌和肠球菌生长。

（5）扶植类杆菌的食物或营养物质，如精肉、猪肝、鲜鱼、复合维生素B、豆类制品、鸡肉汁等蛋白质丰富的食物，以及乳果糖、异麦芽糖、芦笋、洋葱等食物也有促进其生长的作用。

（6）扶植优杆菌的食物或营养物质，如维生素A、胡萝卜、乳果糖、豆类制品、奶类制品及鲜肉等动物蛋白质。

根据个体微生态系统群落结构中种群缺失或减少的情况，既可以根据"缺则补之"原则补充含相应种群的微生态制剂，也可以根据上述营养物质或食物采取边补边调策略，尽快调整缺失菌群，促进微生态平衡。

九、生态防治方案的完整性

生态防治方案是一个完整的实施方案，从客观环境到微观环境的调整，从营养调整到抗生素的合理使用，以及生态制剂的灵活应用，既不能顾此失彼，又不能忽略哪个环节，在涉及心功能衰竭、肝功能衰竭或肾衰竭等重大问题时，应该首先采取积极措施保护心功能、肝功能、肾功能及脑功能，在这些生命基本功能得到保护的情况下再积极治疗相关疾病，尤其是积极治疗原发病和继发病。生态防治同诸多疗法一样，是防治疾病的一种手段而已，也有其适应证（如菌群失调或紊乱），它不可能包治百病，尤其值得一提的是有外科适应证的患者，应采取外科措施积极救治患者的生命，更何况笔者提出的生态防治方案或原则也不是很成熟，仅希望能起一个抛砖引玉的作用，望广大医务工作者在实施过程中不断完善、不断修改，以期造福广大患者。

参考文献

1. 熊德鑫.现代微生态学.北京：中国科学技术出版社，2000：89-156。
2. FULLER R. Probiotics in human medicine. Gut Apr，1991，32（4）：439-442.
3. GOLDIN B R，GORBACH S L，SAXELIN S，et al.Survival of Lactobacillus species（strain GG）in human gastrointestinal tract. Dig Dis Sci Jan，1992，37（1）：121-128.
4. RAMARE F，NICOLI J，DABARD J，et al.Trypsin-depenedent production of an antimicrobialsubstance by a human peptostreptococcus strain in gnotobiotic rats and in vitro. Appl Environ Microbiol，1993，59（9）：2876-2883.
5. BUTS J P，DE KEYSER N，DE RAEDEMAEKER L.Saccharomyces boulardii enhances rat intestinal enzyme expression by endoluminal release of polyamines. Pediatr Res，1994，36（4）：522-527.
6. BUTS J P.Bioactive factors in milk.Arch Pediatr，1998，5（3）：298-306.
7. STEPHENSON J，WARNES A.Release of genetically modified microorganisms into theenvironment. J Chem Tech Biotechnol，1996，65：5-14.
8. MECHOLD U，MALKE H.Characterization of the stringent and relaxed responses of streptococcus eguisimilis. J Bacteriol，1997，179（8）：2658-2667.
9. YAO Y M，YU Y，SHENG Z Y，et al. Role of gut-derived endotoxaemia and bacterial translocation in rats after thermal injury：effects of selective decontamination of the digestive tract. Burns，1995，21（8）：580-585.

第三章

正常微生物群的生理功能

正常微生物群的生理功能也是逐步被认识和肯定的，早年对正常微生物群（如肠道正常微生物群）的生理功能还是很有争论的，概括起来大致分为两大学派：一是俄罗斯生物学家梅奇尼可夫的肠道正常菌群有害论，他的论点是肠道中存在大量的腐败菌，它们分解大量的腐败产物，如碳酸、靛基质、硫化氢、胺等，逐渐被机体吸收而产生慢性中毒，表现为动脉硬化、肝功能衰竭、肾衰竭，促进老化。梅奇尼可夫是吞噬理论首创者，于1908年由此而获得诺贝尔奖。另一观点是法国著名的化学家、细菌学家巴斯德，他提出了独到见解，认为正常菌群是有益的，是人或动物体内所必需的微生物，他的观点是所有的食物成分必须通过肠道正常菌群发酵、分解，宿主才得以吸收和利用，如人们食物中的淀粉和多糖必须经肠道微生物发酵分解成为单糖才可能被机体利用。两大学派争论了近百年，直至微生态学建立，人们才逐渐认识到正常微生物群具有许多重要的生理功能，在生态平衡时，正常菌群对宿主非但无害而且有益，但是在生态失调时肠道菌群确实对宿主有害，人类许多慢性疾病的产生也的确与腐败菌的有害代谢产物堆积影响密切相关。因此，正常微生物群的生理功能也正是人们逐步深入研究微生态学而得出的结论，本章将从以下几个方面来叙述正常微生物群的生理功能。

一、生物屏障作用

双歧杆菌等原籍菌的胞壁脂磷壁酸能特异性、可逆性黏附于人肠上皮细胞受体，这样形成生物膜样屏障结构，超微结构图像显示微生物与宿主细胞基本上融为一体，这就是膜菌群生物屏障的证据。尽管肠道是一个外环境与机体内环境相互作用的巨大界面，这一界面达数百平方米，这一巨大界面除了消化、吸收机体所需营养物质外，还能有效地将肠道内的细菌和毒素局限于肠腔内,以保护机体内环境稳定,这种作用首先得益于肠道正常微生物群的生物屏障作用,换句话说,正常微生物群第一个重要的生理功能是抵御有害细菌及毒素对机体的损害,保持内环境的稳定,即构成定植抗力(生物屏障)。这些膜菌群不仅具有占位、营养争夺功能,还具有空间位阻等作用。

二、化学屏障作用

前面提到构成生物屏障的原籍菌主要是由产乳酸原籍菌构成,这些原籍菌生长定植和繁殖后产生大量短链脂肪酸(SCFA),SCFA不仅与肠道水、电解质代谢有关,而且这些SCFA可降低局部环境pH和Eh,阻止有害菌与肠上皮的黏附,尤其是抑制腐败菌和致病菌生长和繁殖,并促进肠道蠕动,从而有利于这些致病菌的排泄。此外占位的原籍菌还会产生一些细菌素类活性物质,如乳链球肽和乳酸菌素等。近年来研究还证明双歧杆菌等具有分泌100 bpRNA的作用,也参与化学屏障的构建,这些化学屏障可直接可抑制其他致病或条件致病菌的生长。

三、免疫屏障作用

肠内免疫系统是特殊的黏膜免疫防御系统,它能阻止肠内细菌进入组织内部引发感染,其中肠壁特殊区域派尔集合淋巴结对微生物成分应答之后,淋巴细胞转移至肠壁的各个部位,将免疫反应传递给整个器官,在肠黏膜产生一种在结构上特异的抗体,如分泌型IgA(sIgA),覆盖在肠黏膜表面,从而阻止病原菌入侵黏膜内。IgA是机体内分泌量最大的免疫球蛋白,能中和病毒、毒素和酶等生物活性抗原,具有广泛的保护作用,其最主要的保护作用是阻止细菌对肠上皮细胞表面的黏附,细菌黏附到肠上皮表面就可以避免因肠蠕动、肠内容物的定向运动清除掉,有利于其穿透肠上皮,向其他部位扩散,其分泌的有毒产物也可以直接作用于靶细胞有效地发挥毒性作用。此外,sIgA与补体及溶菌酶还具有协同杀菌作用,可见胃肠道黏膜具有排除来源于微生物及食物的许多抗原的屏障功能,是一个由黏膜免疫系统维持的免疫屏障,是宿主整个免疫能力的重要组成部分,作为第一道防线,免疫消除是由sIgA提供的。免疫消除是直接面对已经入侵黏膜内的异种抗原提出,免疫调节适用于以前口服抗原所致的特异性超敏状态。除了IgA体液免疫成分在免疫屏障中具有重要作用外,肠壁组织内的淋巴细胞在免疫屏障中也具有不可忽视的作用,在IgA产生的初始阶段,产生IgA的浆细胞的转化是在T细胞辅助下完成的,T细胞分泌的IL-2和IL-5等细胞因子又可以促进浆细胞分化、成熟和增加IgA的分泌量,因此,T淋巴细胞的免疫状态(如$CD3^+$、$CD4^+$)可以直接影响肠道免疫屏障作用。此外,体液免疫分泌的IgG、IgM和抗体及细胞免疫产生的细胞因子都参与免疫屏障的构成。

综合来说，无论是生物屏障，还是化学屏障或免疫屏障作用，都是针对肠道正常菌群的屏障作用而言，对宿主来说这种屏障作用是不能切割的。随着外来食物或空气进入后，如有致病菌的入侵，肠黏膜免疫系统发挥作用，分泌sIgA以包裹致病菌，进而通过酶系统等发挥抑杀作用；或吞噬细胞将其吞噬，在胞内发挥抑杀作用。此外，由于结肠菌群分泌大量短链脂肪酸，降低局部pH，使致病菌不能黏附或入侵；或分泌大量抑菌、杀菌物质（包括细菌素及抗菌肽类物质）而抑杀入侵致病菌；或者分泌一些胞外酶，使肠黏膜许多糖类受体被破坏，从而使致病菌不能黏附和入侵。此外，由于正常微生物群与肠黏膜形成了类似一体的膜样结构，其不仅有占位营养和空间定位的争夺作用，还具有空间位阻作用，即占位后在定位空间上阻止其他致病菌或条件致病菌的与肠黏膜受体黏附的作用，这种屏障作用也是正常菌群拮抗致病菌或条件致病菌的机制之一。

四、促进机体代谢和营养作用

通过无菌动物与悉生动物模型研究表明，肠道微生物在肠道脂类和固醇类代谢方面起重要作用，无菌大鼠亚油酸高、硬脂酸低，而普通动物硬脂酸高、亚油酸低，说明正常菌群具有将亚油酸转化成硬脂酸的能力，此外高蔗糖饲料喂服的鸡易发生脂质吸收不良综合征，这种综合征在喂服粪链球无菌鸡时也会出现，说明粪链球菌参与糖和脂肪的代谢，此外，Szylit通过实验观察到以4%乳糖饲料喂悉生鸡，双联悉生鸡（含嗜酸乳杆菌和产碱韦荣球菌鸡）盲肠内挥发性脂肪酸（VFAS）总是比单联二菌鸡盲肠高出7倍，说明肠道正常菌群也参与一些碳水化合物的代谢，从而增加了短链脂肪酸的产生。近年来更有报道证实双歧杆菌等肠道正常菌群对葡萄糖酵解代谢既不遵循完整的EMP途径，又不经过HMP途径，而是以果糖-6-磷酸盐途径，经果糖-6磷酸脱氢酶裂解果糖-6-磷酸盐和赤藓糖-4-磷酸盐，最终产物形成是通过转醛醇酶、转酮酶、木酮糖-5-磷酸酮酶，以及作用于甘油醛-3磷酸盐的有关酶EMP途径，生成A（乙酸）和L（乳酸），而少量甲酸是通过裂解丙酸形成的，可见正常微生物群参与了宿主的碳水化合物代谢。对于半乳糖代谢，双歧杆菌含有β-半乳糖苷酶，进而将乳糖水解成葡萄糖和半乳糖，再进一步酵解产生能量及CO_2和H_2O等。

关于蛋白质代谢：对于双歧杆菌等正常菌群参与肠道蛋白质、肽和氨基酸代谢有许多报道，已有实验证实双歧杆菌等能很好地利用肠道内的氨（作为氮源）合成氨基酸和尿素，因为只有合成酶而无分解酶，而肠道内大肠杆菌、梭菌等则可分解氨基酸而产氨，甚至一些肠球菌参与将氨基酸分解成氨或H_2S，此结果说明肠道正常菌群参与蛋白质、肽和氨基酸代谢。

关于胆固醇和胆汁酸代谢：同样也由正常菌群参与，参加这种代谢的包括类杆菌、优杆菌、双歧杆菌、乳杆菌、消化链球菌、链杆菌及梭菌等，是多种种群共同作用的结果，它们既有促进形成结合胆酸盐的能力，又具有分解能力，如在胆固醇的第7位碳原子上脱羟基，第3、第7、第12位碳原子上将羟基氧化，形成脱氧胆酸和石胆酸。此外，体内合成的胆固醇有一半以上是在肝脏分解成胆汁，经肠-肝循环又回到肠道内，又进一步由类杆菌、双歧杆菌等肠道正常菌群降解转变成粪胆原、尿胆原排出体外，近年来研究还证实肠道内杆菌、消化链球菌和葡萄球菌都有分泌葡萄糖醛酸酶的能力，也与结合胆红素的分解密切相关，这些研究都证实肠道正常菌群参与胆固醇和胆汁酸代谢，而胆汁酸代谢又与脂肪代谢密切相关，近年来还有实验研究资料证明双歧杆菌等肠道正常菌群影响肌醇三磷酸代谢，此物质又是细胞内脂代谢道路中的中间产物，并参与多途径的信息传递过程，故称为细胞内第二信使，它不仅参与细胞内脂代谢过程，而且直接参与胞内信息传递过程。以上资料表明，无论是蛋白质代谢，还是脂肪或碳水化合物代谢都与正常菌群生理作用密切相关。

提到正常菌群的营养作用，不仅是上述所提及的与碳水化合物、脂类及蛋白质的分解、合成、吸收密切相关，还有与一些营养素的合成和吸收密切相关。首先是维生素K的合成和吸收，通过无菌动物已证明它们很容易发生典型的出血综合征，近年来已研究证明这种维生素K的合成和吸收作用与肠道正常菌群中大肠杆菌和瘤胃球菌等密切相关；此外，通过悉生动物的营养研究资料表明，一些水溶性维生素，如硫胺素、吡哆醇、核黄素、泛酸、生物素、叶酸、烟酸及维生素B_{12}都与正常菌群参与其合成、吸收密切相关。

此外，近年来关于SCFA的代谢研究表明，由肠内正常菌群利用碳水化合物、脂类和蛋白质等产生的SCFA，不仅对于维持肠道完整性具有重要作用，而且直接作用于肠道内的水、盐、电解质代谢，它们在维持肠道功能方面起着重要作用。

肠道正常菌群对药物的代谢作用在许多方面并不亚于肝脏，这种非组织性代谢途径的药理学和毒理学意义不可低估，尤其以水解和还原作用常见，如氯霉素口服后形成氯霉素葡萄糖醛酸结合物，在肠道内（由大肠杆菌等）产生葡萄糖醛酸苷酶，水解生成氯霉素和葡萄糖醛酸；又如洋地黄强心苷经肠道菌群水解后失去一分子葡萄糖得到乙酰基洋地黄毒苷，进一步水解为去乙酰基洋地黄毒苷（有毒产物），此外像氰苷、黄酮苷、皂苷都可经肠道菌群水解形成有毒产物，以及酰胺水解和酯类物质水解，及其双键、硝基、偶氮还原作用，还有芳香化、杂环裂解及碳-硫键裂解、脱氨、脱羧等反应都有肠道菌群参与的还原作用，总之肠道菌群：①参与一些药物代谢，使其活化才具有药理活性和治疗价值，如乳果糖和柳氮磺胺吡啶经肠道菌群作用释放出磺胺噻唑后才能发挥治疗作用，中药大黄也是经肠道菌群作用后形成活性物，从而发挥其促进泻下的作用；②由于肠道菌群作用，在药物代谢过程中增强毒性而造成对宿主的损害，如苦杏仁苷经肠道菌群作用后形成氰化物而使实验动物产生致死毒性反应等；③肠道菌群还参与一些药物代谢，延缓这些药物在体内消除，延长这些药物的半衰期，并与这些药物重新经肠肝循环密切相关，如己烯雌酚的代谢或吗啡、丙咪嗪代谢等。

当然肠道菌群对药物代谢的影响既与宿主种属有关（所携带正常菌群的种群有差异），也受宿主饮食及其抗菌药物使用的影响，还受正常菌群相互间协同或抑制作用的影响，可见正常菌群对药物代谢的影响不仅与正常菌群种群组成有关，还与宿主及环境影响密切相关，但是肠道正常菌群参与药物代谢这种生理作用是不容忽视的。

五、免疫赋活作用

双歧杆菌等正常菌群的免疫赋活作用近年来也有广泛的报道，首先，正常菌群中过路菌等做抗原刺激，激活机体黏膜免疫系统，如使派尔集合淋巴结细胞增殖，使B细胞转变成产生IgA的B细胞并向派尔集合淋巴结节移行，又进一步刺激淋巴细胞分化和增殖，经胸导管向脾脏移行，又经体循环到达大肠黏膜各处（固有层），与上皮细胞产生的分泌片结合成为sIgA，向管腔分泌，此外正常菌群作为外来抗原刺激，被吞噬细胞吞噬后经抗原提呈作用，分别刺激T、B细胞增殖和分化，这样被激活的淋巴细胞（吞噬细胞、白细胞等）能释放出多种细胞因子，如IL-1、IL-2、IL-6、IFN-γ、TNF-α等。此外，B细胞被激活后随之产生IgM和IgG抗体，可见正常菌群可作为抗原刺激赋活机体的体液和细胞免疫功能。

在提到正常菌群作为生物抗原对宿主具有相当的免疫赋活作用的同时，也应该客观指出正常菌群（所谓六大菌群）作为贮菌库和内毒素库的影响，即正常菌群中部分菌群可以作为条件致病菌通过易位而造成宿主的内源性感染灶。此外，它还可能作为内毒素库经淋巴或血流释放，从而引起内毒素血症的发生。

双歧杆菌的免疫赋活作用。双歧杆菌具有全身性免疫赋活作用，双歧杆菌几个常见的菌种如婴儿双歧杆菌（*B.infantis*）、长双歧杆菌（*B.longum*）、青春双歧杆菌（*B.adolescentis*）等菌株加到脾细胞培养系统中，能促进淋巴细胞增殖，长双歧杆菌定植的小鼠对大肠杆菌和内毒素血症抵抗力比无菌小鼠更强。长双歧杆菌细胞壁成分能促进小鼠对乙型肝炎病毒的抗体应答。Hatcher等研究了双歧杆菌菌体破碎后的可溶性提取物对巨噬细胞样细胞株的免疫赋活作用，发现该提取物能显著降低巨噬细胞的溶菌酶活性，增强巨噬细胞吞噬聚丙烯组胺颗粒和活的沙门菌的能力。Schiffrin等用人体志愿者试验研究了乳酸性细菌的免疫调节作用，分别给志愿者饮用嗜酸乳杆菌（*L.acidophilus*）和分叉双歧杆菌（*B.bifidum*）的发酵奶达3周后，检测血淋巴细胞亚群没有改变，细胞在体外吞噬大肠杆菌的能力两者均增强。Ota等发现婴儿双歧杆菌细胞壁肽聚糖能激活中性粒细胞和巨噬细胞，增强抗肿瘤活性。史俊华等用耐氧双歧杆菌治疗首只H22肿瘤小鼠，发现该药通过激活巨噬细胞、增强Th细胞功能来发挥抗肿瘤效应。蔡方勤等发现双歧杆菌能增强小鼠胸腺细胞和脾细胞对ConA刺激的反应，脾贴附性细胞对yac-1、L929细胞毒作用及TNF活性明显增强。史俊华等将耐氧双歧杆菌应用于正常小鼠后，第2周IL-2水平比对照组升高。此外，双歧杆菌肽聚糖还能增强小鼠淋巴细胞的细胞毒性和NK细胞活性，并产生干扰素。Miettinen等用乳酸杆菌直接刺激人外周血单个核细胞，发现双歧杆菌、动物双歧杆菌均能诱导出TNF-α、IL-6、IL-10，且诱导IL-10的作用比Lps强。

消化道不仅是营养物质消化、吸收的场所，而且是免疫反应的最前线，拥有正常菌群的完整肠黏膜上皮是避免病原菌、抗原或其他异物侵入内肠壁的屏障。除此之外，肠黏膜还是有效地摄取抗原的场所，这是因为在肠绒毛上皮内特别是肠淋巴结内专门的抗原呈递增机制，对诱导特异性免疫应答至关重要。Tsuywki等测定了长双歧杆菌单独定植小鼠胆汁与小肠内异物中的特异性IgA，结果长双歧杆菌在小鼠的肠黏膜定植1~2周后，小鼠血清和胆汁中总IgA产生和分泌增多，6~8周后检出长双歧杆菌IgA抗体。此外还观察到长双歧杆菌定植不仅有特殊性免疫应答，而且对非特异能效应答有修饰作用。Yasui等用短双歧杆菌与肠淋巴结细胞一起培养，发现双歧杆菌能体外促IgA产生，并能诱导IL-1、IL-4的产生。Sekine等用长双歧杆菌和动物双歧杆菌诱导小鼠腹腔细胞TNF-α、IL-1β、IL-10、mRNA表达增强；并用婴儿双歧杆菌细胞壁肽聚糖注入BCL b/c小鼠腹腔，3小时后取腹腔细胞，用PCR检测发现TNF-α、IL-1β、IL-6、IL-10和INF-γ的mRNA表达明显增强。项明法等将双歧杆菌用于人体，结果粪便中sIgA水平升高。SADO等用无菌小鼠研究了肠道菌群在诱导IGE应答口服免疫耐受中的作用，双歧杆菌及其表面胞壁多糖是双歧杆菌黏附定植于宿主肠上皮细胞的主要成分。许多研究表明双歧杆菌表面胞壁多糖（LTA）、肠壁肽聚糖（WPG）和IL-7作用下产生分泌LSC二聚体IgA等，说明双歧杆菌及其表面的LTA是双歧杆菌黏附定植的主要蛋白等。

双歧杆菌免疫赋活作用主要生理定义：双歧杆菌的抗感染作用可用于治疗辐射病、恢复肠道菌群。除此之外，双歧杆菌抗感染作用的免疫机制也是对感染、诱导的细胞因子网络进行修饰，使之比较平衡。

此外双歧杆菌还有抗癌性及抗变异活性。

事实上许多有益菌存在于口腔、皮肤、盲肠道，甚至阴道中，当人体提供少量营养和庇护给这些正常菌群，它们会给人类带来更高的回报，它们为人体健康服务，防止酵母菌及其他有害菌入侵。

一般来说，人体的菌群平衡会以多种方式维护着人体的健康状态，但临床证实益生菌更是有助于预防和治疗某些源自细菌、病毒、真菌和原生动物的疾病，包括自身免疫性疾病、过敏症和癌症等。维护着人体正常菌群平衡的益生菌还可对人体起到去除有害物质、清除体内内毒素和净化体内环境等作用。

六、诱发肿瘤和抗肿瘤发生作用

(一)诱发肿瘤作用

　　苏铁苷是人们摄入苏铁果(食物)后经人肠道菌群分解产生的一种甲基氧化偶氮基甲醇配基化合物,是一种诱发结肠癌的物质;苦杏仁苷也是一种由肠道菌群参与降解而产生的对神经系统有毒性的有害物质;其他如黄洋葱外层,人们食用后通过肠道菌群分解作用产生的槲皮素和黄酮类物质,它们都是癌变诱变剂,易诱发结肠或膀胱肿瘤;腌制咸菜或肉类物质作为食物摄入后,经肠道菌群作用而转变成的亚硝酸盐类物质,也是诱发黏膜上皮恶变的化合物。此外,像人工合成甜味剂——环己烷氨基磺酸盐也可经肠道菌群裂解和脱硫反应转变成环己基胺,这也是一种诱变人类消化道黏膜癌变的化合物;肠道菌群中的梭菌等腐败菌7-α-羟化酶可使胆汁酸形成癌的诱发物质,或β-葡萄糖苷酸酶分解1,2-二甲基肼(DMH)形成氧化甲基偶氮甲醇等物质,可使肠黏膜上皮细胞发生癌变等,以上种种例子都说明许多食物经肠道菌群的酶分解作用而形成癌的诱变剂。

(二)抗肿瘤作用

　　正常菌群可以赋活机体的免疫系统,增强免疫监视功能,由吞噬细胞等清除许多诱变化合物,并可直接与一些致癌基因的活性部分结合,如致癌化合物——亚硝基胍致突变剂诱导的活性位点,减少其对宿主细胞的致伤作用,或者通过减少肠内一些腐败菌产生的细菌酶,降低其对肠黏膜上皮细胞的诱变作用,如降低β-葡萄糖苷酶活性,减少其分解1,2-二甲基肼形成的氧化甲基偶氮甲醇等致癌物,又如降低肠道硝基还原酶及亚硝酸还原酶活性,以减少亚硝酸盐等诱癌化合物产生等。此外,正常菌群在诱发肿瘤细胞凋亡方面也发挥相当大作用。综上所述,肠道菌群中许多原籍菌(如双歧杆菌、乳杆菌等)既可通过免疫赋活作用发挥其免疫监控作用,也可直接与致变剂活性位点结合,灭活其活性位点,竞争变体,还可通过降低致癌细菌癌活性等诱导细胞凋亡综合作用,以达到拮抗肿瘤发生等目的。

七、维持宿主内环境稳定作用

　　正常菌群对于宿主来说属于生物环境,而对于环境来说,它又与宿主是密不可分的,故有人提出正常菌群严格地说属于宿主,可以认为其构成了宿主的一个"生理系统",可以称其为微生态系统。在自然条件下任何宿主都不能脱离正常菌群,从出生后4~6小时直至死亡都是如此,也可以说正常菌群对于维持宿主内环境的稳定起了至关重要的作用,笔者前面提到肠道内存在着大量营养物质和有害物质，这些肠道中的细菌和毒素可以将机体杀死几百万次，而肠道菌群参与肠黏膜高效选择性屏障系统足以将大量有毒物质局限于肠腔内，以保持机体内外环境稳定。一切生物都是环境的对立统一体，因此环境直接影响宿主的一切表现，包括其正常微生物群的表现，它们都不可能脱离环境而独立存在。一方面，环境影响宿主，宿主也影响环境，一般来说环境不仅影响宿主，而且通过对宿主的影响间接地影响其正常菌群；另一方面，环境直接影响正常菌群，而且又通过微生物群的影响间接影响宿主。总之正常微生物群是属于宿主范畴，环境作用于其宿主与正常菌群双方面，而双方面又相互作用。举例来说，食物摄取后，由于肠道正常菌群作用，降解成多糖、单糖、脂类和蛋白质，部分被正常菌群摄入，部分被宿主吸收和利用。正常菌群产生大量短链脂肪酸（SCFA），如甲酸（F）、乙酸（A）、丁酸（B）、己酸（C）、乳酯酿（L）、琥珀酸（S）等，而这些SCFA质子化被动吸收过程可能伴随了钠泵作用（$Na^+ \to N^+$交换），或通过质子泵参与HCO_3^-交换，这样又促进了水、电解质吸收（尤其是Na^+、Mg^{2+}、Ca^{2+}的吸收），因此它们在体液平衡方面发挥了巨大作用，以确保宿主内环境的平衡；由于环境影响，如肠道致病菌的入侵使宿主肠道内正常菌群发生改变，如致病性大肠杆菌或志贺菌、沙门痢疾杆菌成为优势种群，肠道正常微生物群发生改变，从而破坏了正常菌群产生的SCFA的钠泵和质子泵作用，导致水、电解质吸收障碍，造成宿主内环境紊乱和失调，产生腹泻等病症，可见正常菌群在维持内环境稳定、促进微生态平衡方面具有重要作用。

八、生物拮抗作用

正常微生物群另一重要的生理作用是抗感染，即生物拮抗作用，一个简单的例子就可以说明此作用，如致病性大肠杆菌或沙门菌感染时，虽然一些人群吃过共同的食物，被相同传染源侵袭，有的发病，有的带菌，而有的完全排除病原体。造成这种差别的原因除了与个体的免疫力大小有关外，还与个体体质强弱有关，这种体质的强弱通过近年来微生态学研究证实其主要与个体携带正常微生物群差异有关。Van der Waal在早年试验证实：用肠炎沙门菌喂服小鼠，小鼠肠道微生物正常时无死亡个体或仅有少数小鼠发生肠炎，而大部分小鼠不发病，如预先使用链霉素喂服小鼠，约有一半小鼠死亡，而同时用链霉素和红霉素喂服小鼠，则小鼠几乎全部死亡。由于使用链霉素可抑制阴性菌，红霉素可抑制阳性菌，两者同时喂服则彻底破坏了肠道正常微生物群，使宿主抵抗力降至最低，发病率和死亡率都升至最高，可见人的体质强弱很大一部分表现为正常微生物群的稳定和平衡状态，正常微生物群这种生物拮抗作用具体来说有以下几方面。

（一）占位保护作用

正常微生物群紧密地、特异性地黏附在黏膜上皮细胞受体上形成微生物膜，对宿主起到了占位性保护作用，以减少致病菌的侵入和黏附。这种占位性保护作用近年来研究证实主要是两个方面的机制：其一是所谓空间位阻作用，即正常微生物群占位（与相应受体黏附定植后）后在空间上阻止致病菌向其受体的黏附和定植；其二是正常微生物分解的一些胞外酶可以直接破坏许多能与致病菌黏附的受体（多糖残基），从而阻止致病菌的黏附和定植。

（二）空间位阻与免疫作用相互协调

致病微生物进入机体后由于机体的黏膜、体液和细胞免疫作用，如黏膜免疫机体分泌的sIgA，它可以阻止致病细菌对肠上皮细胞表面受体的吸附，这些sIgA可以包裹致病细菌从而阻止这些致病菌向肠上皮吸附，并与补体、溶菌酶协同杀灭被包裹的致病细菌，从而被肠蠕动、内容物定向运动清除掉。

（三）占位保护作用与化学屏障作用密不可分

笔者在第一节已经叙述正常微生物群利用碳水化合物、脂肪和蛋白质产生大量SCFA，尤其是双歧杆菌产生的乙酸和乳酸，它既可以降低局部生境pH和Eh，从而抑制外来致病菌的繁殖和生长，又可以刺激肠蠕动，从而使致病微生物尚未大量繁殖时就被排除。此外，正常微生物中一些种群也可产生H_2O_2类物质，它可以通过呼吸暴发杀灭沙门菌或脑膜炎双球菌等致病菌，尤其是正常微生物群中一些种群产生的细菌素或类细菌素物质，如产乳酸球菌产生乳酸链球菌肽对革兰阳性菌和抑杀作用，还有双球菌素和片球菌素A或ACH都具有抑杀革兰阳性球菌的作用。乳酸杆菌产生的乳杆菌素、抑菌肽及明串球菌素等，对革兰阳性球菌（如肠球菌）和杆菌（如李斯特菌）都有明显的抑菌、杀菌作用，这些细菌素不仅在正常微生物群的生物拮抗中发挥作用，而且对于保护正常微生物种群的纯洁性方面都起重要作用。

（四）生物拮抗与营养争夺作用

在同一生境中微生物之间相互抑制或相互制约作用的一个重要机制就在于微生物群的营养争夺。营养争夺不仅有利于拮抗一些致病微生物的生长和繁殖，而且有利于维持微生物种群的稳定性及微群落结构，因为它可以制约种群或个体的繁殖速度，如在肠道中正常微生物群中（如肠杆菌），它还可以与入侵的志贺痢疾杆菌争夺营养，使后者得不到或不能充分得到营养，从而使后者繁殖速度受限而被排斥。

总之，正常微生物群这种生物拮抗作用是由上述各个方面综合形成的，它既包括保护性占位、营养争夺，也包括机体的免疫作用的协调，还包括正常微生物群产生的代谢产物

SCFA及一些细菌素、生物活性酶等，这种生物拮抗作用既保持了微生态系统群落或种群结构的纯洁性和稳定性，使之形成相互依赖、相互制约的生态格局，又对入侵的致病微生物产生重要的排斥作用，为维持宿主的健康及微生态系统的平衡有着重要的作用。

九、抗衰老作用

衰老是一切生物的必然进程，包含着十分复杂的生物学过程，生物的衰老受基因控制，衰老与遗传物质的结构和功能改变有关，生命过程中的DNA损伤、修复错误、炎变积累是细胞衰老和功能丧失的原因之一，当然衰老还与废物积聚、自由基损伤、免疫功能低下、神经内分泌功能低下、基础代谢低下等有关。

正常微生物群的有害代谢产物促进了衰老的进程。

（1）氨的产生

食物中的蛋白质在胃、胰、肠的蛋白酶作用下分解成氨基酸的同时，也有部分蛋白质或氨基酸经肠道内细菌（如大肠杆菌、变形杆菌和克雷伯菌等）脱氨基形成氨，氨在肝脏解毒并形成尿素，尿素一部分排泄于肠内，又被细菌的尿素酶（如弯曲菌、优杆菌等）分解形成氨和CO_2，再进入肝脏，即所谓肠肝循环使氨大量积累和吸收，极易形成肝性脑病。

（2）胺的产生

大肠杆菌和梭菌（如产气荚膜梭菌）具有脱羧酶，而使氨基酸脱羧基形成腐败产物，各种胺类如组胺（二胺）及氮杂环己烷二甲基胺（二级胺）等对机体是有毒害作用的，如组胺可舒张血管、降低血压、刺激组织发炎和发生变态反应等。

（3）酚类物质

肠内细菌（如大肠杆菌和梭菌）具有将含蛋白质的食物中的酪氨酸及苯丙氨酸转化成酚的作用，而酚类物质与诱发肝癌有关。

（4）色氨酸及同类产物

肠内细菌（如大肠杆菌、变形杆菌及梭菌）可将色氨酸降解为5-羟色胺、色胺，并进一步形成靛基质及吲哚酚类物质等。此外像大肠杆菌、变形杆菌和部分梭菌在分解碳水化合物或蛋白质类物质时还易产生H_2S、3-甲基吲哚等有害气体，其中氨、H_2S、胺类、酚类、靛基质类等有害物质累积并被宿主吸收，可促进衰老的进程。

近年来有实验证实：①正常微生物群中的双歧杆菌等原籍菌产生的一定量的超过氧化物歧化酶（SOD）及谷胱甘肽-过氧化物酶（CSH-Px），可降低组织和血浆CPO水平，以减轻氧自由基对细胞膜的损害，延缓细胞老化进程；②肠道中腐败菌（如梭菌、大肠杆菌）进一步分解消化食物，形成一系列有毒产物，如吲哚、H_2S、胺及氨类物质、尿素肼及偶氮化合物,这些有毒物质积聚,改变血管脆性,导致动脉硬化,而正常微生物群中双歧杆菌等原籍菌使氨转变成尿素,降低血氨浓度,经肾脏排泄,而正常微生物群中原籍菌占优势时,与肠道正常菌群相互作用、相互制约,腐败菌生长繁殖受限,使腐败菌有毒代谢产物减少,从而起到延缓衰老进程的作用。

十、促进微生态平衡及保护宿主健康作用

正常微生物群与宿主不仅在形态上有密切关系,而且在许多生理功能上也具有密不可分的关系,这就形成了正常微生物群与宿主的共生关系。正常微生物群在宿主一定部位定居、生长和繁殖,就产生了正常微生物群的定植。定植是正常微生物群与宿主在长期历史进化过程中形成的一种共生关系的微生态学表现,宿主(个体)出生前是无菌的,以后序贯性开始需氧菌定植、厌氧菌定植,而且后者很快超过前者,成为绝对优势种群,这种优势对一个健康的个体来说是终身不变的,这样就形成了微生物群与宿主在长期伴生进化历史中形成了动态的、生理性和谐的、相对稳定的组合状态,即相互作用、相互制约——生态平衡状态,可见正常微生物群对宿主健康有保护作用,这也是人类和动物赖以生存的重要条件之一。这种微生态平衡的一个重要标志就是宿主的健康状态。

宿主从生命开始到结束都离不开正常微生物群。以结肠为例,正常微生物种群达400~500种,占粪便湿重的40%,约有1.5 kg重的湿菌,它对机体生理过程必然会产生十分重要的影响。概括地说,它们帮助消化食物,参与物质代谢,为机体提供某些维生素及必需的氨基酸,以及参与宿主定植抗力构成,即由于它们的存在,可以阻止某些有害菌和致病菌在肠道内定植和增殖,还可诱发肠道局部免疫和刺激GALT的发育。美国芝加哥大学的一位肠道细菌学者及Rolf Freter(1986年)曾说过"人类和动物的生理参数,很少不因内源性细菌的存在而受到某些影响",可见人正常微生物群对人的健康的影响是何等的明显和重要。

正常微生物群与宿主受环境影响,由生理性组合向病理性组合状态转变,就出现了微生态失调。对于微生态失调,人们常使用由正常微生物群制备的微生态制剂,就是顺应自然变化规律,补充和促进肠道正常菌群生长,纠正微生态失调,使之恢复微生态平衡,从而使这类疾病及时治愈,这就证明了扶植正常微生物群能调整微生态失调,促进微生态平衡,保护宿主的健康。

正常微生物群是宿主赖以生存、促进微生态平衡、保护机体免受感染的重要方面,生态制剂在于补充有益微生物种群,扶植这些优势种群达到拮抗有害菌的定植作用,就其本质来说是调节微生态失调,促进微生态平衡,因此将这类制剂称之为微生态调节剂更合理。

综上所述，正常微生物群对宿主发挥生理作用是有条件的，这个条件就是栖居的微生物群和宿主与环境保持动态生态平衡，正常微生物群才能有益于宿主的健康，否则就会导致疾病。这就是现代微生态学认为正常微生物有益论的基本观点。

—— 参考文献 ——

1. 康白.微生态学原理.大连：大连出版社，1996.
2. 熊德鑫.现代微生态学.北京：中国科学技术出版社，2000.
3. DANFORTH J M, STRIETER R M, KUNKEL S L, et al.Macrophage inflammatory protein-1 alpha expression in vivo and in vitro: the role of lipoteichoic acid.Clin Immunol Immunopathol, 1995, 74（1）: 77-83.
4. LEON O, PANOS C.Streptococcus pyogenes clinical isolates and lipoteichoic acid.Infect Immun, 1990, 58（11）: 3779-3787.
5. HETHER N W, JACKSON L L.Lipoteichoic acid from listeria monocytogenes. J Bacteriol, 1983, 156（2）: 809-817.
6. SIMPSON D A, RAMPHAL R, LORY S.Genetic analysis of pseudomonas aeruginosa adherence: distinct genetic loci control attachment to epithelial cells and mucins. Infect Immun, 1992, 69（9）: 3771-3779.
7. SMOOT D T, RESAU J H, NAAB T, et al.Adherence of helicobacter pylori to cultured human gastric epithelial cells. Infect Immun, 1993, 61（1）: 350-355.
8. BERNET M F, BRASSART D, NEESER J R, et al. Adhesion of human bifidobacterial Strains to cultured human intestinal epithelial cells and inhibition of enteropathogen-cell interactions.Appl Environ Microbiol, 1993, 59（12）: 4121-4128.
9. SEKINE K, WATANABE-SEKINE E, TOIDA T, et al. Adjuvant activity of the cell wall of bifidobacterium infantis for in vivo immune responses in mice. Immunopharmacol Immunotoxicol, 1994, 16（4）: 589-609.

第四章 正常微生物群的检测方法

正常微生物群的检测方法除直接观察法外,还包括定性、定量和定位法等,本章将对正常微生物群检测方法进行较系统的介绍。

第一节 直接观察法

一、取样方法

微生态学检测方法中一个最重要的原则是定性、定量和定位检查。一般微生物检测方法主要是定性检查,查出某部位病原菌种类和寻找敏感的抗生素即可,而微生态学是研究微生物、栖居宿主和环境的微生态系统客观规律的科学,故微生态学检测定位、定性、定量"三定"标准是极其重要的。因此,笔者要进行直接观察(检测),第一个要害问题是标本采集的定位,一般根据研究和检测的生境不同,必须对不同生境采取不同的取样方法。就生境的定位来说,宜根据研究和检测生境不同,先对生境进行层次化定位,所谓层次化,是指简化生境为不同特定部位的方法,这样使微生物群的定性和定量检测更易于进行。

(一)直接取样法

可根据需要进行实验动物活杀,在特定解剖部位取样;或者在行外科手术或特定检查时根据特定解剖位置取样,如插胃管可直接取样检测胃中或上消化道生境中的胃液、肠液或分泌物。

（二）生境层次化取样法

（1）口腔可划分为舌、齿、颊、齿龈、咽和喉。可根据不同的部位进行定位取样。同一部位又可划分不同生境，如舌的舌面、舌背、舌根、舌尖和舌缘等；又如齿可分齿龈、牙周袋、齿沟、附着性菌斑和非附着性菌斑等，它们可用棉拭子、灭菌滤纸条、Nowman氏带充气导管的藻酸钙倒刺钩或morse活动尖锐的利器采样，导管中充入纯CO_2，标本采集后退回外套管取出，以免口腔其他部位菌群污染。

（2）消化道既可划分上、中、下消化道三段，又可根据解剖部位分成胃、十二指肠、空肠、回肠、结肠等部位。可经口（或鼻）导管取样，或使用双导管的纤维内窥镜取样，或使用遥控传感多阀检测器吞服后采样。一般肠道菌群分析多是指下消化道菌群，采集粪便标本即可。

（3）皮肤可分为面额部、颈、四肢、胸、腹、背、腋窝、腹股沟、会阴部、手背、手掌、脚趾、脚背、脚掌等部位，以及附属器毛发、汗腺、毛囊、皮脂腺等，一般使用灭菌棉签蘸生理盐水后（湿后）按面积采集，也可用刮取、擦拭、吸附或手术（如整形术）采样。

（4）阴道可分为上、中、下三段，又可按解剖部位分成宫颈、穹窿、壁（前、后、左、右），一般是使用棉签蘸取一定范围内的分泌物，也可用双导管充气定位、定点采样。

（5）呼吸道可分为上、中、下三段，可用纤维支气管镜采样或在利多卡因麻醉情况下使用wimberger氏双层聚四氟乙烯套管毛刷采样，采样后抽回双导管内，避免通过口腔时污染；上呼吸道可使用棉签擦样或胸腔穿刺用注射器抽取采样，也可用0.5%甲硝唑溶液、0.01%氯己定溶液混合漱口后取一次咳痰样本，此样本易污染口腔正常菌群。

（6）尿道可分上、中、下三段，可以经耻骨联合上穿刺取样或插导尿管取样，当然也可用中段尿做标本。

总之，人体六大微生态系又称为六大贮菌库，应该分不同层次对不同生境取样，根据分析所需对象对不同生境进行观察或检测。取样的原则是不混杂非定位的菌群，并反映所研究对象生境的自然状态。

二、观察

（一）普通显微镜

一般在革兰染色（改良科氏法）后使用油镜观察，暗视野显微镜适于活动微生物的观察，如螺旋体等。

（二）相差显微镜

可以观察到活细胞内微细结构，并有立体感。

（三）荧光显微镜

根据免疫学原理用荧光抗体处理的标本，可用于直接鉴定生境中微生物种群，检测某类种群的数量，可区别死菌、活菌，因此在微生态学研究中较为常用。

（四）电子显微镜

可用于直接观察生境中微生物与微生物之间、微生物与宿主之间的关系，如黏附关系，还可观察细胞内线粒体等微细结构，是微生态研究中较为有用的工具。目前还有透射电子显微镜和扫描电子显微镜，前者具有高分辨力，一般可观察2 nm左右的超微结构；由此而发展起来的超导电镜可分辨0.2 nm以下的生物标本，可用于观察生境中菌群黏附到黏膜上皮细胞的情况，其综合立体感强。

（五）免疫电子显微镜

这是微生态学在分子水平上定位研究的重要工具，如观察标记抗体与抗原结合及微细结构（受体）等。

第二节　粪便标本的直接涂片观察法

粪便标本基本上代表人下消化道（主要是结肠菌群）的菌群状态，因此临床上所称的肠道菌群失调的检测很大一部分观察粪便标本可以得出结论，这是观察肠道菌群变化最直接、最简单的方法。为了使粪便标本观察具有统一性和可比性，一般常用的是科氏革兰染色的改良方法。

一、科氏革兰染色改良方法介绍

（一）染色液

其特点是在碱性条件下结晶紫极容易进入菌细胞，染色清晰。

（1）A液：结晶紫染色液，结晶紫0.2 g加95%乙醇2~4 mL研磨，用纱布过滤至容器中，加蒸馏水至100 mL。

（2）B液：碳酸钠1.25 g加蒸馏水100 mL溶解即可。

（二）媒染液（卢戈氏碘液）

氢氧化钠0.1 g加2.5 mL蒸馏水溶解，加碘2.0 g、碘化钾4.0 g，加蒸馏水至100 mL，边加物质边搅拌，混合均匀后，用纱布过滤，贮于棕色瓶中。

（三）脱色液

丙酮30 mL加入95%乙醇70 mL中混合均匀，这种科氏改良革兰染色法第二个特点是脱色液作用较强，其加入了有机溶剂丙酮，因此镜片上很少出现似阴似阳的染色情况。

（四）复染液

沙黄2.5~3.0 g加入95%乙醇10 mL，溶解后再加蒸馏水至100 mL；或用10%苯酚复红溶液作为复染液。

二、玻片制作

将新鲜粪便使用推片蘸取，在载玻片上以30°~40°的角度，均匀推片将粪膜推成薄厚如血膜即可，面积为（1~1.5）cm×（2~2.5）cm。干燥粪便标本先取0.1 g加0.9 mL生理盐水充分混匀后推片（此时菌数宜×10）。

三、染色过程

粪便标本最好自然干燥或稍加热固定。先将A液淹没标本，再加等量B液，染色1分钟后细水冲洗；再加脱色媒染液，1~2分钟后细水冲洗；再加脱色液，约半分钟后细水冲洗或晾干；再用复染液染色1分钟后用吸水纸吸干即可，结果革兰阳性菌染成紫色，而阴性菌染成淡红色。

四、标本的直接观察

使用油镜直接观察粪便标本情况见表4-1。

表4-1　细菌总数的估测

每油镜视野细菌数 （3~5个视野的平均数）	评价
<100	全菌群显著减少
500~5000	正常
>5000	显著增加

注：3~5个视野即 ⊙ ⊙，使用油镜计数活菌数。

（一）总菌数的估测

一般宜观察3~5个视野，可据表4-1估测总菌数。一个视野总细菌数在500~5000个范围内都属于总菌数在正常范围；一般少于500或少于100就属于全菌减少的菌群失调症，这种情况多见于使用抗生素后的抗生素相关性肠炎患者；若一个视野菌数>5000个，这是菌群增加的菌群失调症，应进一步观察各类菌的比例，以确定是哪类菌增多。

（二）观察各类菌组成比例的大致改变

粪便标本中革兰阴性杆菌、革兰阳性杆菌、革兰阳性球菌、革兰阴性球菌的大致比例，一般不受标本浓缩或稀释影响，它可以大致上反映粪便标本中菌群群落中各种群的大致比例，因此各类菌所占比例观察结果意义较大。一般在一个视野中数1000个细菌，然后折算各类菌所占的比例，详情列在表4-2中。请注意以下几点说明：①粪便标本中一般杆菌和球菌比例为75∶25；②粪便标本中一般类酵母真菌占0.25%～2%；③粪便标本中一般芽孢菌（即梭菌）<5%；④粪便标本中发现染色紫色或紫红色，尖如梭状，三五成束，这是脂肪酸或其他无机盐结晶体，既非梭菌，也非其他菌。

表4-2　儿童和成人肠道菌群中各类细菌比例

人群	革兰阴性杆菌	革兰阳性杆菌	革兰阳性球菌	革兰阴性球菌	评价
成人	50%～60%	40%～50%	5%～15%	1%～10%	正常范围
	<30%	>65%	>20%	<5%	革兰阳性菌增多的菌群失调症
	>85%～90%	<30%	<10%	>10%	革兰阴性菌增多的菌群失调症
	<30%	<25%	<10%	<5%	菌群减少的菌群失调症
	<10%	<10%	<5%	<5%	全菌群减少的菌群失调症
儿童	20%～40%	50%～80%	2%～13%	1%～7%	正常范围
	<20%	>90%	>13%	<2%	革兰阳性菌增多的菌群失调症
	>50%	<40%	<5%	>15%	革兰阴性菌增多的菌群失调症
	<10%	<20%	<5%	<3%	全菌群减少的菌群失调症

（三）粪便标本直接染色涂片对菌群失调症和菌群紊乱症的诊断

Ⅰ度菌群失调症：①细菌总数在正常范围内或略有减少；②各类菌数比例发生改变，临床上比较常见的类型是革兰阴性杆菌增加、革兰阳性杆菌减少、革兰阳性球菌减少、革兰阴性球菌增加或减少或不变，即革兰阴性菌增加的菌群失调症，总之是菌群的比例和数量轻度改变。

Ⅱ度菌群失调症：①细菌总数减少或显著减少；②各类菌的比例改变明显；③杆、球菌比例明显改变或倒置；④类酵母菌或梭菌明显增多。最好补做粪便标本平板活菌计数的菌群分析。

Ⅲ度菌群失调症：①细菌总数明显减少或增加；②各类菌比例明显改变，常出现某类菌或类酵母菌占绝对优势。最好再补做粪便标本平板活菌计数的菌群分析。

Ⅰ度菌群紊乱症：①细菌总数明显减少；②各类菌比例明显改变，临床常见革兰阴性杆菌和阳性杆菌减少，常出现以革兰阳性球菌或肠杆菌科的细菌为优势种群的现象，如克雷伯菌或芽孢菌（如难辨梭菌）等，最好补做粪便标本平板活菌计数菌群分析，若出现过路兼性厌氧或需氧菌占优势可以初步确定。

Ⅱ度菌群紊乱症：①总菌数明显减少；②各类菌比例明显改变，常出现类酵母菌占绝对优势，＞10%～30%，最好加做粪便标本活菌计数的菌群分析，常可见原籍菌数全面减少，而某类过路菌占绝对优势。

Ⅲ度菌群紊乱症：①总菌群明显减少；②各类菌比例显著改变，常出现革兰阳性菌缺如或减少，或杆球菌比例倒置；③严重患者也常出现类酵母菌占绝对优势（＞40%），或出现抗酸杆菌或白色念珠菌血、尿标本"纯"培养现象，最好补做粪便标本平板活菌计数的菌群分析以便进一步确诊。

（四）粪便标本的直接涂片和观察方法注意事项

粪便标本可直接观察到革兰阴性杆菌、革兰阳性杆菌、革兰阳性球菌和革兰阴性球菌四大类菌，也可计数其所占的百分比，根据细菌总数和比例可以大致估计肠道正常菌群状态，通过评估有无菌数增加或减少、有无菌群的比例倒置来评估受检者的菌群状态。

（五）通过镜检可对可疑菌进行大致观察

如螺旋菌、弧菌、弯曲菌、难辨梭状芽孢杆菌或类酵母菌（如串珠状的白色念珠菌）等，必要时增加对致病菌的相应分离培养，以便确定诊断和积累经验。

（六）粪便标本中常见的染色和形态

（1）双歧杆菌属革兰阳性无芽孢杆菌，菌体长短和形态很不一致，比较常见的形态是直或稍有弯曲，尤其是一端变粗大呈棒状，多有分叉，常形成Y、V或栅栏状排列。

（2）优杆菌属革兰阳性无芽孢杆菌，菌体形态小而纤细或呈球杆状，少数菌种菌体较大，两端稍肿胀，如黏性优杆菌。

（3）乳杆菌属革兰阳性杆菌，多数菌种菌体稍大，直或微弯，两端圆钝或成双或短链排列。

（4）类杆菌属革兰阴性杆菌，菌体呈现多形态，如长、短杆菌，两端染色稍深，中间染色浅，似有空泡样（注意是空泡而不是芽孢，芽孢仅见于革兰阳性杆菌，芽孢多有明显的壁样结构）。

（5）消化链球菌属革兰阳性球菌，一般不同菌种的形态差异较大，但多半为小球菌成双、成链或成堆，大消化链球菌菌体稍大，呈现椭圆形。

（6）梭杆菌属革兰阴性杆菌，多半见菌体形长，两端尖，中间稍膨大，形如书画竹叶形，少数菌种菌体中有紫色颗粒或呈现球杆状。

（7）梭状杆菌属简称梭菌，为革兰阳性粗大杆菌，菌体短，有荚膜，芽孢呈现椭圆形,位于次极端或极端,一般小于菌体;难辨梭菌,菌体稍粗长,芽孢多呈现卵圆形,末端大于菌体,使菌体呈现球拍状,梭菌老化菌种革兰染色易呈阴性。

(8)肠杆菌科革兰阴性无芽孢杆菌,一般为中等大小杆菌,端圆,形状长、短不一。

(9)肠球菌属革兰阳性球菌,菌体呈圆形或椭圆形,成双、成链或成堆。

(10)葡萄球菌属革兰阳性球菌,菌体呈现球形或多呈现椭圆形,多排列成串或成堆。

(11)韦荣球菌属革兰阴性球菌,球体多半细小,成双、成堆排列;也有球体较大的椭圆形球菌,成双或成链或成堆,多半为氨基酸球菌或巨球菌属的革兰阴性球菌。

(12)酵母菌菌体呈圆形,革兰阳性菌菌体较大(2 mm×4 mm),常见一端有出芽现象(芽生孢子)。

(七)关于粪便标本直接涂片镜检几个有争议问题的说明

(1)粪便标本直接涂片中究竟是革兰阳性菌还是革兰阴性菌占优势问题

首先,从已发表资料来看,Mitzuooka和Hayakawa可培养厌氧菌总数为10.8 ± 0.3,而类杆菌数为10.4 ± 0.4。Drasarand Roberts(1990年)发表文章证明类杆菌占粪便标本中可培养活菌的40%以上,而优杆菌仅占12.4%,双歧杆菌仅占12.5%。Gibson和Roberfroid(1995年)发表文章认为优杆菌和双歧杆菌仅占粪便标本中可培养活菌的30%~50%,无论是绝对数量还是分离率,在粪便标本中革兰阴性菌总是占绝对优势(尤其是健康成年人),而国内已出版的一些资料认为粪便标本中革兰阳性菌占绝对优势的观点是错误的,笔者希望广大微生态工作者通过自己的实践去验证这一问题。

其次,必须强调在健康成人粪便标本中革兰阴性菌占绝对优势,而儿童(5岁以下)则例外,应该是革兰阳性菌占绝对优势。当然这里还必须强调两点:其一是粪便标本制作过程中尽量制备成如血膜片那样的粪膜片即可,若粪便标本过干应适当用生理盐水稀释,最好是用灭菌玻璃珠打碎制成均浆液涂片,其稀释过程几乎不影响革兰阴性菌和革兰阳性菌所占比例;其二是粪便标本的革兰染色方法应该强调使用科氏改良染色法,尤其是脱色时间不应少于30秒,否则易造成脱色不足,从而人为地显示革兰阳性菌占优势。

(2)粪便标本中杆菌和球菌的比例问题,一般粪便标本中杆菌和球菌的比例是75∶25,实际上球菌比例还更低,大致上为10%~20%,在正常健康成人粪便标本直接涂片革兰染色后观察,确定较宽的比例有利于初使用者判断标本中是否出现菌群失调问题,拥有足够经验后其杆菌比例应控制在80∶20为宜。

(3)尽管粪便标本直接涂片法简易、操作方便,但从准确性来说它还是不能替代平板活菌计数培养法。粪便标本直接涂片可以满足定性和定位检测,但从定量来说还是很不足的。

第三节　生物量的测定

生物量（biomass）是把存在于一定空间结构（即生境）中的一种生物或一组生物用重量（一般为干重）单位表示定量的一种方法。微生态学中生物量在一定生理时期、某一生境中分为细胞总数和干重两部分，尤其是前者，是微生态学"三定"原则中不可缺少的部分，可见生物量的测定是微生态学研究中的一个重要指标。

一、菌细胞数的测定

菌细胞数的测定包括总菌数和活菌数的测定。总菌数可以反映生物量，是某一生境中微群落生长和繁殖及其死亡种群或个体的总量，包括了活菌和死菌，而活菌数则反映微群落内部结构中较具影响、微生物之间及微生物与宿主间相互关系中影响较显著的部分，当然也可能反映目前可培养微生物的情况，它是目前认识微生态平衡和失调的重要指标之一。

（一）直接计数法

利用血球计数板在显微镜下直接计数菌细胞。计数80个小格总菌数，计算每小格平均菌数为B，样品稀释倍数为C，则总菌数（A/mL）按公式$A=B \times 4 \times 10^6 \times C$，$10^6$为最后稀释浓度。此法快速，缺点是不能区别死菌和活菌，菌细胞稀释时，稀释最后浓度取10^6为宜。

（二）比浊法

可以使用光度计，原理是通过感光物质作用，使光能转变成微弱电能，光能越大，电流越大，因此测定电流大小，就可以测定光的强度，如在光源及感光物质之间，放置浑浊的菌悬液，由于菌液浑浊影响感光物质接受光的强度（透光度T），菌液浓度越高，菌体细胞越多，则透光度越小，这样菌的浓度与透光度呈直线关系，当完全透光时T=100，光密度D=2；完全不透光时T=0，D=2，故D值在0~2。

$$D = 2 - \text{Log}_{10}T = 2 - 2 - \text{Log}I_0/I$$

I_0是射入悬浮液的光强度，I是透过悬浮液的光强度。①无色透亮培养液（尤其是革兰阴性菌培养物）一般选波长为450 nm的光；②有色肉汤培养液（革兰阳性菌培养液）一般选波长为650 nm的光；③在测定未知菌浓度之前应测定已知菌浓度的光密度或透光度，以光密度为纵坐标，细胞浓度为横坐标做出标准曲线图，最好将革兰阴性菌和革兰阳性菌各做一套标准曲线图，在保证培养基成分不改变的情况下，可按标准曲线查找菌的浓度。

此外也可以做成标准标示浓度的莫菲滴管，通过肉眼比浊测菌的浓度。

（三）电子计数法

使用coulter计数器，当菌细胞通过时电阻明显改变，作为信号记录在一个电子标尺上，这样可以很快测出菌的浓度，只是它不能区别大的菌细胞碎片颗粒，故不能区别死菌和活菌，所以它的计数误差较大。如果笔者预先也制备一套活菌计数的标准曲线图，这样既可以减少计数误差，也有利于鉴别死菌或活菌。

（四）比例计数法

此法是将已知浓度的红细胞或酵母菌（d）与待测菌数的样品（E）按一定比例混合，然后涂片、固定和染色，在显微镜下数出每个视野的平均菌数（F）和红细胞数（g），可计数样品总菌数。

$$E[样品总菌数/mL（g）] = F/g \times d/mL$$

二、活菌数的测定

一般常用稀释滴度平板活菌计数法，样品称量后置灭菌试管内，加上9倍稀释液（0.1 g检样，加0.9 mL稀释液），然后10倍稀释法呈10^{-1}、10^{-2}、10^{-3}…10^{-10}系列，一般类杆菌、双歧杆菌选10^{-6}、10^{-8}、10^{-9}3个稀释度0.1 mL滴于平板培养基上，乳杆菌取10^{-5}、10^{-7}、10^{-8}3个稀释度，肠杆菌或肠球菌取10^{-3}、10^{-5}、10^{-7}3个稀释度各0.1 mL滴于相应的选择性或非选择性平板上，37 ℃需氧培养24小时计数或37 ℃厌氧培养48小时计数，一般以下列公式计数。

$$cfu/g（mL） = \frac{标准重量 + 稀释量}{标准重量} \times 稀释浓度 \times 菌落个数（或 \times 10）（稀释度即稀释倍数）$$

平板活菌计数法使用注意事项如下。

（1）根据研究对象的不同使用不同的选择性培养基，如KV平板即加入卡那霉素（750 μg/mL）和万古霉素（25 μg/mL），主要选择类杆菌；梭杆菌使用FS平板（即万古霉素50 mg，新霉素300 mg，结晶紫70 mg等）。

（2）根据研究对象不同可选择需氧培养或厌氧培养，一般肠杆菌和肠球菌做需氧培养，而类杆菌、双歧杆菌、乳杆菌、梭菌等做厌氧培养。

（3）任何选择性培养基选择目的菌总是有一定限度的，也就是说选择性培养基的选择性总是有一定局限，原则上宜排除非目的菌。

三、细胞物质量的测定

在微生态学的分析研究中，除了细胞数量这种生物量外，还要测定细胞物质含量，它反映细胞生长量，用以了解微生物的系列化变化和研究其生理功能。细胞物质含量测定法有间接法和直接法两大类。

（一）直接法

1. 湿重法

将一定容量活菌洗涤后过滤（滤孔<0.5 mm），菌体用灭菌生理盐水洗涤后，用滤纸充分吸去水分，称量菌细胞物质的量，这就是湿重法。

2. 干重法

上述高速离心滤液经冷冻干燥后，称量菌细胞物质的量为干重，它比湿重与细胞总量的关系更直接，且不受吸收或释放水分的影响。

（二）间接法

1. 比浊法

使用分光光度计测定菌细胞物质（生长量），先测定已知菌细胞浓度和菌细胞悬液光密度，并以此为纵坐标，以菌细胞浓度为横坐标，绘制标准曲线图，这样只要测定未知菌的光密度，就可以查找出未知菌的浓度。注意：对于不同菌种，标准曲线不能通用，并注意菌龄和培养液颜色的干扰。

2. 含氮量测定法

含氮量测定法是利用微生物细胞内蛋白质含量比较稳定的特点，而将其作为细胞物质的指标，如细菌的含氮量约为细胞干重的12%~14%，酵母约为7.5%，霉菌约为6%，根据含氮量可以折算细菌的干重量。

3. DNA测定法

可以使用二苯胺法（其与DNA中嘌呤结合的脱氧核糖产生显色反应）以光电比色计测定DNA的含量，如DNA为8 μg左右，大约为10^9 cfu/g大肠杆菌。

4. 代谢产物测定法

需氧菌可以使用氧耗，其氧耗往往同细胞总量成正比，对厌氧菌可以使用CO_2产生量或氢气产生量来测定。

尽管笔者介绍了种种细胞物质测定的方法，各有利弊或者有一定的局限性，但往往采取多种方法综合更有利于准确地测定细胞物质的量。

第四节　粪便标本的肠道菌群分析法

人的下消化道菌群即结肠菌群基本上与粪便菌群无异，因此采集粪便标本可以进行肠道菌群分析，尤其是了解下消化道菌群变化。

一、粪便标本的采集和输送

一般是采集新鲜的自然排便,用乙烯树脂袋取全便最好,考虑粪便标本各段有差异,可各段采集0.1~0.2 g混匀后分析。标本尽量采集自然新鲜排便,不要暴露在空气中,可置注入高纯CO_2或N_2的容器中。标本一般宜在常温下输送,固体标本可在低温下输送(不低于4 ℃)。

二、粪便标本的称量和稀释

粪便标本宜称量取0.1 g以上,加入9倍量的稀释液,向标本管上边充CO_2,边充气边旋转振荡(转管法),或加入2~4粒灭菌玻璃珠,在振荡器上使之均浆标本稀释呈系列10^{-1}、10^{-2}、10^{-3}…10^{-9},加上原液共10个稀释度。

三、直接涂片检查

在载玻片上,用玻璃铅笔划1 cm^2的正方块,滴入10^{-8}~10^{-1}检材稀释液0.01 mL,用铂金丝涂抹均匀后使用改良科氏染色法染色后镜检,计数视野菌数,并换算求得1 g检材的菌数。N为一个视野平均菌数,稀释度为10^{-3},则1 g检材菌数大约为A,视野直径为DA=N×4×10^4/πd^2。此菌数可以作为总菌数的参考。

四、接种和培养

一般肠道菌群分析最少要分析五类菌的概况,这五类菌包括类杆菌、双歧杆菌、乳杆菌、肠杆菌和肠球菌,这样大致把下消化道主要原籍菌和过路菌都包括进来了,但是笔者建议初学者以分析7~8类菌群(应包括优杆菌和梭菌)为宜,希望通过菌群分析让初学者熟悉肠道正常菌群。

肠道菌群分析时常用选择性和非选择性培养基(表4-3)。操作者取上述标本系列稀释液,在选择性和非选择性平板培养基滴入0.01 mL,每种稀释度3滴(以便计数均数);或在平板培养基1/4区域滴入0.01 mL后,用灭菌"L"玻棒涂布;或直接在平板培养基1/2区域内按稀释度滴入1.0 mL标本并呈系列。

表4-3 肠道菌群分析时选择性培养基和非选择性培养基的应用

培养基名称	选样的目的菌的特征	可能存在的非目的菌	培养基中添加选择物
EMB	肠杆菌以紫色菌落、红色菌落为主,少数为灰白色菌落	透明菌落可能为假单胞菌、不动杆菌或产碱杆菌,乳白粗糙菌落为酵母菌	—
EC	肠球菌为中心(红色)菌落,其为乳白色菌落,为链球菌	肠杆菌有时也见红色菌落,多为S型,经染色镜检可鉴别	TTC NaN_3

续表

培养基名称	选样的目的菌的特征	可能存在的非目的菌	培养基中添加选择物
TATAC	生长红色、灰色、乳白色菌落几乎全部是链球菌属，不是肠球菌	红色浑浊的菌落可能是肠杆菌，经染色可鉴别	NaN_3或醋酸铊、TTC、吖啶橙、结晶紫
NC	非选择性普通营养琼脂做需氧菌总数计数使用	—	—
MRS	白色S型或带黄色等R型，全为乳杆菌	半透明菌落为球菌	乙酸和乙酸钠
TPY	白色边不整或灰白S型或褐色稍凸菌落为双歧杆菌	细小菌落为球菌，半透明为类杆菌	巴龙霉素
ES	灰白或褐色、扁平、中央略隆起为优杆菌	细小半透明R型菌落为梭菌	弗氏霉素、多黏菌素、链霉素
KV	灰白、半透明圆形中小型菌落为目的菌类杆菌	乳白色菌落为球菌乳白色圆形中小菌为G^+[b]	卡那霉素、万古霉素
KN冻溶血	黄色→棕色→黑色小菌落，7～12日变成黑色菌落为卟啉单胞菌	细小或乳白色菌落为球菌	橘黄霉素
FS	灰白边不整、如面包屑状为目的菌梭杆菌	细小半透明菌落为类杆菌	万古霉素、硫酸新霉素、萘啶酸
NN	边不整大菌落，周围呈乳白色为目的菌梭菌	乳白色细小为球菌	硫酸新霉素
AN	白色细小为球菌，灰白色半透明类杆菌边不整扩散生长为梭菌，做厌氧活菌计总数用	乳白色细小为球菌	—

五、培养和初步判断

（一）培养方法的选择

根据笔者所选择的目的菌不同而选择不同的培养方法，一般来说，类杆菌、双歧杆菌、优杆菌、普氏杆菌和卟啉单胞菌、梭杆菌、梭菌和韦荣球菌及多数乳杆菌宜选厌氧培养方法，原因在于它们几乎都是绝对的厌氧菌。而肠杆菌、肠球菌、酵母菌等过路菌一般都是微需氧菌，只需普通需氧培养即可。

1. 厌氧罐法

密封的罐内置：①柠檬酸和碳酸氢钠；②硼氢化钾粉；③厌氧指示剂（美兰指示剂管）；④盛有钯粒的容器。①和②在封罐前加入2～3 mL自来水，则产生CO_2和H_2，$2H_2$+罐内残存O_2钯→$2H_2O$，而造成厌氧罐内厌氧环境，上述KV、KN冻溶血、TPY、MRS、ES、AN、NN等平板培养基37 ℃厌氧培养48小时后做菌落计数并观察结果。

2. 铁丝绒厌氧法

配好铁丝绒浸泡液：①酸性硫酸铜溶液：自来水1000 mL加2N硫酸90 mL，硫酸铜6 g、表面活性剂吐温80 20 mL，最后加水至6000 mL备用；②然后按厌氧罐容积称取钢丝绒（每升容积取5~6 g钢丝绒），于1000~1500 mL酸性硫酸铜溶液中浸泡，加温至45 ℃左右浸泡30~60秒钟，钢丝绒变成红铜色，挤净浸泡液后置一容器内，置于厌氧罐内，然后放入厌氧指示剂，钢丝绒厌氧培养法一般宜培养（37 ℃）96~120小时再观察结果。

3. 厌氧手套箱法

该装置内有钯粒，以除湿剂通入混合气体（10% N_2、10% CO_2、80% H_2）后很快就能够达到手套箱内无氧状态，上述厌氧培养平板培养基置于厌氧手套箱内（37 ℃），一般48小时即可观察结果。

4. 需氧培养

像EMB、EC、TATAC及NC平板培养基一般有氧培养16~24小时后观察结果，但是P平板（培养真菌平板）宜培养7日以后观察结果。

（二）初步结果判断

1. 总菌数的判定

根据NC和AN平板上的活菌计数和稀释度，按活菌计数公式计总厌氧菌和需氧菌数。

2. 各种群的判定

（1）原则上任何选择性培养基都不可能具有100%的选择作用，因此根据表4-3提示对每类选择性平板所生长的特征性菌落计数，并最好是各特征性菌落都宜挑出菌落进行涂片染色和镜检，如某一特征性菌落不是目的菌，那么在计数时宜减去其菌落数，初学者还宜进行随机抽样进行菌株的生化鉴定，若不是目的菌，宜在计数菌落数中减去它，使目的菌数尽可能准确。

（2）目的菌的确定：既可根据菌落形态，也可根据前面介绍的革兰染色和菌的形态特征来确定目的菌，笔者还是主张每次对每类菌群（种群）进行随机抽样检测菌的代谢产物和生化特征，尽可能逐渐熟悉笔者所需检测的菌群特征。严格地说，笔者可以对所检测的种群进行二级或三级鉴定，根据系统鉴定结果来确定目的菌的菌数和菌种。菌的细胞壁磷壁酸与肠黏膜上皮细胞相互作用、密切结合，占据肠黏膜表面，形成生物屏障，使肠上皮细胞黏膜紧密连接处疏松部分得以弥合，加之双歧杆菌产生大量乙酸和乳酸，降低肠道内pH和Eh，抑制肠道内条件致病的革兰阴性菌生长，以及双歧杆菌产生细胞外糖苷酶，可降解肠黏膜上皮细胞复杂多糖结构，而这些残糖基是潜在性致病菌的受体（或毒素结合受体），从而减少条件致病菌及毒素的移位。此外，双歧杆菌能激活体内吞噬细胞的吞噬活性，提高机体抗感染能力，并通过抑制肠道杆菌的定植和毒素产生而降低血中内毒素水平。可见双歧杆菌合剂对急性胰腺炎患者肠黏膜屏障损害具有广泛的保护效应，在防治急性坏死性胰腺炎后的内毒素血症及肠源性感染发生方面具有良好的前景。

参考文献

1. GIBSON G R, ROBERFROID M B.Dietary modulation of the human colonic, microbiota: introducing the concept of prebiotics.J Nutr, 1995, 125(6): 1401-1412.
2. 熊德鑫.厌氧菌的分离和鉴定.南昌：江西科技出版社, 1986.
3. 熊德鑫.临床厌氧菌检验手册.北京：中国科学技术出版社, 1994.
4. AGUIRZE M, COLLINS M D.Phylogenetic analysis of some aerococcus-like organisms from urinary tract infections: description of aerococcus urinae sp. nov.Journal general microbiology, 138(2): 401-405.
5. AMANN R L, LUDWING W, SELEIFER K H.Phylogenetic identification and in situ detection of individual microbial cells without cultivation.Microbiol Rev, 1995, 59(1): 143-169.
6. COLLINS M D, RODRIGNES U M, AGUIRE M, et al.Phylogenetic analysis of the genus lactobacillus and related lactic acid bacteria determined by reverse transcriptase seguenig of 16S RNA FEMS. Microbiology letters, 1991, 77(1): 5-12.
7. FOX G E, STACREBRANDT E, HESPELL R B, et al.The phylogeny of the prokaryotes. Science, 1980, 209(4455): 457-463.
8. WILSON K H, BLITCHINGTON R B.Human colonic biota studied by ribosomal.DNA-seguenes analysis.Applied and environmental microbiology: 1996, 62(7): 2273-2278.
9. 卢圣栋.现代分子生物学实验技术.2版.北京：中国协和医科大学出版社, 1999.

第五章

分子生物学技术在肠道微生态种群分类学中的应用

一、概述

　　历史上微生物的分类以形态学特征和表型特征为标准,结果导致分类的框架结构仅由有限的、局限的信息构成。微生物学家在分类上面临的主要障碍是很难将一种单独的试验用于全部细菌,如结合碳水化合物的生化试验对于某一特定的分类非常有帮助,但对于通过其他生化途径获取能量的厌氧非酵解糖微生物则没有价值。因此,对许多不能明确分类的微生物采用了许多不完善的标准。

　　分类系统随着新信息的加入一直在发展,每一代微生物学家都尽可能重用了当时能用的技术,结果造成微生物学不是建立在自然种系发生这一有效的分类基础上。每种微生物都是历史的产物,科学的发展对认识微生物的本质十分重要。20世纪50年代,分子序列被用于确定演化关系。Zuckerkandl和Pauling的文章"Molecules as documents of evolutionary history"对分子演化的研究起了很大的促进作用。然而,直到20世纪70年代末才发现rRNA序列对原核生物种系发生起到了至关重要的作用,Woese的工作和观点得到了其他人的认同。rRNA分子分布广泛,在所有原核生物中具有同源性并具备保守区域,与生理和表型不同,基因不受培养基或生长条件的影响。因此,对其序列进行比较弥补了分类系统发展上的不足。典型的做法是比较特定基因核酸序列的差异,差异越大说明微生物间的进化距离越远。进化距离用于建立群系进化树,由于小亚单位rRNA基因序列进化速度慢,且易于提取和控制,因此成为种系进化分类构架的金标准。16S rRNA基因序列分析不仅为种系进化关系提供了新的视点,还为分子系统分类学家确定任何微生物环境中的新的多态性提供了强有力的手段。

分子生物学手段不仅影响了分类学,对微生态学也造成了影响。Paec等的研究证明了可通过结合rRNA基因克隆和测序对生境中的微生物加以确定。设计和使用针对rRNA的种系发生菌株为研究微生物种群提供了新的方法。分子工具的应用更为广泛,包括在人和其他动物的胃肠道中的应用。

结肠中的微生物群落因数量和多态性不同而极其复杂。它们与环境间的相互作用对宿主的健康具有深远的意义。长久以来,人们认识到许多微生物需要复杂的营养条件,因此大多数微生物不能培养存活。富集培养技术效果也有限,因为微生物的活动、相互作用和自然状态均被改变了。

现在笔者意识到对细菌分类需要结合表型和基因学方法,对研究自然、肠道微生物群落也应如此。

二、肠道的优势菌群

目前对肠道微生物菌群的了解是通过采用选择性培养基计数粪便中菌数而获得的。由此得到了优势菌群图谱。至今,分子方法也未对此图谱做出很大程度的改变。然而,研究菌群结构的种系发生关系和方法学逐渐演生出来,比较部分16S rRNA序列已用于种系发生研究。过程为扩增或克隆细菌rDNA,然后对rDNA测序和分析种系发生。该方法已成功用于几种感染性疾病的致病菌,现被用于人结肠微生物学区系的研究。然而从许多活的微生物中抽提DNA很困难,将泛化的抽提模式用于混杂的具体环境中(如粪便中)的微生物易造成某种程度上的偏倚。采用培养细菌的方法检测和分类细菌已深刻地改变了结肠细菌的种系发生。

(一)双歧杆菌

在人类结肠细菌中,双歧杆菌是仅次于类杆菌和优杆菌的第三大菌属。该属能分解人类消化酶难以水解的复杂碳水化合物。双歧杆菌可能占全部可培养肠道菌群总数的25%,成人最常见的分离菌为青春双歧杆菌、长双歧杆菌,婴儿双歧杆菌常见于婴儿。该属对促进健康和定植抗力大有裨益,与类杆菌和优杆菌相比,双歧杆菌基于16S rRNA序列在革兰阳性菌菌种组成中是一个单种系丛。

(二)乳杆菌

目前,该属由56个菌种组成,其中5个菌种含至少2个亚种,在过去的几年里,通过rRNA测序或DNA-rRNA杂交,乳杆菌中的9个菌种已改成属内的其他种,14个菌种被转到其他属中。按照16S rRNA序列乳杆菌现在可以分成3个主要的亚群:德氏乳杆菌组、干酪球形乳杆菌组和明串球菌组。从大肠中分离到的优势菌主要是前两组:纯发酵的嗜酸乳杆菌归入德氏乳杆菌组,而杂发酵的类干酪乳杆菌(*L. paracasei*)被归在干酪球形乳杆菌组。该属菌在小肠中也发挥一些作用。

（三）类杆菌

把发酵产酸归为此属的特征避免了把所有革兰阴性无芽孢厌氧杆菌归入该属，将主要代谢终产物为丁酸的梭杆菌属分离开。从种系发生上讲，与梭杆菌属和类杆菌属关系最近的是黄杆菌属（*Flavobacterium*）和嗜纤维菌属（*Cytophaga*），类杆菌和梭杆菌组成一个亚门，黄杆菌和嗜纤维菌组成另一个亚门。然而一些不一致性，提示类杆菌的分类仍存在问题。

结肠内被确定为类杆菌的厌氧菌很可能是肠道内代谢最为重要的菌群，提示大约30%结肠内厌氧菌可培养粪便菌。尽管类杆菌为肠道优势菌，但现在的选择性培养基有诸如抗生素等添加剂，这些细菌的数量还是被低估了。脆弱类杆菌群是人结肠分离菌的主要部分，超过90%的粪便分离菌属于脆弱类杆菌群，其中普通类杆菌和脆弱类杆菌数量最大。毫无疑问，分子技术也用于检测这些厌氧菌。

种特异性DNA杂交探针被用于计数人粪便中的类杆菌。Mang等使用了一系列探针，包括类杆菌-普氏杆菌特异性探针，原位检测人粪便悬液中的目的菌。最近针对类杆菌-卟啉单胞菌-普氏杆菌群的16S rRNA探针已用于定量检测粪便中的总rRNA和监测粪便菌群的变化。

（四）梭杆菌

该属从数量上不及类杆菌，平均数量为1×10^8 cfu/g（粪便湿重），且数量受饮食影响，然而最近对粪便菌群DNA的16S rDNA的克隆和PCR实验表明该属可能在结肠菌群中占更大的比例。对梭杆菌属（*Fusobacterium*）的分类一直处于变动的状态，梭杆菌一般被认定为革兰阴性杆菌，无芽孢形态，产丁酸，缺乏呼吸醌并含有谷氨酸脱氢酶。原本属内的几个菌种被移到其他属，如*F. symbrosum*产芽孢，现被划在梭状芽孢杆菌属中，普氏梭杆菌（*F. plautii*）具有革兰染色阳性细胞壁，所以被移出该属。现在该属的15个成员已被认定，最常见的种是微生子梭杆菌（*F. gonidiaformans*）、拉氏梭杆菌（*F. russii*）、坏死梭杆菌（*F. necrophorum*）和坏疽梭杆菌（*F. necrogenes*）。

（五）梭状芽孢杆菌、优杆菌和瘤胃球菌

人粪便中可分离出多达30种梭状芽孢杆菌，由于该属具有营养多态性，仅选用一种选择性培养基培养不切实际，因而梭状芽孢杆菌在大肠中的代谢重要性被低估。直到应用16S rRNA序列建立种系进化树之前，梭状芽孢杆菌属的分类一直是不完善的。结合旧的和新的16S rRNA序列，Collins等进行了综合的种系发生分析，其结果确认了该属内的异质性，许多种与其他形成芽孢或不形成芽孢的种属相混杂。生化反应无法明确种系发生位

置，导致种属异质性更显著。结肠中许多常见的分离菌是梭状芽孢杆菌属或相关的优杆菌属和瘤胃球菌属（Ruminococcus）成员。

瘤胃球菌属的16S rRNA序列显示该属菌均在梭状杆菌"辐射"范围内，但仍分离了出来。瘤胃球菌主要位于2个明确的各自发生群。"真正"的瘤胃球菌［生黄瘤胃球菌（R. flavefaciens）、伶俐瘤胃球菌（R. callidus）、白色瘤胃球菌（R. albus）和布氏瘤胃球菌（R. bromii）］组成邻近梭状芽孢杆菌Ⅳ簇的一群；第二群［扭链瘤胃球菌（R. torques）、产生瘤胃球菌（R. productus）和汉氏瘤胃球菌（R. hanesii）］位于ⅩⅣa簇，此群包括诸如解多糖梭菌（C. polysaccharolyticum）、系结梭菌（C. nexile）和共生梭菌（C. sybiosum）的梭状芽孢杆菌，还包括来自优杆菌和毛螺菌属（Lachnospira）的菌种。Rainey和Janssen将卵形瘤胃球菌（R.obeum）和布氏瘤胃球菌（Ruminococcus bromii）加到该簇中。大肠分离菌一般包括白色瘤胃球菌、布氏瘤胃球菌、生黄瘤胃球菌和产生瘤胃球菌，一些种的计数达到10^{10} cfu/g类级。

类似的优杆菌属也基于16S rRNA序列处于重组状态。优杆菌散布于梭状芽孢杆菌属中。一群分布于Ⅳ簇和Ⅲ簇之间，Ⅲ簇包括分解纤维素的梭状芽孢杆菌。优杆菌作为一个属在人结肠中的代谢重要性仅次于类杆菌。Finegold总结的最常见的25种菌中有7种是优杆菌。日本饮食产生的优杆菌数比西方饮食高，这说明优杆菌受饮食影响较显著。

三、应用PCR技术研究结肠分子微生态

（一）人粪便的rDNA标本

基于分子基础的方法具有通过种系进化图表，在不同的标本和研究中直接对比的优点。同大多数细菌研究相比，通过PCR技术直接提取肠道微生物的rDNA检出了或多或少的与培养方法检出的相同的微生物。

Wilson等比较了培养法和直接扩增16S rDNA法的人粪便样本。定量培养可培养出镜检58%的细菌。确定的48个克隆具有21个rDNA序列，Wilson估计培养细胞全部rDNA的72%可能与这21个样本序列相匹配。当减少PCR循环次数时，生物多样性得到很好的保留，培养细菌的rDNA和样品rDNA具有良好的一致性。大多数种分布于4个种系进化簇：类杆菌簇、双歧杆菌簇、球形梭菌簇，以及由梭杆菌、柔嫩梭菌、相关菌组成的簇。rDNA分析检出了2种以前不为人知的微生物。一种是裂果胶毛螺菌（lachnospira pectinoschiza），另一种与浮霉菌门（planctomycetes）相似。培养法中更明确充分生长的2种微生物却没有rDNA克隆，即直肠真杆菌（eubacterium rectale）和未定的Ⅰ簇梭状芽孢杆菌。

（二）通过16S rDNA基因含量估测微生物的量

将一种微生物特异的序列与样本中获得的总DNA杂交可衡量该基因在原群体中是否

充足。可采用与所有 16S rDNA 基因互补的引物进行杂交，以及估计特定与全部rDNA的比例以衡量rDNA相对量，只是估计细胞数，因为不同微生物的基因拷贝数不同。例如，古细菌只有单个拷贝，细菌通常有5~10个拷贝，真核生物有数以百计的rDNA基因。混杂微生物中特定rDNA的数量可能反映该种微生物对局部代谢的贡献。

（三）采用PCR技术定量细菌种群

最近，定量PCR技术被用于检测和定量人粪便中的细菌，以16S rRNA基因序列为基础，为123种肠道优势菌设计了引物，包括青春双歧杆菌、长双歧杆菌、黏液优杆菌（*E.limosum*）、普氏梭杆菌（*F.plautii*）、产生消化链球菌（*P.productus*）、嗜酸乳杆菌、大肠埃希菌、多形类杆菌、普通类杆菌、吉氏类杆菌、梭状梭菌，由于这些菌中许多无法传代培养，因而用培养法来确定其比例大受限制。这些结果表明粪便标本中55%分离菌是类杆菌，26%是优杆菌，一小部分是梭菌和消化链球菌。PCR方法与该结果相关性良好，并提供了更详细的资料。不同菌对同样的粪便标本的PCR滴度分别是普通类杆菌10^{-6}、多形类杆菌10^{-5}、普氏梭杆菌10^{-6}、产生消化链球菌10^{-6}、梭状梭菌10^{-4}、黏液优杆菌10^{-4}。

同培养法相比，PCR法具有优越性，因PCR可原位检测细菌，还可以原位检测无法培养或死亡的细胞。PCR对双歧杆菌的敏感性低，为10^4青春双歧杆菌。这有可能归因于所采用的DNA分离方法。双歧杆菌为革兰阳性菌，不易裂解。以前从粪便中分离DNA步骤受限，然而Wang等描述的快速煮沸/Triton步骤可克服这个问题。

（四）基因指纹图谱

限制性片段长度多态性是通过限制性内切酶酶切形成的，接下来通过凝胶电泳形成特定的条带。限制性片段长度多态性也可以通过采用基因组DNA或扩增片段来实现。5项检测基因多态性的技术是：限制性片段长度多态性（restriction fragment length polymorphism，RFLP）、脉冲电场凝胶电泳（pulse field gel electrophorcsis，PFGE）、核糖体结合序列分析（Ribotyping）、扩增核糖体DNA限制性分析（amplified ribosomal DNA restriction analysis，ARDNA）、扩增片段长度多态性（amplified fragment length polymorphism，AFLP）。除PFGE和AFLP外，这些技术常被称为RFLP或Ribotyping。

Kullen等采用ARDNA追踪摄入的双歧杆菌的分泌情况。采用HaeⅢ内切酶消化16S rDNA足以将摄入的双歧杆菌与粪便中的同类菌区分开，Ribotyping已被用于识别双歧杆菌、乳杆菌和大肠埃希菌。多数情况下应用RFLP和Ribotyping多采用2个或更多的限制性内切酶，而具备单一靶位点有助于条带的识别。

PFGE不是流行病学研究的工具，Matushek等采用2种限制酶（XbaⅠ或SmaⅠ）即可将8~10株的大肠埃希菌、肺炎克雷伯菌（*klebsiella pneumoniae*）、黏质沙雷菌（*serratia marcescens*）、金黄色葡萄球菌、肺炎链球菌、粪肠球菌区分开来。PFGE也被用于快速归类临床分离的蜡样芽孢杆菌（*bacillus cereus*），并被认为相比其他方法对人粪便中分离的双歧杆菌更有识别力，对识别乳杆菌仍是较敏感的方法。PFGE采用SmaⅠ或NruⅠ比用HindⅢ更能有效识别艰难梭菌。应当注意的是，对所有这些方法而言选择限制性内切酶是至关重要的。

AFLP可结合高特异的PCR扩增和限制性片段长度多态性，然而，AFLP不能检出限制性片段的长度而仅是检测它们存不存在。这一技术包括三个步骤：①限制性内切酶消化基因组DNA并与特定的接头连接；②选择性扩增片段；③凝胶电泳分析扩增产物。初步消化联合使用的酶常常是EcoRⅠ-MseⅠ、ApⅠ-TaqⅠ或HindⅢ-TaqⅠ。

AFLP的优点包括速度快、效率大、分辨率高，仅与现存的基因组序列有关联而不需以前的序列资料。AFLP已用于区分相关菌株如黄单胞菌（*xanthomonas*）、气单胞菌（*aeromonas*）、芽孢杆菌（*bacillus*）、不动杆菌（*acinetobacter*）、假单胞菌（*pseudomonas*）、弧菌（*vibrio*）。AFLP分析更适用于亚基因组水平和亚种的分类，对于跨地区研究致病菌炭疽杆菌（*bacillus anthracis*）的流行病学研究也可能较适用。

（五）人结肠细菌的变性梯度凝胶电泳

变性梯度凝胶电泳（denaturing gradient gel electrophoresis，DGGE）是一种能将长度相似但碱基对不同的DNA片段分离开的技术。结合起始的PCR扩增步骤，这项技术是检查诸如胃肠道等复杂生态系统中微生物的极有价值的工具。使用DNA的高可变区作为PCR的靶点大大增加了DGGE识别高度相关微生物的潜力。在SSU rDNA可变区内部采用巢式PCR加上5'端36bp的G+C富含序列正日益用于研究微生物菌群。GC夹使DNA片段更为稳定，使其更适于DGGE分析。DGGE最近被用于研究几种不同环境的细菌生态，且在采用16S rDNA引物PCR后有助于确定重要的菌群成员。接下来可将菌群指纹图谱与已知的参照图谱对比加以解释。

采用16S rDNA细菌引物的菌群指纹图谱已被用于猪胃、盲肠、大肠和小肠肠腔及黏膜细菌标本的研究，当采用rDNA基因的广义引物时抽提、扩增和分离的复现性最高。结果显示年龄、位置（黏膜、肠腔）、肠道节段不同可产生不同的条带。用影像分析软件分析和定量这些条带，以估计胃肠道细菌的相对量。人结肠标本多样性太高，以致采用广义细菌rDNA引物不能产生代表性DNA清晰条带；DGGE可能更适合研究少量混杂细菌，如某单一属的成员。

采用以PCR为基础的方法的一个潜在的缺点是会对特定模板的扩增产生趋向性偏差。两轮的PCR会使偏差增大，因此单一的PCR步骤更为适宜。同许多以电泳为基础的技术一样，DGGE分析也有限制，即不同的带不能区分开，相似的带不具备一致性。单用DGGE条带图谱不能识别并确定PCR片段的种系发生位置，而且由于PCR的宽泛，尤其会使一些rDNA浓度偏低或不存在，一些特定的DGGE条带并不源于标本中的DNA片段。

四、以核糖体RNA为靶点的寡核苷酸DNA探针

复杂样本中微生物菌群的定量可采用与微生物16S rRNA互补的寡核苷酸探针进行杂交来实现，该方法需要从标本中抽提RNA。最普通的方法是用膜支持固定RNA。标记的探针与固定的确定16S rRNA杂交，杂交的程度可用以衡量16S rRNA的量，进而估计标本中的微生物含量。另外，由于rRNA含量与生长速率成比例，杂交程度也可以提供种群活力的信息。当高敏感性和高反应性十分重要时，放射性同位素标记比非放射性标记更为适宜。

（一）探针设计和标记

目前，16S rRNA资料库拥有4000多个序列，为DNA探针设计提供了条件。探针一般由18~20个核苷酸组成，能检出16S rRNA分子中特定的序列。设计属特异性探针包含以下步骤：①对比序列；②确定对于属是独一无二且可涵盖所有种的靶序列；③合成和标记核苷酸探针；④实验鉴定探针。16S rRNA分子的二级和四级结构有可能形成空间位阻而影响探针的有效结合，所以细致的探针鉴定尤为重要。

寡核苷酸探针数据库（OPD）的建立克服了以往依赖发表文献的困难。OPD的重要信息是寡核苷酸探针和引物的设计和使用。对每个探针或引物而言OPD资料库内包括设计和特征资料，如标准化名称、探针序列、靶基因内的核苷酸位置、最适杂交和洗涤条件等。

（二）rRNA提取和杂交

1. rRNA提取

采用锆珠往复震荡以机械破碎提取肠道标本中的核糖体RNA，机械破碎后的标本可直接抽提。所用的玻璃器皿和溶液等环境及条件必须无RNA酶。机械破碎后是另一步酚饱和的Tris-cl缓冲液提取步骤，苯酚：氯仿：异戊醇（25：24：1）和氯仿：异丙醇（1：1）抽提步骤。用醋酸铵在-20 ℃沉降rRNA 3小时。用乙醇洗2次，重悬于双蒸水中。核酸的浓度按照260 nm吸光度1 OD值对应RNA浓度为40 ng/mL计算。

2. rRNA制备和印迹

核酸按照Raskin等描述的方法变性和稀释。将3份样品采用狭缝或点印迹装置在轻度真空下加于特殊处理的膜上，干燥后80 ℃烤2小时。将烤后的膜用杂交液湿润后置于杂交管中，在旋转式孵箱中置于10 mL杂交液中40 ℃ 2小时。第一次的杂交液弃去后加入标记探针，40 ℃孵育16~20小时。与探针孵育后，用40 ℃ SDS/SSC溶液洗膜2小时，从杂交管

中取出膜，在实验确定的解离温度下洗涤2次。HPLC纯化的寡核苷酸探针3'端用^{32}P标记。

3. 杂交信号的图像

干燥膜上的杂交信号可用影像仪定量，曝光时间的不同依^{32}P信号强度而定，信号分析由软件完成。特定的微生物的含量由样本中全部细菌16S rRNA和每单位样本体积的RNA量体现。

（三）细菌种群组成的确定

人类结肠内细菌的多样性还不完全清楚，因此仅用一套探针不足以彻底确定结肠内细菌中的优势菌群，16S rDNA序列使人进一步看到了其中的多样性。根据这些信息可以对那些看似重要的细菌设计探针。目前，主要的菌群如类杆菌和双歧杆菌的探针也已经具备并得到检验。

Dore等描述的类杆菌-卟啉单胞菌-普氏杆菌（bacteroides-porphyromonas-prevotella）探针被证明对包括许多类杆菌在内的结肠菌群是有用的分子工具。这些菌包括普通类杆菌（*B.vulgatus*）、脆弱类杆菌（*B.fragilis*）、多形类杆菌（*B.thetaiotaomicron*）、卵形类杆菌（*B.ovatus*）、单形类杆菌（*B.uniformis*）和两路普氏杆菌（*P.disiens*）。分子定量资料与以前发表的人粪便中类杆菌水平相一致（以培养技术为基础），然而培养法确定的类杆菌总量远远低于采用16S rRNA杂交获得的数据。

Langendijk等研究的双歧杆菌属荧光标记的特异性探针可以检测粪便中的一系列菌种。平板计数双歧杆菌和全部厌氧菌得到的比例为15.8%和12.6%，但用培养法对双歧杆菌数估计过高。粪便中的双歧杆菌易于培养，比其他厌氧菌更为可靠。Langendijk和Welling等用荧光探针估测的双歧杆菌数目与培养法估测的相等，而全部厌氧菌数目却减少为培养法的1/10。

最近，Dore等应用相同的技术取得了相似的结果：对人粪便标本采用双歧杆菌属特异性探针取得的杂交信号占全部信号的5%，而用培养皿的结果是10%。

肠道细菌rRNA克隆及序列资料的增加提高了对rRNA寡核苷酸探针设计基础的了解。Dore等通过鸟枪法克隆新16S rRNA寡核苷酸探针的资料解释了细菌新种群代谢的重要性。低G+C含量的革兰阳性菌包括链球菌、乳球菌、肠球菌、乳杆菌、梭状芽孢杆菌、优杆菌、瘤胃球菌和其他菌均是具有极大代谢重要性的。鸟枪法克隆粪便中扩增的*16S rRNA*基因实验证明低G+C含量的革兰阳性细菌占分离菌的大多数。该组现在只能用宽组探针进行描述，对一些菌属存在错配，所以它只能对低G+C含量的革兰阳性菌做出部分衡量。鸟枪法克隆的16S rRNA寡核苷酸探针仅能代表低G+C含量的革兰阳性菌总rRNA的24.2% ± 5.5%。

以前尝试将结肠内细菌按DNA G+C mol%含量分为两组。以*23S rRNA*基因为靶位的有两种探针，一个是针对高G+C革兰阳性菌的，另一个是针对其他菌的，杂交率分别为1.4%和80.6%。相应的全部细菌rRNA信号是80.2%±8.4%。目前已具备的探针包括类杆菌和肠道菌群，以及低G+C革兰阳性菌的探针，大约65%的细菌rRNA可归于这些种群。

（四）监测环境变化

为研究肠道菌群组成性动力和代谢活性，需将特定种群的属特异性探针与快速监测手段相结合。这是因为当一同应用时，有限的属特异性探针可用于描述全部菌群的组成和代谢潜力，确保这种技术在监测菌群上的有效性的方法就是解释干扰微生物菌群后产生的变化。如将大量可发酵性碳水化合物（如淀粉）加到饮食中，瘤胃pH降至5.5和4，这是亚急性酸中毒的特征，由牛链球菌（S.bovis）的过度增殖和乳酸利用菌不能消耗产生的全部乳酸所致。

瘤胃中细菌rRNA的相对量与pH呈负相关，而真核生物rRNA的含量与pH的下降呈正相关。古细菌rRNA的含量不与pH有统计学相关性，但受酸中毒的全过程影响。从12～16小时，古细菌恢复到酸中毒诱导之前的水平，但在第20小时开始下降，最终的下降是该研究最醒目之处，即在0～24小时古细菌rRNA从1.43 μg/g降至0.37 μg/g，且瘤胃内容物在之后48小时一直保持低水平。在这个阶段产甲烷菌（Methanogen）群组成发生改变，产甲烷杆菌（methanobacteriaceae）增加，甲烷微菌目（Methanomicrobiales）和甲烷小体菌（methancorpusculaceae）下降。丝状杆菌（fibrobacter）属是与pH变化最正相关的属。在诱导酸中毒16～24小时，丝杆菌实际上是测不出来的。这是菌群代谢活力和发酵过程关系的一种清晰的反映。纤维降解与瘤胃pH呈负相关，在酸中毒时更是如此。奇怪的是，牛链球菌的量与pH无相关性，但与总短链脂肪酸浓度呈正相关。菌群增长达20小时。

使用rRNA寡核苷酸探针研究酸中毒对瘤胃微生物种群的影响支持并拓展了培养和显微镜技术。探针的使用提高了显微镜分辨率且可允许同时确定酸中毒对许多种群的影响。根据综合酸中毒过程中种群结构的变化，笔者确定了16S rRNA探针可有效地检测到细菌种群在受到干扰和恢复时的变化。

（五）完整细胞杂交的定量荧光术

光学显微镜的进步、原位荧光杂交术的应用、共聚焦显微术结合分子生物学和影像分析软件的应用已使微生物学家观察微生物的途径发生了革新。单个细胞可通过固定标本和与rRNA互补的DNA探针杂交来确定。除了一些厚壁的微生物，细菌胞壁对荧光素标记探针是可通透的。细胞核糖体含量与生长率的相关性已由Scheacter等建立，然而，鲜有环境相关微生物生长率变化与核糖体含量方面的研究。偏差可由于探针通透性的不同，以及生长率引起的细胞壁通透性改变而引起。这种技术已定性地用于许多混杂的细菌菌群，如海洋浮游细菌、植物根瘤细菌、瘤胃原虫内共生体、土壤细菌和人粪便菌群的研究。除了能了解种群内细菌的空间分布，该技术还能计数培养法不能计数的细菌。

定量荧光原位杂交可检出低限为每克粪便10^6个细菌的完整细胞。某一属细菌占全部种群的比例也可通过运用属特异性探针和细菌域的探针分别测算该属细菌数量和全部细菌数而得出。需用影像分析软件测量诸如每个细胞的荧光水平和杂交率等参数。Langendijk等用这种技术对人粪便中的双歧杆菌进行了计数。标本中荧光原位杂交上的细菌均是可培养的，但该技术能用于不易培养的细菌。

标记探针还需到达rRNA分子的靶序列，因此必须要穿过细胞壁。这对革兰阳性菌如乳杆菌和双歧杆菌就有困难。FISH步骤对不同属的细菌不同，对于混合细菌，不同胞壁的通透性不同会使情况更复杂。但这两个问题是可逾越的，该技术对监测肠道菌群的组成是极有价值的。用荧光标记探针获得的资料和其他细胞计数方法获得的信息是相同的。

五、PCR技术的应用

（一）引物的设计

引物的设计目的在于找到合适的寡核酸片段，使其能高效特异地扩增模板DNA。目前有许多引物设计软件可以帮助研究人员设计引物，如primer premier、DNAstar、pcgene及oligo等。选择引物原则如下：①引物长度一般为15～30个核苷酸；②引物的DNA G+C mol%含量为40～60，按照$T_m=4(G+C)+2(A+T)$估算，有效引物T_m值应为55～80℃；③引物的4种碱基应是随机分布的，不存在聚嘌呤或聚嘧啶，引物3'端不应有超过3个连续G或C，以免引物在G+C富集区域发生错误的引发；④引物自身和两条引物之间都不应有互补序列；⑤引物3'端不能进行任何修饰，也不能有任何二级结构；⑥引物的5'端限制了扩增产物的长度，对扩增特异性影响不大，可以对其进行修饰如添加酶切位点、标记生物素、荧光等，或是引入突变；⑦引物设计完毕后，应用荧光对核酸库进行比较，引物与非目的基因同源性应小于70%，这种引物还需经实验检验。

（二）引物配制合成

引物一般是冻干状态，必须将其配制成贮存液。合成引物的量一般是按其260 nm处的光密度（OD）计算，一个单位OD260大约相当于33 μg寡核苷酸，引物的分子量可用核苷酸数乘324.5得到，如20 mer引物分子量应为20×324.5=6490，根据引物OD值和分子量可以计算引物的物质量，从而指导引物的配制。为方便使用，可以将引物配制为10 μmol/L的贮存液，按下面公式可以估算一定的OD值的引物配制为100 μmol/L贮存液需要添加的水的体积（μL）。

$$V=\frac{1000'OD值}{引物长度}$$

所加的水为高压灭菌过的去离子水，引物贮存液应在-20 ℃保存。

（三）缓冲液

目前PCR反应最常用的缓冲体系为10～50 mmol/L的Tris-HCl（pH为8.3～8.8），Tris-HCl是非常有效的生物缓冲体系。若要提高缓冲液的缓冲能力，可将Tris的浓度加大到50 mmol/L，pH提升到8.9，有时可以提高PCR反应的量，pH值过低或过高会严重影响PCR反应的效率。

缓冲液中50 mmol/L以内的KCl有利于引物的退火，而较高的Na^+浓度和50 mmol/L以上的KCl则抑制Taq酶的活性，在某些缓冲液中以16.6 mmol/L的NH_4^+替代K^+。在PCR缓冲液中加入小牛血清白蛋白（100 μg/mL）或明胶（0.01%）或聚山梨醇酯-20（0.05%～0.1%）等有助于聚合酶的稳定，加入5 mmol/L的二硫苏糖醇（dithiothreitol，DTT）也有类似的作用。在进行长片段PCR时，由于温度循环的时间比较长，加入这些保护剂可以提高PCR反应的效率。为了操作简便，笔者一般将缓冲液配制成10倍浓度贮存液，用时按比例加入PCR反应即可。

（四）镁离子

Mg^{2+}是包括Taq酶在内的许多DNA聚合酶活性必需离子，因此在PCR反应中优化Mg^{2+}对于提高扩增效率、改善扩增效果是非常有益的。Mg^{2+}浓度既影响聚合酶的活性和忠实性，又影响着引物的退火、模板与PCR产物的解链温度、产物的特异性，以及引物二聚体的形成等，Mg^{2+}浓度过低时，聚合酶活性显著下降，PCR反应效率不高，而Mg^{2+}浓度过高时聚合酶可能催化非特异性扩增反应。值得注意的是聚合酶需要游离Mg^{2+}，而PCR反应体系中模板DNA、dNTP和引物中磷酸基因均可结合Mg^{2+}，因此对PCR反应要求比较严格时，最好对每种模板的引物都进行Mg^{2+}浓度的优化。此外，反应体系中如含有EDTA等螯合剂时也会严重影响游离的Mg^{2+}浓度。

优化Mg^{2+}浓度时，需固定模板DNA的量、引物和dNTP的浓度，以及PCR温度循环参数。一般来说，PCR体系中Mg^{2+}浓度为0.5～5 mmol/L，贮液配制完后分装小瓶，在-20 ℃保存。dNTP浓度过高时会抑制TaqDNA聚合酶活性，此外dNTP能与Mg^{2+}结合，从而影响PCR反应体系中至关重要的游离Mg^{2+}浓度。

（五）三磷酸脱氧核苷酸

PCR反应中dNTP贮存液应该用NaOH调节pH至中性，其浓度用分光光度计精确测量，贮存液浓度应为5～20 mmol/L，贮液配制完后分装小瓶，在-20 ℃保存。而PCR反应体系中的dNTP浓度则在5～20 mmol/L，在此范围内PCR产物的产量、特异性和合成的忠实性取得最佳平衡。dNTP的浓度高于各个单体的K_m值（为10～15 μmo/L）对于保证碱基掺入的忠实性十分重要。而4种单体的浓度应该一致，否则会诱发DNA聚合酶错误掺入作用，降低合成速度，过早地终止延伸反应。dNTP浓度过高时会抑制TaqDNA聚合酶活性，此外，dNTP能与Mg^{2+}结合，从而影响PCR反应体系中至关重要的游离Mg^{2+}浓度。

（六）DNA聚合酶

一般使用Taq或Tth耐热的DNA聚合酶，以Taq为例，其在75~80℃延伸活性每秒掺入150个核苷酸，70℃时每秒可掺入60个以上核苷酸，由于Taq酶没有自我校读功能，因此有时会出现一些错误掺入，故现在多使用高保真的DNA聚合酶如Pfu酶，它既是一种耐热DNA聚合酶，又具备3'→5'内切酶活性，其错误率仅为Taq酶的1/10，故PCR产物用于测序宜选用高保真的DNA聚合酶。

（七）温度循环参数

1. 变性温度和时间

这一步在PCR中很重要，如果不能将模板DNA或PCR产物完全变性，则可能导致PCR反应失败，典型的变性条件是95℃ 30~45秒或97℃ 15~30秒。对于富含G+C序列的，如双歧杆菌等，变性温度还可以提高。一般在进入PCR温度循环之前，可以设置一个预变性步骤，如模板在97℃维持5~10分钟，完全变性后再进入正常循环。变性时间设置不宜过长，否则Taq酶易失活。

2. 复性温度和时间

在引物确定情况下，反应中复性温度的设置决定着PCR反应特异性能得以实现。一般来说，引物复性所需温度取决于引物碱基组成、长度、浓度，以及扩增序列DNA G+C mol%含量。根据前人经验用以下简单公式可以大致确定最佳复性温度，$T_p=22+1.46[2（G+C）+（A+T）]$，最适复性温度为$T_p ± 5$℃。一般来说，合适的复性温度应该低于扩增引物在PCR条件下真实T_m值5℃。即使经过计算获得了理论复性温度，在实验中也要以理论温度为中心设置复性温度，以确定最适复性温度能够保证反应的特异性。在确定复性温度后，复性时间可设置为45秒或1分钟，过长会影响扩增产物特异性。

3. 延伸温度和时间

不合适的延伸温度既会影响扩增产物的特异性，也会影响PCR产物的产量，引物延伸一般在72℃下进行。在72℃时，dNTP的掺入率为35~100 mer/s，具体尚取决于缓冲体系和模板DNA的性质，以及酶的活性。72℃保持1分钟对于2 kb的片段已经足够，延伸时间过长易导致非特异扩增产物出现，对于低浓度、长序列模板，可以在PCR反应中的前几个循环中用较长时间进行延伸，以利于靶序列完全扩增，在随后的循环中恢复正常延伸时间，保证特异性。

4. 循环数

扩增的循环数决定着扩增物的产量，一般由靶序列的初始浓度决定，过多的循环数会增加非特异扩增产物的产量，而循环数太少则会出现假阴性结果。一般PCR反应随模板浓度不同在25~45个循环，最常见的是35个循环。

（八）其他影响PCR技术的因素

（1）为防止PCR反复过程中液体的蒸发可以在反应管中添加液状石蜡，既减少蒸发又减少污染。

（2）适当添加PCR促进剂如氯化四甲基胺（TMAC）10~100 μmol/L可促进反应进行，去除非特异扩增而不影响Taq酶活性，或添加T_4噬菌体基因32编码蛋白（T_4 gene 32 protein，GP32Protein）0.5~1 fmol，可以使Taq酶对长段模板的扩增能力增加10倍以上。

（3）热启动Taq酶在较低温度下也具有延伸活性而易造成DNA模板与引物可能发生非特异性复性，这种非特异性产物大量富集影响PCR结果，可以通过热启动加以克服，即通过在高温（>70 ℃）下加入某些PCR反应必需因子（如Taq酶、模板DNA、Mg^{2+}或引物等）来实现，热启动可以增加PCR反应的特异性，并减少引物二聚体的形成和引物自身复性。

（九）PCR技术操作

1. 材料即PCR体系组成

根据所需扩增模板DNA的不同，引物的序列和长度都有所不同，详见引物选择原则部分。

2. DNA聚合酶

目前常用的是从耐热细菌中分离出来的TaqDNA聚合酶，已有商品可购买，它是一种耐高温的酶，经过多次热循环后，仍可保持较好的活性。

3. PCR缓冲体系

这是DNA聚合酶发挥作用的保证，一般对于TaqDNA聚合酶而言，可准备10×缓冲液——500 mmol/L KCl，10 mmol/L Tris-HCl（pH 8.4），15 mmol/L $MgCl_2$，1 mg/L明胶。

4. 三磷酸脱氧核苷酸单体贮存液

可以准确称量dATP、dGTP、dCTP和dTTP的钠盐单体，用灭菌去离子水配制成5 mmol/L或10 mmol/L的dNTP贮存液，而溶液中单体浓度均为5 mmol/L或10 mmol/L，使用时再稀释到工作浓度，dNTP贮存液应用NaOH定至中性。

5. 操作过程

（1）向微量离心管中加入10×PCR缓冲液：反应总体积的1/10；dNTP终浓度为200 μmol/L，引物：终浓度各为200 μmol/L，引物终浓度各为1 μmol/L；模板DNA10^2~

10^5拷贝；灭菌水：补足反应总体积50~100 μL。上述反应组分混匀后，离心15秒，使其集于管底。

（2）加1~2滴液状石蜡至反应管以防PCR反应液蒸发（有盖功能PE2400型PCR仪可免此步骤）。

（3）置反应管于97 ℃预变性5~7分钟，冷却至延伸温度时，视需要加入1~5单位的Taq DNA酶，在延伸温度下保持1分钟。

（4）在变性温度下使模板DNA变性适当时间（95 ℃ 30~45秒或97 ℃ 15~30秒）并设预变性步骤97 ℃维持5~10分钟，以使模板完全变性。

（5）在复性温度下使引物与模板杂交适当时间，如最适复性温度55±5 ℃保持复性时间45秒或1分钟。

（6）在延伸温度下使复性引物延伸适当时间，如72 ℃保持1分钟。

（7）重复第4到第6步30~35次，循环结束后在延伸温度下维持3~5分钟。

（8）反应结束后，反应液与1/5体积6×核酸电泳上样缓冲液混合，在含有EB的琼脂糖凝胶（1.5%）电泳，利用紫外灯检测产物，产物检测可以使用聚丙烯酰胺凝胶电泳（polyacrylamide gel electrophoresis，PAGE）、杂交检测、酶切分析或序列测定等方法进行。以上变性和延伸温度可分别选定95 ℃、55 ℃和72 ℃，每个温度可维持1分钟左右，以上过程都可以在PCR热循环仪上自动完成。

（9）寡核苷酸探针的标记：鉴于放射物标记法易于污染环境，本节只介绍非放射标记法：①原理简述：现有非放射性标记主要有2种类型，一种是预先连接在NTP或dNTP上，然后用酶促聚合方法掺入到核酸探针上的，如生物素和地高辛等；另一类是直接与核酸进行化学反应而连接到核酸上的，此类标记较为简单，可能是今后研究发展的主流。生物素是一种小分子水溶维生素，通过一条碳链臂，与UTP或dUTP嘧啶环的5位碳相连，而不影响碱基配对的能力与特异性，而且它还是许多DNA修饰酶的良好底物，此碳链臂以4个原子的效果最佳；除了dUTP外，一系列生物素标记的dATP和dCTP也被研制和应用，此外德国宝灵曼公司的地高辛标记物也被推广使用；②klenowDNA聚合酶末端标记法操作：依次加入10×切口平移缓冲液2 μL，3种dNTP 1 μL生物素或地高辛适量加水至25 μL，再加入1 μL klenowDNA聚合酶Ⅰ。室温保温30分钟；再加入1 μL 2 mmol/L第4种核苷酸溶液，继续保存15分钟，加入1 μL 0.5 mol/LEDTA以终止反应，使用酚氯仿抽提1次，最后使用葡聚糖凝胶G-50柱层析或乙醇沉淀法分离标记的DNA片段；③生物素的化学标记法操作：双链DNA必须线性化或用NaOH处理形成缺口，单链DNA或RNA无须处理，样品必须溶于去离子消毒水中，不要含Tris，因为Tris所含氨基会干扰标记。在暗室内于微量离心管中加入DNA（带缺口）10 μg，1 mg/mL光敏生物素20 μL，加水至50 μL混匀；离心管置冰浴中，打开离心管盖，在300～500 W灯下照射10分钟（液面距离灯泡10 cm），加入100 μL 2-丁醇抽提2次，离心，弃去上层2-丁醇，然后用乙醇沉淀，70%乙醇漂洗，真空抽干，生物素可用亲和法或免疫法检测。此外还有胞嘧啶生物素标记法、交叉相连法、磺化法、汞化法或酶的直接交联法；④探针的纯化DNA标记反应结束后，反应液中仍存在掺入到DNA中去的dNTP小分子，一般使用凝胶过滤柱层析法如葡聚糖凝胶G-50柱层析法以除去未掺入的dNTP小分子，或者使用离心柱层析法或乙醇沉淀法以纯化探针。

探针制备完成后，可使用核酸分子杂交技术，用以检测结肠菌群及其优势种群。

六、地高辛标记的16S rRNA寡核苷酸探针的制备和应用

（一）前言

异羟基洋地黄苷简称地高辛，是一种甾族化合物。地高辛标记DNA探针是20世纪80年代末发展起来的一种免疫核糖核酸探针。Dig-ddUTP是核苷酸的类似物通过末端转移酶将其连接在寡核苷酸的3'端成为探针，在一定条件下与靶DNA特异性结合，当加入偶联碱性磷酸酶的抗地高辛抗体后，形成的抗体半抗原复合物。再加入BCIP（5-溴-4-氯-3-吲哚基磷酸）和NBT（氯化硝基四氮唑蓝）后，经碱性磷酸酶的作用，在杂交部分形成蓝紫色带或颗粒。该方法同放射性同位素标记法相比，优点是不对环境和人体造成危害，而且灵敏度也基本能达到放射性同位素标记检测系统的水平，是公认较好的非同位素标记方法。笔者应用地高辛标记的寡核苷酸探针与细菌进行菌落杂交：取适当浓度的待检菌点样至尼龙膜或硝酸纤维素膜上，经溶菌酶裂解后固定于膜上，在适当温度下与地高辛标记的寡核苷酸探针进行杂交、洗涤，之后与碱性磷酸酶的抗地高辛抗体孵育、显色。通过与 ^{32}P 标记探针进行对照对比判定杂交结果，以检验该方法的适用性。

（二）材料和方法

1. 材料

地高辛3'端寡核苷酸标记试剂盒（德国宝灵曼公司）、地高辛核酸检测试剂盒（德国宝灵曼公司）、硝酸纤维素膜、尼龙膜、杂交袋、滤纸、蛋白胨、酵母粉、胰酶水解酪蛋白（英国OXID公司）、聚山梨醇酯-80、琼脂粉、大豆蛋白胨、溶菌酶、复合维生素B、硫酸镁、枸橼酸钠、氯化钠、马来酸、SDS、十二烷基肌氨酸钠。

AZ-125型培养箱、洁净工作台、恒温水浴箱、塑封机、振荡器、真空冷冻干燥机。

缓冲液Ⅰ：0.1 M马来酸，0.15 M NaCl，pH 7.5。

缓冲液Ⅱ：含1%阻断剂的缓冲液Ⅰ。

缓冲液Ⅲ：0.1 M Tris-HCl（pH 9.5），0.1 M NaCl，50 mM $MgCl_2$。

杂交液：5×SSC，1%阻断剂，0.1%十二烷基肌氨酸钠，0.02% SDS。

裂解液：10 mM Tris-HCl（pH 8.0），250 mM蔗糖，5 mg/mL溶菌酶。

TE缓冲液：10 mM Tris-HCl（pH 8.0），1 mM EDTA。

2. 寡核苷酸的3'端标记

rRNA占细胞中RNA总量的75%~80%，是核糖体的构造部分，细菌细胞内核糖体数量达10^4~10^5，因此rRNA的拷贝数量很多，加上rRNA为单链结构，因此作为基因检测的靶基因较DNA更为合适。在细菌菌属的鉴定上，16S rRNA倍受青睐。16S rRNA大小适中，长度为1500~2000个核苷酸，在大多数原核生物中都具有多个拷贝，特别是其在进化过程中具有良好的时钟性质，在结构和功能上具有高度的保守性，例如，16S rRNA的322~329、510~533、691~699、1047~1061、1390~1407和1492~1500等序列均具有非常高的保守性，因而其序列常用于分析和比较菌属之间的关系。目前16S rRNA的序列资料常用于设计基因探针。可按文献制备16S rRNA寡核苷酸探针，也可以委托一些单位合成。

寡核苷酸3'末端地高辛标记步骤如下。

（1）在冰盒中操作：加尾液4 μL、氯化钴溶液4 μL、寡核苷酸1 μL、Dig-ddUTP 1 μL、末端转移酶1 μL、双蒸水9 μL，振荡混匀。

（2）37 ℃孵育15分钟，然后置于冰盒中。

（3）取1 μL糖原溶液与200 μL 0.2 mM EDTA（pH8.0）混匀，取2 μL加至反应物中终止反应。

（4）用2.5 μL 4M氯化锂和-20 ℃预冷无水乙醇75 μL与反应物混匀以沉淀寡核苷酸。

（5）于-70 ℃低温冰箱放置30分钟。12 000 g离心，加入50 μL 70%冷乙醇将Ep管翻转几次以洗涤沉淀，离心后真空干燥，贮存于-20 ℃。

3. 检测标记的地高辛寡核苷酸的显色灵敏度

（1）以10×SSC作为稀释液，将标记过的探针稀释至100 pg/μL。

（2）准备8个Ep管，分别标记为A、B、C、D、E、F、G、H管，H管为对照管。

（3）A管加5 μL稀释至100 pg/μL的标记探针和5 μL 10×SSC；B管加5 μL A管液和5 μL 10×SSC；C管加5 μL B管液和5 μL 10×SSC；D管加5 μL C管液和5 μL 10×SSC；E管加5 μL D管液和5 μL 10×SSC；F管加5 μL E管液和5 μL 10×SSC；G管加5 μL F管液和5 μL 10×SSC；H管加5 μL G管液5 μL 10×SSC。

（4）点膜：用蒸馏水浸泡硝酸纤维素膜10分钟，待膜干燥后依次从H至A管点膜，每次点2 μL，每点的浓度分别为100 pg/μL、50 pg/μL、20 pg/μL、10 pg/μL、5 pg/μL、2 pg/μL、1 pg/μL、0 pg/μL。

（5）显色：室温下将膜在缓冲液Ⅰ中漂洗5分钟；封膜于缓冲液Ⅱ中（溶液量为

$1 mL/cm^2$）30分钟。

（6）用缓冲液Ⅰ短暂洗膜。

（7）将抗地高辛-aP稀释至150 μ/mL（3 μL抗地高辛-aP/15 mL缓冲液Ⅰ）。

（8）将上述稀释的抗地高辛-aP复合物封入膜内，室温下放置30分钟。

（9）用100 mL缓冲液Ⅰ洗膜15分钟，共2次。

（10）封膜于10 mL缓冲液Ⅲ中，孵育2分钟。

（11）弃上清液，加入10 mL显色液（将30 μLNBT和30 μL BCIP加入10 mL缓冲液Ⅲ中），封膜，避光显色。

（12）待DNA呈深蓝色，又未出现本底时用TE缓冲液或蒸馏水洗膜终止反应。

4. 菌落杂交步骤

（1）细菌和培养将待检菌株中的厌氧菌接种到3～5 mLTPY液体培养基中，经AZ-125型厌氧型培养箱培养36～48小时。兼性厌氧菌和需氧菌接种到营养肉汤中培养6～8小时。所用菌株根据需要选择。

（2）确定菌落杂交所需的最低菌浓度，取一株细菌培养物离心弃上清液，重悬于TPY液体培养基中，10倍稀释菌浓度从10^9 cfu/mL至10^1 cfu/mL，各取10 μL点样于尼龙膜或硝酸纤维素膜上。按照下述方法裂解、固定、预杂交、杂交、洗膜和显色。结果表明浓度低于10^6 cfumL不能获得清晰的杂交效果，10^9 cfu/mL的菌浓度的杂交效果也并不优于10^6 cfu/mL，原因有可能在于过厚的菌斑不能很好地与溶菌酶相互作用。因此，笔者选定10^6～10^7 cfu/mL菌浓度点膜。

（3）将实验菌种对数生长期培养物离心弃上清液，重悬于TPY液体培养基中，调菌浓度至10^6～10^7 cfu/mL，然后将膜置于裂解液饱和的滤纸培养基中，调菌浓度至10^6～10^7 cfu/mL，然后将膜置于裂解液饱和的滤纸上，37 ℃孵育1～2小时。之后将膜依次置于1 M Tris-HCl（pH 8.0）2×SSC饱和的滤纸上4～5分钟。最后在尼龙膜120 ℃烤30分钟，硝酸纤维素膜80 ℃烤2小时以固定核酸。

（4）将膜置于杂交液（3～4 mL/100 cm^2）57 ℃预杂交1小时后，相同温度下杂交过夜（地高辛标记探针的用量为30 pmol/400 μL）。57 ℃用2×SSC 0.1% SDS洗膜5分钟2次；0.1×SSC 0.1% SDS洗膜5分钟2次。同时设不加探针的阴性对照，以相同的方法预杂交、杂交和洗膜。

5. 按照地高辛检测试剂盒说明书进行显色

（1）用缓冲液Ⅰ室温洗膜1分钟。

（2）用缓冲液Ⅱ将膜孵育30分钟。回收缓冲液Ⅱ于-20 ℃储存，可反复使用。

（3）将膜在稀释抗体（3 μL抗地高辛抗体/15 mL缓冲液Ⅱ）中孵育30分钟。

（4）用100 mL缓冲液Ⅰ洗膜，15分钟2次。

（5）用缓冲液Ⅲ平衡膜2分钟。回收缓冲液Ⅲ。

（6）按照20 μL/mL缓冲液Ⅲ的比例将显色底物加入缓冲液Ⅲ中，封膜，避光37 ℃显色4～6小时看结果。

（7）将滤膜浸于TE缓冲液中终止反应。

（三）结果

（1）显色检测其灵敏度为10 pg/μL。

（2）杂交结果阳性显色为紫色或蓝色斑；阴性显色为无色或蛋白质非特异性吸附痕迹。该方法灵敏度为93.7%，特异度为95%。

七、结论

从培养的菌中获取16S rRNA序列和鸟枪克隆分离物是一个费力的步骤，但它将增加笔者对主要菌属种系发生的理解。应用该方面的长处于分子生态学研究上可用有效的探针对肠道主要细菌rRNA加以限定。

此技术或是检测基因组DNA或是分析rRNA本身。基因的检测反映存在的活的微生物，包括处于休眠状态或不活跃的。代谢活跃的细胞核糖体数量高于休眠细胞，因此分析rRNA可反映出活跃微生物的状态，也可监测细菌活性。其功能的更特异的途径是分析rRNA，检测rRNA可确保靶基因的存在，并表明相应的微生物是充满活力的。

—— 参考文献 ——

1. GIBSON G R, ROBERFROID M B.Dietary modulation of the human colonic microbiota: introducing the concept of prebiotics.The Journal Nutrition, 1995, 125（6）: 1401-1412.
2. 熊德鑫.厌氧菌的分离和鉴定.南昌：江西科学技术出版社, 1986.
3. 熊德鑫.临床厌氧菌检验手册.北京：中国科学技术出版社, 1994.
4. AGUIRRE M, COLLINS M D.Phylogenetic analysis of some aerococcus-like organisms from urinary tract infections: description of aerococcus urinae sp. nov.J Gen Microbiol, 1992, 138（2）: 401-405.
5. AMANN R I, LUDWIG W, SCHLEIFER K H.Phylogenetic identification and in situ detection of individual microbial cells without cultivation. Microbiol Rev, 1995, 59（1）: 143-169.
6. COLLINS M D, WALLBANK S S, LANED J, et al.Phylogenetic analysis of the genus listeriabasedonreverse transcriptase sequencing of 16S rRNA.Int J Syst Bacteriol, 1991, 41

（2）: 240-246.
7. STACKEBRANDT E, WOESE C R.The phylogeny of prokaryotes.Microbiol Sci, 1984, 1（5）: 117-122.
8. WILSON K H, BLITCHINGTON R B.Human colonic biota studied by ribosomalDNAsequences analysis.Appl Environ Microbiol, 1996, 62（7）: 2273-2278.
9. 卢圣栋.现代分子生物学实验技术.北京：高等教育出版社，1999.

第六章

关于基因流、膜菌群、短链脂肪酸的代谢及双歧杆菌的分子生物学研究进展

一、关于基因流的研究进展

（一）细菌进化的主要因素——点突变、基因重组和基因水平的转移

（1）点突变导致的进化过程缓慢，突变率低。

（2）基因重组或基因水平的转移使大片基因获得或缺失，可使细菌的基因在短期内发生量的飞跃，从而产生许多新的突变株。噬菌体质粒参与了这种快速的进化过程，如细菌可通过DNA的转换、噬菌体的转导、质粒介导的结合作用等水平转移方式获得外源性基因成分。

（二）种群的共生关系由基因决定——共生岛样结构

（1）近些年关于细菌共生岛的研究。从固氮微生物根瘤菌中发现了一个500 kb大小的共生样结构，其编码的结果形成与固氮作用及其与其他菌的共生特性相关，在细菌染色体上phe-tRNA位点插入，这个基因因此被命名为共生岛。共生岛的发现提示细菌毒力岛样结构在非病原性细菌中也可能广泛地存在。

（2）关于毒力岛的研究。毒力岛可能是外源性基因，如含有类似质粒或噬菌体和Att的基因位点，借助于可移动载体（如质粒或噬菌体）成分进入细菌并插入到宿主菌的染色体上的一些特殊位置（如tRNA位点），赋予宿主菌一些新的毒力特性（毒力作用机制、新的微生物病原的产生）；也可以通过基因重组或缺失，在不同细菌间进行水平传播。

由此可见，共生岛、毒力岛等基因流的研究不仅反应微生态系平衡和失调等生动景象，而且可能为微生态系新的种群出现提供了可能，也可能为寻找新的插入片段分子微生态制剂改造种群或群落结构，达到分子微生态防治的作用。

二、关于膜菌群的研究进展

(一) 原籍菌

(1) 双歧杆菌的黏附。原籍菌又称膜菌群,如双歧杆菌胞壁多糖与黏膜受体产生可逆性特异性黏附,其中蛋白质样物质黏附素起了主要的桥梁连接作用。

(2) 乳杆菌的黏附。胞壁多糖与胞外酶对黏附有一定影响却不是黏附素类物质,如神经氨酸酶,它更可能是促进乳杆菌等益生菌通过黏液(胶)层的一种物质。

(3) 类杆菌的黏附。胞外酶如 β-半乳糖苷酶、α-岩藻糖苷酶、β-N-乙酰氨基葡萄糖苷酶,除了能够促进益生菌通过黏液(胶)层外,还与受体的黏附有关。

(二) 黏附胶层

黏液形成半胶状物层,其内主要是螺旋体状细菌,包括优杆菌、乳杆菌和未知微生物种群,说明在黏性(胶状)环境下螺旋形运动方式比鞭毛运动形式更有效。

(三) 黏附胶层与糖蛋白

黏附胶层与肠道分泌的糖蛋白纤维素样缠绕在一起。许多糖蛋白是兼性或需氧菌的黏附受体,这样最外层黏附了肠杆菌、肠球菌、梭菌和真菌(肠球菌已被证明在膜菌群的最外层),形成了膜菌群,膜菌群不仅具有生物拮抗作用(与定植抗力有关),而且拉近了细胞与定植微生物种群的关系。

三、关于短链脂肪酸的代谢研究进展

(一) 产生

短链脂肪酸(short-chain fatty acid,SCFA)主要来自肠道细菌降解单糖、多糖、淀粉和脂肪类及蛋白质类物质,它们包括甲酸、乙酸、丁酸、戊酸、己酸,以及乳酸和琥珀酸酯类物质。

(二) 吸收

近些年的研究证实它的吸收主要是在人的结肠(升、横结肠)中进行的,吸收主要依靠3个过程。

(1) 脂溶性质子化形成被动吸收,可能伴随钠泵作用$Na^+ \rightarrow H^+$交换。

(2) $SCFA^- \rightarrow HCO_3^-$交换,其中碳酸氢酶提供了重要作用。

(3) 离子化形式通过细胞旁路扩散的过程。

SCFA的吸收也促进了水、电解质尤其是Mg^{2+}和Ca^{2+}的吸收。

（三）SCFA代谢异常与人类相关疾病

（1）溃疡性结肠炎发病机制以结肠黏膜中丁酸酯代谢改变为前提，这种改变不是由于丁酸酯代谢通路酶的缺乏造成的，而是结肠内腐败菌如梭菌等硫酸酯的还原作用产生的HS^-干扰了结肠细胞能量代谢的结果，从而诱导部分黏膜上皮细胞脱落或过度增殖。

（2）结肠癌的发生是由于SCFA包括黏膜中的丁酸酯代谢紊乱，其作为启动因子或肿瘤发生促进因子诱导结肠上皮细胞或腺细胞癌前病变作用（多发生于细胞周期G_1期前期）。

（四）补充丁酸梭菌等生态制剂对结肠癌的防治作用机制

（1）丁酸酯类SCFA与肠黏膜腺管发育呈负相关，其具有逆转腺管的扩增作用。

（2）实验证实，丁酸酯类在低浓度时可抑制各种肿瘤细胞的扩增作用，高浓度时对各种癌前细胞有细胞毒作用，而对正常细胞无影响。

（3）实验证实，丁酸酯类SCFA可能对黏膜分泌有刺激作用，对结肠基底膜完整性有稳态作用，这种稳态作用与诱导因子Ⅻ产生反式谷氨酸酶有关，它们能在转录水平稳定纤维蛋白结合素及肌动蛋白的产生，从而阻止纤维蛋白酶原转移至细胞质内。

（4）Hague等研究证实，丁酸酯类SCFA对结肠腺癌细胞和上皮癌变细胞有诱导细胞凋亡的作用，并具有调节癌基因表达作用，如抑制*Vas*和*Sre*原癌基因，以及*p21*和*pp60*基因的表达，诱导C-fos和C-June抑制*C-myc*原癌基因的表达。

（5）丁酸酯类SCFA抑制原癌基因表达，其可能机制如下：①通过与反应调节蛋白结合，干扰了蛋白与DNA之间的相互作用；②也可能是通过调节酶如蛋白激酶而影响蛋白磷酸化作用，由于组蛋白与DNA结合能影响染色体的结构，尤其是对胞嘧啶残基，并促进DNA超甲基化作用，使*Vas*和*Src*原癌基因表达下降；③干扰甲羟戊酸与阴性蛋白结合，使蛋白激酶CK Ⅱ下调而造成转录因子jun和myc磷酸化，而中断癌基因的表达。

（6）糖尿病发生与乙酸酯等SCFA代谢异常密切相关，乙酸酯代谢异常如血浆乙酸酯量增加反映了外周组织干扰了葡萄糖的利用，从而改变了乙酸酯的氧化作用，是诱发糖尿病发生因素之一。

（五）结论

肠内碳水化合物发酵产生SCFA对维持肠道完整性起重要作用，并且它与人类一些疾病的发生密切相关。

四、关于双歧杆菌的分子生物学研究进展

（一）双歧杆菌16S rRNA研究进展

使用16S rRNA分析可知，双歧杆菌是属于富含G+C的革兰阳性菌亚群，其DNA G+

C mol%含量丰富，常超过55%。由16S rRNA分析确知，在富含G+C的细菌如分枝杆菌属、棒状杆菌属、链霉菌属等几个菌属中，双歧杆菌与放线菌属有较近的亲缘关系。人结肠中双歧杆菌数量超过10^{10} cfu/mL，占成人肠道细菌数量的25%，而在母乳喂养的新生儿肠道中，其数量超过95%，是迄今唯一被认为不致病的菌属。

（二）双歧杆菌基因组大小和结构

（1）应用PFGE技术，已经构建出了青春双歧杆菌基因的物理图谱，并估计出该基因组大致有2.1 kb大小，大约是大肠杆菌基因组的46%，与其他产乳酸细菌基因图大小接近，都为1.7~7.4 kb。

（2）应用PFGE技术，可以将700 kb大小的DNA片段分离，所以利用该技术能够研究细菌基因组的构成，双歧杆菌中DNA G+C mol%含量为55~64。

（3）用PFGE法对不同青春双歧杆菌菌株进行研究，比较电泳后凝胶膜上DNA片段，发现各菌株之间具有显著的异质性，这可能是由于细菌染色体上重排如转位或倒位等原因引起菌株内限制性酶切位点分布不同所导致的，这提示用于益生菌制备的菌种名称固然重要，但更具决定意义的是被选育菌株的特性。

（4）PFGE技术也常用于验证双歧杆菌菌属中具有商业价值的菌株及其基因组变化。除长双歧杆菌外，一旦出现明显异质化，宜认真检测商业价值菌株是否变异，以及其生理性功能是否改变。

（5）PFGE技术检测发现基因异质性较大变化出现于长双歧杆菌菌株，因为在PFGE电泳凝胶膜上，此类菌株电泳图与参考菌株的电泳带只有1/15的相似，而动物双歧杆菌菌株的DNA电泳带与参考菌株的电泳带基本上一致，相对来说动物双歧杆菌更稳定。

（三）双歧杆菌的基因结构分析

（1）使用rRNA碱基序列比较法（它对于推测细菌的系统发育，以及评价细菌之间的关系非常有用）已经从双歧杆菌中分离出DNA转录rRNA的基因位点（rrn），包括*16S rRNA*、*23S rRNA*和*5S rRNA*的基因片段，这些基因均被内部转录区分隔，研究发现青春双歧杆菌的每个染色体上至少会有3个rrn位点。

（2）使用rRNA碱基序列比较法，发现源于双歧杆菌的*16S rRNA*基因、*recA*基因可用作物种形成和鉴定DNA方法的靶子，并证明其可通过促进DNA链转移编码一种在DNA重组中起重要作用的多功能酶，发现其普遍存在于细菌中，并表现出高度的基因序列保守性。

（3）已有报告使用recA基因中2个普遍保守区域做引物，通过PCR技术从6种双歧杆菌中分离出一个具有300 bp大小的recA基因的DNA片段，而recA基因对分析双歧杆菌属内的种系发生很有价值,它可能是研究双歧杆菌基因特点的起点。

(4)用一些双歧杆菌染色体DNA的随机片段作为杂交探针。对其中一个开放型阅读框架的碱基序列分析表明,它与位点特异性重组酶的整合酶家族有高度同源性,由于这种碱基序列相似性,该酶似乎能分解双歧杆菌中一些具有位点特异性重组的结构。

(5)双歧杆菌基因结构分析下游研究近况(基因表达研究)

1)关于乳酸脱氢酶(lactate dehydrogenase,LDH)的研究。LDH是乳酸菌发酵生产酸奶的关键酶,双歧杆菌如长双歧杆菌的克隆中表达了LDH活性,该基因编码蛋白质由来源于提纯LDH的N-端氨基酸序列的杂交探针所验证,该基因是双歧杆菌已知全部核苷酸序列位点的少数部分。通过对细菌LDH的DNA序列分析,可以将真核生物酶与原核生物酶区分开来,长双歧杆菌与真核生物LDH有很大差异。双歧杆菌基因表达活性研究中LDH核苷酸序列提供了鉴别转录和转位起始点的信息,基因起始点的碱基序列已经鉴定出,并确认GTAGCAA-(14bp)-TTATAGA序列为转录的启动因子。它与编码β-D-葡萄糖苷酶的启动α序列不同,后者启动了序列为TTGGAA-(15bp)-TTAATCT,该序列与大肠杆菌促进因子序列2一致。然而,在缺少准确定位大肠杆菌启动子的情况下,也能监测到LDH,证明大肠杆菌细菌的该碱基序列或其上游一定存在着具有启动作用的区域。另外,与大肠杆菌核糖体结合位点(ribosome binding sequence,RBS)高度同源的碱基序列AGAGAGGA也被认为是LDH的RBS。

2)关于β-D-葡萄糖苷酶、β-半乳糖苷酶、β-D-果糖苷酶,以及β-呋喃果糖苷酶的研究。这些酶是参与低聚糖降解的主要酶类,它们对充分利用肠道内有机物具有重要作用。①编码β-D-葡萄糖苷酶的基因来自青春双歧杆菌C_1b亚型;②编码β-半乳糖苷酶的基因来自青春双歧杆菌基因C_1a亚型,但其调节基因表达的确切机制尚不清楚。β-葡萄糖苷酶可受相应底物调节表达,如在青春双歧杆菌培养基中提高纤维二糖浓度后,该酶的活性也增强。近年来还从转录位点和RBS之间的区域鉴定出与大肠杆菌中Lac操纵子(表达调节)具有高度同源性操纵子样的碱基序列,大肠杆菌的该碱基序列有助于Lac操纵子表达调节,而双歧杆菌中这段碱基序列在降解纤维二糖过程中似乎与调节β-D-葡萄糖苷酶的基因表达有关,其是否是操纵子尚无定论。

(四)基因工程构建双歧杆菌研究近况

(1)关于基因扩增工具质粒载体的研究。近年来对近200株24种双歧杆菌检测发现含有质粒,这些双歧杆菌主要集中在6个双歧杆菌菌种中(包括青春双歧杆菌、长双歧杆菌、短双歧杆菌等),它们都被发现含有内源性质粒。尽管发现众多质粒,这些质粒在双歧杆菌中的作用尚待进一步阐明。

最近已测出长双歧杆菌B2577亚种中有PBM1质粒,具有1847b的碱基序列,PBM1有

2个开放阅读框架（open reading frame，ORF），ORF1和ORF2位于同一操纵子中。鉴于PMB1质粒体积小且有明确的核苷酸序列，已将其应用于构建重组质粒通用的开始位点，重组质粒能在双歧杆菌中复制。已经构建了一些穿梭质粒，这些载体携带质粒的起始点和各种抗性表达标记见表6-1。

表6-1　双歧杆菌质粒载体

质粒	大小	抗性标记	注释	作者（时间）
PNC	4.9 kb	CM	来源于长双歧杆菌、潜在性质粒PMB1	Rossi（1996年）
pBLES100	9.1 kb	SP	来源于长双歧杆菌、潜在性质粒PTB6	Matsumura（1997年）
PDG7	7.3 kb	CM	来源于质粒PMB1	Matecuzzi（1990年）
PDCE7	NA kb	CM、Er	只是PDC7，但含有来自金黄色葡萄球菌的抗红霉素基因	Rossi（1996年）
PRM2	6.0 kb	SP	来源于质粒PMB1	Missin（1994年）
PEBM3	9.6 kb	KM、CM	含有来自棒杆菌复制子	Argnani（1996年）
PECM2	10.3 kb	KM、CM	含有来自棒杆菌复制子	Argnani（1996年）

注：CM为氯霉素，SP为大观霉素，Er为红霉素，KM为卡那霉素。

Argnani已成功将来源于棒杆菌的PEBM3和PECM2质粒载体转入动物双歧杆菌中，但是来源于乳杆菌携带的复制子如PGK12和PLP823质粒都不能转入动物双歧杆菌内，说明双歧杆菌与棒杆菌有显著的同源性，而与乳杆菌质粒之间缺乏遗传相似性。

（2）关于噬菌体作为遗传物质载体的研究。除了质粒外，细菌的噬菌体也是基因工程中非常有用的载体工具，然而在对14株中长双歧杆菌的检测中，只发现4株含有噬菌体样物质，尽管双歧杆菌中噬菌体有特异性，但是对它们的研究非常有限，近期内尚不能利用噬菌体作为遗传物质载体。

（3）关于双歧杆菌的基因转化系统的研究。基因转化另一种形式是从环境中摄取裸露DNA的过程，此过程称为转化，一旦目的DNA被受体细胞摄取，而能在其中复制，该细胞就被转化了。就双歧杆菌而言，其细胞壁较厚、结构复杂，目前要想将质粒DNA导入革兰阳性双歧杆菌中，其关键问题是如何克服该屏障。克服办法如下：①通过细胞溶解酶将胞壁破坏，迄今此技术尚未真正用于双歧杆菌的转化；②1994年Missich用电转化方法将PMR2质粒导入长双歧杆菌B2577中，使用10 kV/cm电压，获得了$3.8×10^2/\mu g$质粒DNA转化率。目前普遍认为对双歧杆菌而言，比较理想的转化电压是12.5 kV/cm，该条件下大约有50%的细胞死亡；③为提高转化率还可对双歧杆菌使用青霉素G或胞壁酶预处理，或者将双歧杆菌放至4 ℃水浴中预孵数小时，或者在转化前置于-135 ℃液氮中冷冻使其皱缩，此外，诱导其自分解也有利于转化；④使用限制和修饰酶系统如双歧杆菌限制性内切酶B10Ⅰ和B10Ⅱ，它们的识别位分别是RGATCY和CTGCAG。随着电转化质粒DNA的引入，对限制和修饰酶系统的确认可影响转化率。其也可作为潜在的要素在抗噬菌体感染菌株的构建中起作用。

（4）尽管近年来有少数报道称已成功获得长双歧杆菌与大肠杆菌穿梭载体，即长双歧杆菌 *PTB6* 基因已在大肠杆菌中表达和克隆，其穿梭质粒为PBLES100，但是尚未有成功构建双歧杆菌的报道，希望微生态研究者们继续努力，为基因工程构建双歧杆菌这一工作做出出色成绩。

参考文献

1. ROSSI M, BRIGIDI P, GONZALEZ V A, et al.Characterization of the plasmid pMB1 from bifidobacterium longum and its use for shuttle vector construction.Research in microbiology, 1996, 147（3）: 133-143.
2. MATSUMURA H, TAKEUCHI A, KANO Y.Construction of escherichia coli-bifidobacterium longum shuttle vector transforming B. longum 105-A and 108-A.Bioscience biotechnology and biochemistry, 1997, 61（7）: 1211-1212.
3. ROSSI M, BRIGIDI P, MATTEUZZI D.Improved cloning vectors for bifidobacterium spp.Letters in applied microbiology, 1998, 26（2）: 101-104.
4. MISSICH R, SGORBATI B, LEBLANC D.Transformation of bifidobacterium longum with pRM2, a constructed Escherichia coli-B. longum shuttle vector.Plasmid, 1994, 32(2): 208-211.
5. ARGNANI A, LEER R, VAN LUIJK N, et al.A convenient and reproducible method to genetically transform bacteria of the genus bifidobacterium. Microbiology, 1996, 142（Pt 1）: 109-114.

第七章

微生态制剂在内科、儿科疾病防治中的应用

随着对菌群、微生物组与人类健康及疾病关系的了解日益深入，微生态制剂也越来越受到广大医生和群众的认可与使用，目前已经成为临床及保健领域应用最为广泛的一类制剂，可以说微生态制剂的研制和应用是微生态学研究成果最为直接的体现之一。微生态制剂（microecologics）又称微生态调节剂，是根据微生态学原理，利用对宿主有益的正常微生物或其促进物质制备成的制剂，具有维持或调整微生态平衡、防治疾病和增进宿主健康的作用。微生态制剂包括益生菌（probiotics）、益生原（prebiotics）和合生原（synbiotics），最近有人提出了后生元（postbiotics）的概念，后生元是活菌在发酵后产生的生物活性成分，也被认为属于微生态制剂。目前用于临床疾病防治的主要是益生菌，益生菌是指一定数量的、能够对宿主健康产生有益作用的、活的微生物。益生菌越来越受到临床医生的关注并被应用，但在概念上容易与有益菌（beneficial bacteria）混淆，有益菌是人体菌群中对宿主有益的菌群，而益生菌是特指作为药物和保健品使用的某一菌株，并不是所有的有益菌都可以成为益生菌。益生菌具有以下特征：①为活的微生物；②经过培养、生产和贮藏，在使用之前仍然保持存活和稳定；③能够耐受胃液、胆汁和胰酶的消化，维持活性；④进入机体肠道以后，能够引起宿主反应；⑤在功能或临床上，对宿主产生有益作用。本章主要介绍益生菌在内科、儿科疾病防治中的临床应用。

第一节　益生菌的作用机制及其药理学特点

按照用于益生菌制剂的菌株来源，益生菌分为肠道原籍菌和外籍菌，肠道原籍菌如双歧杆菌、乳杆菌、酪酸梭菌和肠球菌等，菌株来源于肠道，进入肠道后，直接补充肠道

有益菌，发挥作用；外籍菌来源于肠道以外，如地衣芽孢杆菌和蜡样芽孢杆菌，属需氧菌，进入肠道后，主要通过大量耗氧，提高肠道厌氧环境，来促进肠内厌氧性有益菌的生长与增殖；布拉酵母菌属真菌制剂，是从东南亚荔枝和山竹中分离得到的，其作用机制与肠道有益菌类似。大量的动物或人体研究、体内或体外研究表明，益生菌用于治疗和预防疾病的机制包括：①调节肠道菌群的构成，通过占位效应、营养竞争、分泌抑菌或杀菌物质、产生有机酸、刺激sIgA的分泌等，阻止致病菌黏附和抑制致病菌的生长；②增加肠紧密连接蛋白的合成，刺激和促进黏蛋白的表达与分泌，增强肠上皮细胞的完整性，增强肠道的屏障功能，防止肠道细菌和内毒素的移位；③分解膳食纤维，产生短链脂肪酸，特别是酪酸和乙酸，既发挥抗炎症作用，又为肠上皮细胞提供能量，维持肠上皮细胞的功能；④调节固有免疫和适应性免疫，包括激活Toll样受体、调节树突状细胞向抗炎症反应方向发展、调节Th1/Th2免疫应答、增加分泌IL-10和TGF-β的调节性T细胞（Treg）的数量和功能、降低变应原特异性IgE的水平等；⑤参与维生素B_1、维生素B_2、维生素B_6、维生素B_{12}、维生素K、烟酸和叶酸等维生素的合成；参与蛋白质、胆汁酸和胆固醇等的代谢。尽管益生菌有以上诸多作用，但是针对特定疾病的作用机制不完全清楚，其机制可能是综合的。

与化学药物和传统的生物制品不同，益生菌作为一类特殊类型的制剂，其药理学特点是具有菌株特异性和剂量依赖性。菌株特异性是指某些特定益生菌菌株具有的作用和疗效是该菌株特有的，也就是说特定菌株具有的作用并不代表所有该菌种或该菌属的益生菌均具有这一作用。实验显示同一菌种不同菌株的作用差别很大，甚至可能出现相反的作用。菌株（strain）是指由不同来源分离的同一种、同一亚种或同一型的细菌，也称为该菌的不同菌株，如国内最早使用的青春双歧杆菌DM8504株，国外常用的鼠李糖乳杆菌LGG、BB12，大肠杆菌Nissle1917等。体外研究和临床试验证实，益生菌要达到足够剂量才能够发挥作用，益生菌剂量不同，其效果有明显的差异。另外，与化学药物的剂量标识不同，益生菌制剂的剂量是以每个包装（片、袋和包等）含有的细菌菌落形成单位cfu，即活菌的数量来标识的，一般每个包装在$10^9 \sim 10^{10}$ cfu。由于各种产品所使用的菌株不尽相同，其发挥作用的剂量可能存在差别，有的菌株低剂量即可发挥作用，而有的菌株则需要较高的剂量。了解益生菌的菌株特异性和剂量依赖性特点，以及个体的肠道菌群因受种族、饮食、生活环境、不同疾病和所使用其他药物等因素的影响存在着一定的差异性，可以解释为什么在临床上针对同一疾病有的益生菌治疗效果好，而另一些效果不佳，或同一种益生菌效果存在个体的差异性。因此在选择和评价益生菌效果时，应该关注各种制剂所含的菌株、使用剂量、针对的人群等。

益生菌为活的微生物，具有自我繁殖能力，其在人体内的代谢动力学（体内过程）也有明显的特点。在给药途径方面，目前使用的益生菌几乎均是经胃肠道给药（口服或灌肠），其作用的部位基本在结肠，因此需要考虑所使用的菌株在胃肠道中定植、存活和自我繁殖能力等许多影响因素，如是否能耐受胃酸和胆汁的灭活、对胃肠道中抗生素浓度的敏感性等。在吸收和移位方面，益生菌进入胃肠道以后，仅在局部发挥作用，一般情况下益生菌不会被胃肠道吸收而造成移位，但应该注意的是，在机体免疫功能严重受损的情况下，益生菌菌株有可能移位至肠道以外，引起系统性感染。在清除和排泄方面，目前认为，摄入的益生菌菌株不可能永久定植于人类和动物肠道，其清除和排泄是通过以下2个环节实现的：第一是被破坏消灭，即摄入的益生菌被胃酸、胆汁及各种消化酶破坏杀死；第二是被排泄，即通过肠道运动被排出体外。有研究证实摄入的益生菌一般在肠道存在1周左右即随粪便被排出。

益生菌是活的微生物，其安全性值得特别关注。目前益生菌使用安全性问题主要集中在所使用的菌株是否会引起潜在感染、是否会携带和传递抗生素耐药性。迄今为止，全球范围内没有益生菌引起严重毒副反应的报道，国内未见到使用益生菌引起感染和传播耐药的报道。益生菌主要使用的菌种如乳杆菌、双歧杆菌、酪酸梭菌和肠球菌分离自健康人肠道，作为人体的一部分，这些菌是人类进化过程中形成的，且有些菌株作为发酵菌种已经有上百年的应用历史。来自人体肠道以外的菌株如布拉酵母菌、地衣芽孢杆菌和蜡样芽孢杆菌也已在临床应用了几十年，益生菌的安全性得到了时间的验证。国外有报道与乳杆菌相关联的心内膜炎、肺炎和脑膜炎个别病例，均为免疫功能受损的患者。国外个别报道称免疫功能受损或有基础疾病的患者可能发生布拉酵母菌或枯草杆菌菌血症，因此对免疫抑制患者、危重症患者、结构性心脏病患者及接受中央静脉导管置管患者等特殊人群使用这些菌株时应特别注意。肠球菌是条件致病菌，已成为医院内感染的重要病菌之一，其对万古霉素耐药的菌株日益增多，已经引起密切关注。但是益生菌的安全性也存在菌株特异性，有研究证实肠球菌R0026株没有携带耐药和毒力基因。

第二节 急性腹泻

腹泻，特别是婴幼儿腹泻是常见的疾病之一，据世界卫生组织（World Health Organization，WHO）统计，5岁以下儿童每年发病数约1.5亿，死亡数为150万～250万，主要发生在经济落后的不发达国家和地区。在我国，腹泻虽然并不是引起婴幼儿死亡的主要病因，但儿童腹泻的发病率仍然比较高，疾病负担和经济负担比较明显。腹泻在短期内可引起脱水和严重的感染，造成患儿死亡，反复多次的感染性腹泻可以直接损伤肠道的吸收功能，影响营养素的吸收，导致营养不良，而婴幼儿时期的营养不良，可引起生长发育迟缓，进而影响其终生。腹泻可以分为感染性和非感染性，其中感染性腹泻约占85%以上，并且重度的腹泻主要为感染性腹泻。无论是感染性腹泻还是非感染性腹泻，肠道菌群失调均是参与发病的重要因素。婴幼儿肠道菌群处于建立和不断地形成过程中，与年龄大的儿童比较，其菌群特别容易受到生活环境、喂养、抗菌药物使用，以及肠道或全身性疾病等因素的影响，肠道菌群脆弱、不稳定，容易失调，进一步引起腹泻。感染性腹泻可以引起肠道菌群失调，肠道菌群失调又能够导致和加重儿童腹泻。由于引起腹泻的病原体大量增殖、产生的毒素损害肠黏膜、使用抗菌药物和改变肠蠕动等因素，导致肠道菌群失调。大量的研究证实，在轮状病毒性肠炎、细菌性痢疾、致病性大肠杆菌和沙门菌肠炎时粪便中双歧杆菌、类杆菌、乳杆菌等肠道的优势菌明显减少。

腹泻往往与肠道菌群失调形成恶性循环，一方面腹泻能够引起肠道菌群失调；另一方面，肠道菌群失调可以加重原有腹泻或引起二次感染。临床已经观察到随着腹泻时间延长和病情加重，肠道有益菌群下降越明显；而存在明显肠道菌群失调者，其腹泻的程度更严重并且病程会更长。长期以来对感染性腹泻的研究多重视感染的病原学，针对感染的细菌，临床广泛大量使用抗菌药物进行治疗，而针对机体的内在因素，尤其是对肠道菌群平衡状态的影响没有给予足够的重视。急性腹泻是目前所有益生菌使用最主要、最广泛的适应证，国内外大量的临床研究和报道证实了几乎所有的益生菌菌株包括双歧杆菌、乳杆菌、粪链球菌、酪酸梭菌、地衣芽孢杆菌、蜡样芽孢杆菌、布拉酵母菌等制剂在急性腹泻中的治疗效果，包括儿童病毒性和细菌性肠炎等。针对不同病原引起的急性腹泻，益生菌的治疗效果有所差别，其中对急性轮状病毒水样性腹泻效果最好，能够明显缩短其病程，减轻腹泻的严重程度。不同病原所致腹泻的机制不同，益生菌的用法也有所差别，对轮状病毒等病毒性肠炎，早期足量应用效果较好；对侵袭性细菌性肠炎，宜先用有效的抗菌药物杀灭致病菌后再应用益生菌，即先抑后扬。实验证明，许多抗菌药物对益生菌的黏附和活性有影响，因此益生菌不宜与抗菌药物同时使用；若需同时口服，2种药物一般需间隔2~3小时，且需要加大益生菌的剂量，延长其应用的时间。芽孢类益生菌和布拉酵母菌不受抗菌药物的影响，可以与其同时使用。

第三节　抗生素相关性腹泻

抗生素相关性腹泻（antibiotic-associated diarrhea，AAD）是指使用抗菌药物以后出现的无法用其他原因解释的腹泻，AAD是抗菌药物使用后最常见的不良反应之一，尤其是在儿童和老年人中。AAD轻重不同，轻者延长原发疾病的恢复时间、增加医疗费用，重者可引起死亡。由特殊病原体引起的腹泻，如艰难梭菌感染相关性腹泻（clostridium difficile-associated diarrhea，CDAD）还可造成医院内感染传播。

AAD发病的基本机制是肠道菌群失调。在使用抗生素治疗感染致病菌的同时，不可避免地会抑制或杀灭肠道中敏感菌群，造成非敏感菌群的过度增殖，导致肠道菌群多样性减少、菌群的组成和比例发生改变，即出现肠道菌群失调。菌群失调进一步发展，由于抗生素的选择作用，对使用的抗生素不敏感或耐药的细菌大量增殖，成为肠道菌群的主要细菌，从而条件（机会性）致病菌直接引起肠道感染。艰难梭菌、产气荚膜梭菌、金黄色葡萄球菌、产酸克雷伯菌和白假丝酵母菌是造成AAD的常见条件致病菌，其中以艰难梭菌感染尤其重要，占AAD的10%～33%。艰难梭菌是肠道中的常居菌，约占肠道菌群的3%以下，分为产毒素型和非产毒素型，正常情况下，艰难梭菌受到双歧杆菌、类杆菌等优势菌群的抑制不引起疾病，只有在菌群失调的情况下，产毒素型菌株大量增殖，在鞭毛和蛋白酶的协助下进入黏液层，黏附于肠上皮细胞释放毒素从而致病。毒素A和毒素B是艰难梭菌的主要致病因子，毒素A是一种肠毒素，可与肠黏膜刷状缘细胞上受体结合，改变细胞肌动蛋白骨架，引起显著肠道炎症、液体分泌和黏膜损伤，还可致血细胞凝集。毒素B是一种细胞毒素，可刺激单核细胞释放炎性细胞因子，引起肠黏膜细胞凋亡、变性坏死及脱落，少数菌株中还产生一种二元毒素，可导致细胞骨架破坏，增加毒素A和毒素B的作用。此外抗生素还可以通过影响肠道菌群，降低肠道中碳水化合物和胆汁酸代谢，参与AAD的发病。

使用益生菌预防AAD已经得到充分的肯定，并且被国内外指南所推荐，推荐的菌属包括乳杆菌、双歧杆菌、芽孢杆菌、酪酸梭菌、布拉酵母菌等。对于预防艰难梭菌引起的AAD多数推荐使用布拉酵母菌。大量的研究和荟萃分析证实，益生菌群能够减少至少50%的AAD发生，其机制包括：益生菌纠正肠道菌群失调、改善肠道中碳水化合物和胆汁酸代谢、抑制肠道中条件致病菌的过度生长、增强肠屏障功能及刺激免疫系统等。因此，在较长时间（＞8日）使用抗生素、联合使用抗生素、使用广谱类抗生素、婴幼儿及老年人使用抗生素的同时，建议使用益生菌降低AAD的发生率或减轻AAD的程度。推荐疗程时间为7～21日，早产儿可延长4～6周或直至出院。对于已经发生AAD的治疗，首先建议停用抗生素；补充益生菌也有一定的辅助治疗作用，但是在特定的菌株、制剂和使用剂量方面尚没有形成统一的方案。

第四节　幽门螺杆菌感染

幽门螺杆菌（helicobacter pylori，HP）感染是慢性胃炎的主要病因，还与消化性溃疡、胃癌、胃黏膜相关性淋巴样组织淋巴瘤的发生密切相关。随着HP耐药率的增高和根除率的下降及胃内微生态的组成逐渐明确，益生菌的应用为辅助根除HP提供了新的策略。研究发现，一些益生菌可以通过调节胃内菌群、产生抗菌物质、调节免疫系统、抑制炎症通路、竞争黏膜黏附、增强胃黏膜屏障等机制来抑制HP的生长，有助于HP的根除。另外，由于根除HP需要长期（2周以上）联合使用克拉霉素和阿莫西林等抗生素，会进一步造成肠道菌群失调，出现腹泻、恶心、呕吐、腹胀、腹痛、便秘等不良反应，益生菌则能够降低这些不良反应的发生率，显著提高患者的依从性。

目前，益生菌主要被推荐用于HP根除的辅助治疗。多数随机对照研究或荟萃分析均显示益生菌，如长双歧杆菌、鼠李糖乳杆菌、枯草杆菌、酪酸梭菌和布拉酵母菌等在提高HP根除率和（或）降低不良反应方面有明显疗效，一般推荐同时服用益生菌14日。

第五节　肠易激综合征

肠易激综合征（irritable bowel syndrome，IBS）是常见的功能性胃肠道疾病之一，以腹部不适、腹痛伴有排便习惯改变而无器质性病变为特征。IBS的病因和发病机制目前尚未明确，可能与多种因素有关，包括精神心理因素、内脏感觉异常、胃肠动力学异常、脑肠肽异常、免疫异常等。近年来流行病学研究发现，胃肠道细菌感染、应用抗生素与IBS的发病密切相关；对患者的实验研究提示，IBS患者中较普遍地存在着小肠细菌过度生长及结肠发酵异常的情况，这些作用的机制均可能进一步涉及肠道菌群的变化。目前的研究也直接证实了在IBS患者中存在着肠道菌群紊乱。有临床研究证实，益生菌治疗IBS可以缓解腹胀，一些特定菌株还可以缓解疼痛，改善患者症状，提高生活质量。推荐使用双歧杆菌、布拉酵母菌、酪酸梭菌、乳杆菌和枯草杆菌制剂。

第六节　炎症性肠病

炎症性肠病（inflammatory bowel disease，IBD）是指原因不明的一组非特异性慢性胃肠道炎症性疾病，包括溃疡性结肠炎（ulcerative colitis，UC）、克罗恩病（Crohn disease，CD）、未定型结肠炎（indeterminate colitis，IC）。IBD的病因和机制尚不完全明确，可能为肠道细菌和环境因素作用于遗传易感人群，导致肠黏膜免疫反应过高所致。近年来研究证实，肠道菌群稳定性的改变（多样性及丰度减低）、肠道易感性，以及肠黏膜免疫异常等因素共同促使了IBD的发生，其中环境因素引起的肠道菌群紊乱是免疫损伤过程的重要激发因素，被认为是IBD发病的第一个重要环节。环境因素引起肠道内有害菌与有益菌比例失调，肠道内有害菌增多，分泌的肠毒素使肠上皮通透性增高，病菌分泌免疫抑制性蛋白，导致黏膜免疫失调，增多的有害菌侵袭、损伤肠上皮细胞。某些过度生长的细菌能影响肠上皮细胞的能量代谢，导致上皮细胞损伤，诱发肠道炎症。此外，肠腔内菌群失调引起的肠道通透性改变在IBD发病中也发挥了重要的作用，肠道屏障功能受损、通透性增高，导致肠腔内的抗原、内毒素等促炎症物质进入肠黏膜固有层，诱发免疫反应。

益生菌可通过改变肠道菌群、增加抗菌物质产生、加强肠屏障功能及黏膜免疫调节而发挥作用。多项临床研究及荟萃分析显示，VSL#3（含8株益生菌）对轻至中度UC，在诱导缓解、维持治疗、预防及治疗术后贮袋炎方面起一定作用，维持治疗效果与5-氨基水杨酸疗效相当。另外，非致病大肠杆菌Nissle1917对UC的疗效也与5-氨基水杨酸相当。其他益生菌包括双歧杆菌、嗜酸乳酸菌、鼠李糖乳杆菌、酪酸梭菌等作为轻至中度UC辅助治疗有助于缓解病情。国内研究表明，双歧杆菌三联活菌、复方嗜酸乳酸杆菌、枯草杆菌、屎肠球菌二联活菌等作为辅助治疗也有确切疗效。目前尚未有研究发现益生菌在CD的诱导缓解和维持治疗中有确切疗效。

第七节　肝硬化

肝硬化常为各种肝病进展的结果，肝硬化患者存在肠道菌群紊乱、易位，可伴发肠源性内毒素血症、自发性细菌性腹膜炎，甚至肝性脑病。肠道菌群失调及其代谢等改变，通过"肠-肝"轴作用机制，与肝硬化并发症的发生、发展密切相关，肠道菌群失衡在肝病重型化方面起"加速器"作用。

在肝硬化伴肠源性内毒素血症方面，内毒素除了对肝脏有直接毒性作用以外，还可通过增加一些细胞和炎症因子的释放，加重对肝脏的损伤。源于肠道原籍菌的益生菌制剂如双歧杆菌、乳酸杆菌、肠球菌等，可促使肠道内乳酸等代谢产物的产生，抑制潜在致病菌的过度生长繁殖，从而减少细菌易位及内毒素的生成。推荐使用含双歧杆菌、乳杆菌及肠球菌等的制剂作为辅助治疗手段。

在肝硬化伴自发性细菌性腹膜炎方面，肠道细菌易位是自发性细菌性腹膜炎的主要原因，大肠杆菌、肺炎克雷伯菌、唾液链球菌、肠球菌等肠道潜在致病菌是主要的病原菌。对肝硬化自发性腹膜炎的预防及治疗，推荐使用枯草杆菌、双歧杆菌、乳杆菌、酪酸梭菌等作为辅助治疗。

在肝硬化伴肝性脑病方面，由于肠道屏障功能障碍，肝硬化肝昏迷与肠道菌群及其产物（如氨、假性神经递质、吲哚和内毒素）导致的炎症有关。在高血氨情况下，内毒素引起的炎症可强化神经炎症、脑水肿和最终的神经元功能障碍。以酪酸梭菌、乳酸杆菌及双歧杆菌等为主要成分的益生菌制剂能够促进肠道有益菌增殖，抑制腐败菌的生长，通过减少氨类和吲哚物质的产生降低血氨和假性神经递质水平，改善肝性脑病患者症状。因此，推荐使用酪酸梭菌、双歧杆菌、乳杆菌等作为辅助治疗。此外，乳果糖及拉克替醇可以促进双歧杆菌和乳杆菌成倍生长，减少吲哚等胺类物质，降低血氨水平，明显改善肝性脑病的临床症状。

第八节　新生儿坏死性小肠结肠炎

新生儿坏死性小肠结肠炎（necrotizing enterocolitis，NEC）是新生儿时期最常见的严重消化道疾病，以腹胀、呕吐和便血为主要临床表现，90%发生于早产儿，病情严重，病死率高达50%左右，是严重威胁早产儿生命的常见疾病之一。NEC的病因和发病机制目前仍不清楚，既往认为与早产、肠黏膜缺氧缺血、肠道细菌感染、过早摄入渗透压较高的配方奶有关。目前认为最可能的发病机制为早产儿肠道黏膜屏障和免疫功能不成熟，遇到病原菌感染时，引起过度的炎症反应，导致组织损伤。由于肠道正常菌群对上述各个因素的发展和调节均发挥着重要的作用，因此肠道正常菌群在NEC发病中的作用成为最近10余年研究的热点。

早产儿肠道菌群的建立模式在许多方面明显不同于足月儿。第一，早产儿肠道菌群的获得主要来源于产房的环境，而足月儿的肠道菌群主要来源于母亲的产道；第二，早产儿肠道定植菌群的种类与足月儿不同，早产儿主要是肠杆菌科细菌（如大肠杆菌、肺炎克雷伯菌）、葡萄球菌、链球菌和梭菌等，而足月儿以双歧杆菌、乳酸菌和类杆菌为主；第三，早产儿有益的肠道菌群定植延迟，与足月儿出生第4日定植相比较，早产儿肠道中双歧杆菌和乳酸菌等的定植可能延迟到出生以后第2~3周；第四，早产儿肠道菌群的多样性差，采用培养方法检测到的早产儿肠道菌群的种类仅为成年人的20%~30%，采用PCR变性梯度凝胶电泳（PCR-DGGE）检测，显示早产儿肠道菌群比较简单，多样性低，主要为大肠杆菌、梭菌和肺炎克雷伯菌；第五，早产儿的肠道更容易定植毒力比较强的病原菌。这些早产儿肠道菌群的特点与其肠道黏膜发育不成熟，特别是肠上皮细胞的复合多糖（肠道细菌黏附和定植的主要受体）表达不完善，以及早产儿所处的特殊环境（如一般处于重症监护室等相对无菌的环境中、经常接受抗菌药物治疗、母乳喂养延迟或缺乏）等因素有关。

肠道菌群在NEC的发病中发挥重要作用。无论是采用细菌培养的方法，还是分子生物学技术，均检测到NEC患儿肠道菌群存在紊乱，与没有发生NEC的早产儿相比，发生NEC的患儿肠道菌群多样性显著降低，特别是厚壁菌门（如双歧杆菌、乳酸杆菌等）、类杆菌门和梭杆菌门明显减少，而变形杆菌门多样性和菌种数量显著增加，变形杆菌门则包括了大肠杆菌、肺炎克雷伯菌和铜绿假单胞菌等常见的病原菌。NEC的动物模型证实，添加益生菌能够通过抑制病原菌的迁移和下调炎症级联反应，降低新生动物NEC的发病率。

早产儿肠道中有益菌群的定植延迟及多样性低，可以通过以下几种机制促使早产儿发生NEC：①降低肠上皮细胞IκB的表达；②抑制炎症通路的能力；③对病原菌，甚至有益菌产生过度的炎症反应；④对应激反应出现TLR4上调异常，增加炎症信号；⑤增加凋亡的易感性；⑥肠上皮细胞的生物化学和免疫屏障不成熟。

基于以上对肠道菌群在新生儿NEC发病中重要性的认识，以及动物实验的研究结果，近10余年来人们开始了使用益生菌防治NEC的临床研究，尽管各个研究采用的益生菌菌株、剂量有所不同，其效果存在一定的差异，但最近的几项Meta分析显示，肠道内补充益生菌使早产儿重度（Ⅱ~Ⅲ度）NEC的发生率下降68%，NEC死亡率下降83%，总死亡率下降57%，住院时间缩短20小时。许多国家已经把补充益生菌列入预防早产儿和低出生体重儿NEC的指南中。目前使用益生菌预防新生儿NEC的主要问题是其是否安全。早产儿和低出生体重儿是发生NEC的高发群体，这些新生儿免疫力低下，极易发生感染，而益生菌又是活的细菌或真菌，因此对由益生菌菌株易位引起的菌血症等全身感染的担忧是必须面对的。多项研究显示，益生菌在早产低体重儿（28~36周，体重1000~2400 g）中的使用是安全的，但是也有认为其安全性有待于进一步了解的研究。

第九节　儿童过敏性疾病预防

过敏性疾病包括过敏性鼻（结膜）炎、特应性皮炎、过敏性哮喘和食物过敏等，人群患病率高达20%。近几十年来发病率的增加主要与由于工业化、城市化、公共及个人卫生状况改善、生活方式的变化、剖宫产和配方奶喂养增加、广泛使用抗菌药物等，减少了年幼儿童暴露环境微生物的机会有关。过敏性疾病的发病特征是机体对环境和食物抗原产生过度的Th2型免疫反应，导致IL-4、IL-5和IL-13的分泌增多，产生变应原特异性IgE。最近的研究证实，树突状细胞和调节性T细胞在这一过程中发挥关键的调节作用。胎儿及初生时免疫反应表现为Th2型优势，随着生后暴露环境微生物的刺激，免疫反应逐渐向Th1型转化，达到Th1/Th2平衡。此外，肠道菌群可以通过诱导产生Treg、IL-10、TGF-β等，参与黏膜免疫耐受的形成；肠道菌群还能够刺激sIgA的分泌，增强黏膜屏障的防御机制。如果年幼儿童暴露环境微生物的机会减少，可造成机体免疫反应仍然维持以Th2型优势或免疫耐受不能形成，导致过敏性疾病的发生和增加。但是具体由哪些菌群的减少或增多导致，仍然需要进一步的研究和探讨。

大量的实验研究为益生菌在过敏性疾病预防和治疗中的作用提供了基础，但是在临床上观察到益生菌的效果并不如预期。至今已经有几十项随机对照研究评价了益生菌药物对过敏性疾病的预防作用,大多数使用乳杆菌和双歧杆菌制剂,主要针对有过敏性疾病家族史的高危人群。最近的一项系统综述纳入了17个随机对照研究,共4755例儿童(益生菌组2381例,对照组2374例),在妊娠后期和(或)出生1个月内使用益生菌,观察益生菌对婴儿过敏性疾病(湿疹、过敏性鼻结膜炎、哮喘和喘息)的预防效果,结论是益生菌能够明显降低湿疹的发生风险,特别是使用混合菌株组,但其对哮喘、喘息和过敏性鼻结膜炎作用不明显。《2015WAO过敏性疾病预防指南:益生菌》中认为,尽管目前使用益生菌预防儿童过敏疾病的证据不足,但是在以下情况使用可以获益:①对于发生过敏性疾病高风险的婴儿,母亲在妊娠后期使用;②对于发生过敏性疾病高风险的婴儿,母亲在哺乳期使用;③对于发生过敏性疾病高风险的婴儿,出生以后婴儿使用。推荐使用LGG、乳双歧杆菌和其他双歧杆菌或混合菌株。

第十节 儿童呼吸道和消化道感染的预防

婴幼儿免疫系统尚处于不断发育的过程中,免疫系统不够成熟、免疫力比较低下是其容易发生呼吸道和消化道等感染的重要原因。目前研究证实了正常菌群的建立和形成是驱动出生后免疫系统发育成熟的基本因素,免疫系统需要不断地接受正常菌群的刺激才能够"学习"和"受教育",才能达到成熟的状态并维持免疫反应的平衡,这为在婴幼儿期使用益生菌预防呼吸道和消化道感染提供了依据。

一般认为新生儿出生时肠道是无菌的,出生以后暴露于产道和其周围有菌的环境中,皮肤及与外界相通的腔道(消化道、呼吸道、泌尿生殖道等)中很快被种类繁多的细菌所定植,其中肠道是细菌定植的主要场所,婴幼儿期肠道菌群的建立和形成先后主要受出生方式(自然产还是剖宫产)、喂养方式(母乳还是配方奶)、添加辅食种类,以及生活环境和方式的影响。在这一时期的免疫系统同样处于持续的发育过程中。婴幼儿肠道菌群与免疫系统是共同发育成熟的,两者存在着"交互对话"的机制,在驱动黏膜免疫系统发育成熟方面,肠道菌群能够促进潘氏细胞分泌强有力的抗微生物多肽,包括血管生成因子-4和防御素,促进派尔集合淋巴结、肠系膜淋巴结及其生发中心(T细胞和B细胞反应区)的发育,扩容固有层$CD4^+$T细胞数量,增加产生sIgA B细胞数量。在维持黏膜免疫应答的稳定状态方面,肠道菌群能够增加树突状细胞表面共刺激分子(CD80、CD83、CD86等)及MHC Ⅱ的表达,调节Toll样受体和NOD/CARD的表达,抑制炎症反应,促进分泌IFN-γ的Th1免疫应答,调节Th1/Th2平衡,诱导产生调节性T细胞,增加调节性细胞因子如IL-10和TGF-β,影响Th17细胞,调节Th17/Treg平衡。在维持和增强肠道黏膜屏障方面,肠道菌群能够促进肠上皮细胞的分化和增殖,增加紧密连接蛋白的表达,增加肠道

sIgA的分泌。

许多临床研究证实了在婴幼儿期使用益生菌预防呼吸道和肠道感染的效果，特别是针对高危儿童如营养不良、体弱多病、既往多次感染、长期使用抗生素治疗、早产低体重婴儿等，推荐使用酪酸梭菌、双歧杆菌制剂，疗程2~3个月。

第十一节 儿童孤独症谱系障碍

孤独症谱系障碍（autism spectrum disorder，ASD）患病率不断攀升，已成为现代医学的主要挑战之一。在美国，2002年儿童ASD的患病率约为1/150，但2018年该数字已经上升至1/44。除了有社交互动的持续损害和局限的、重复的兴趣及活动或行为模式这些核心症状之外，伴随年龄的增长，ASD患者还会出现各种各样的伴随症状，如胃肠道症状、易怒和攻击行为、情绪问题、多动症状、睡眠问题等，给照料者带来沉重的精神和经济负担。ASD病因尚不明确，需要更好地了解这种疾病，找到治疗其症状的方法。目前ASD的治疗主要是行为治疗，尚无有效药物可以治疗其核心症状，由于缺乏精准的治疗手段，目前的治疗对患者的帮助有限。儿童时期特别是婴幼儿期是正常菌群建立的关键时期，动物实验或人体研究均表明益生菌在儿童生长发育过程中发挥重要的作用。近年来，肠道微生物作为ASD患者危险因素的潜在中介作用受到越来越多的关注，有研究认为，肠道微生物群和细菌种类的发育不足可作为预测ASD儿童的非侵入性标志物。越来越多以改善肠道微生物为治疗目标的临床研究表明，改变肠道微生物生态失调不仅可改善ASD的胃肠症状，还可使其适应不良行为，这为该疾病的治疗提供了一线希望。

参考文献

1. 中华预防医学会微生态学分会.中国微生态调节剂临床应用专家共识（2020版）.中国微生态学杂志，2020，32（8）：953-965.
2. 中华预防医学会微生态学分会儿科学组.微生态制剂儿科应用专家共识.中国实用儿科杂志，2011，26（1）：20-23.
3. 中华预防医学会微生态学分会儿科学组.益生菌儿科临床应用循证指南.中国实用儿科杂志，2017，32（2）：81-90.
4. 郑跃杰，黄志华.关注菌群微生物组与益生菌.中国实用儿科杂志，2017，32（2）：91-94.
5. 郑跃杰.益生菌在儿童过敏性疾病的应用.中国实用儿科杂志，2017，32（2）：114-117.

6. 王文建.益生菌在儿童反复呼吸道感染中的应用.中国实用儿科杂志,2017,32(2):117-120.

7. 楼宏亮,周正,刘畅,等.儿童反复呼吸道感染与肠道微生态变化的相关性.预防医学,2018,30(1):102-103.

8. KING S, GLANVILLE J, SANDERS M E, et al.Effectiveness of probiotics on the duration of illness in healthy children and adults who develop common acute respiratory infectious conditions: a systematic review and meta-analysis.Br J Nutr, 2014, 112(1): 41-54.

9. ROBINSON J L.Probiotics for modification of the incidence or severity of respiratory tract infections.Pediatr Infect Dis J, 2017, 36(11): 1093-1095.

10. 季伟,赵德育,沈照波,等.酪酸梭菌588预防婴幼儿反复呼吸道感染多中心随机对照研究.儿科药学杂志,2015,21(4):13-17.

11. 武庆斌,郑跃杰,黄永坤.儿童肠道菌群:基础与临床.北京:科学出版社,2019.

12. 郑跃杰,武庆斌,方峰,等.儿童抗生素相关性腹泻诊断、治疗和预防专家共识.中华实用儿科临床杂志,2021,36(6):424-430.

13. ZUCCOTTI G, MENEGHIN F, ACETI A, et al. Probiotics for prevention of atopic diseases in infants: systematic review and meta-analysis.Allergy, 2015, 70(11): 1356-1371.

14. FIOCCHI A, PAWANKAR R, CUELLO-GARCIA C, et al.World Allergy Organization-McMaster University guidelines for allergic disease prevention (GLAD-P): probiotics. World Allergy Organ J, 2015, 8(1): 4.

15. ZHANG G Q, HU H J, LIU C Y, et al. Probiotics for prevention of atopy and food hypersensitivity in early childhood: a PRISMA-compliant systematic review and meta-analysis of randomized controlled trials.Medicine(Baltimore), 2016, 95(8): e2562.

16. KONG X J, LIU J, LIU K, et al.Probiotic and oxytocin combination therapy in patients with autism spectrum disorder: a randomized, double-blinded, placebo-controlled pilot trial.Nutrients, 2021, 13(5): 1552.

17. YAP C X, HENDERS A K, ALVARES G A, et al.Autism-relateddietary preferences mediate autism-gut microbiome associations.Cell, 2021, 184(24): 5916-5931.

18. ARNOLD L E, LUNA R A, WILLIAMS K, et al.Probiotics for gastrointestinal symptoms and quality of life in autism: a placebo-controlled pilot trial.J Child Adolesc Psychopharmacol, 2019, 29(9): 659-669.

第八章

手术、创伤的感染与微生态学

感染是手术、创伤的重要死亡原因之一。根据手术过程中创伤可能遭受污染的情况可大致分成4类：①清洁创伤：此类为非感染性手术创伤，手术中未发现炎症，也未侵入呼吸道、消化道、生殖道和尿道，非贯通创伤的手术切口应属于此类，感染发生率为1%~5%；②清洁—污染创伤：此类创伤是在控制条件下侵入呼吸道、消化道、生殖道或尿道手术，手术中缺乏感染依据，或未发生重大破坏无菌技术的事故，感染发生率为3%~11%；③污染创伤：此类创伤包括开放性的、新近的、急性事故造成的创伤，手术中无菌手术技术受到破坏，或胃肠道有明显的污染并发现切口有急性的非化脓性炎症，感染发生率为10%~17%；④感染创伤：此类创伤出现在有感染临床症状或脏器贯穿时，发生率约为27%。关于烧伤患者，我国近10年来各大医院收治的烧伤患者感染死亡率为62%左右，国外烧伤患者感染死亡率为57%左右。

第一节　手术、创伤感染的主要病原菌

在不同国家、地区及不同医疗单位，其手术、创伤感染的病原菌种类、分布虽有不同（以及有各自变化特点），但其基本趋向是耐药性强的铜绿假单胞菌、肠杆菌科细菌和金黄色葡萄球菌仍然是手术、创伤主要的致病菌。令人担忧的是滥用抗生素除导致敏感细菌产生耐药外，还破坏了体内微生态平衡，从而造成过去认为的弱致病菌（如一些厌氧菌和肠杆菌科细菌）和真菌成为手术和创伤感染的条件致病菌，它们的致病性在烧伤感染中占有重要地位，应引起大家的高度重视。

一、革兰阴性杆菌感染

（一）假单胞菌属

假单胞菌属是一群需氧、无荚膜、无芽孢、有鞭毛、氧化酶阳性的革兰阴性杆菌，迄今它包括5个菌群、200多亚种。它既存在于人的皮肤和肠道中，是人体正常菌群之一，也广泛地分布于自然界（如水、空气、土壤、医院环境等）中，由于此菌在环境中广泛存在，因此当各种原因使人体抵抗力下降（如手术、化疗、放疗、激素治疗、抗生素治疗和各种导管的使用、内窥镜检查，以及慢性消耗性疾病等）时容易引起感染。国内有报道在非发酵革兰阴性杆菌感染中由铜绿假单胞菌引起的感染约为70%。

（二）肠杆菌科细菌和大肠杆菌

肠杆菌科细菌是指一大群生物性状相类似的革兰阴性杆菌，是人和其他动物肠道中正常菌群之一，属过路菌，亦广泛存在于水、土壤和腐败物质中，它包括20个菌属近100个菌种，其中约40个菌种可从临床标本中分离，本菌属除了一些菌种引起肠道疾病外，也是手术和伤口的重要感染菌类，有统计认为临床分离菌总数为50%，临床分离的革兰阴性杆菌总数为80%，近50%败血症、70%尿道感染是由肠杆菌科细菌引起的。

埃希大肠杆菌也是人和其他动物肠道中正常菌群之一，由于其兼性厌氧，加之营养要求不高，所以其也在自然界中较广泛存在，它既是肠道腹泻和泌尿生殖系统感染的主要病原菌，也是手术、创伤感染中常见致病菌之一，占革兰阴性杆菌感染的25%～30%。

（三）克雷伯菌属

克雷伯菌为革兰阴性、无鞭毛、无芽孢、兼性厌氧杆菌，目前包括7个菌种，它存在于人体上呼吸道（咽部及胸部手术常见病原菌），是乙醇中毒、糖尿病和慢性阻塞性肺疾病患者并发肺部感染的重要病原菌之一。

（四）沙雷菌属和变形杆菌属

沙雷菌为革兰阴性小杆菌，有周鞭毛，能运动，个别沙雷菌有微荚膜，其余菌种无荚膜、无芽孢。过去人们一度认为该菌是无害的环境污染菌，但由于该菌具有侵袭性并对常用抗生素有耐药性，现也成为一种重要的病原菌，其中黏质沙雷菌是引起肠道外感染的主要病原菌，与许多医院感染暴发流行有关，可致肺炎、败血症、输血和外科术后感染及尿道感染等。也是肠道正常菌群之一。

变形杆菌属是一群革兰阴性、两端钝圆、多形态、有周鞭毛、无芽孢、无荚膜的细菌，也是肠道菌群之一，并广泛地存在于泥土、水和被粪便污染的物质中，也是引起手术后及创伤感染的重要致病菌之一。

(五)不动杆菌属

不动杆菌属是一群非发酵糖类的革兰阴性杆菌,现包括1个菌种,它是人和其他动物皮肤、呼吸道、胃肠道、生殖道的正常菌群之一,并广泛地分布于外环境(如水和土壤)中。本菌属是条件致病菌之一,外科手术后、创伤或医疗性感染的脑膜炎、中耳炎、败血症、泌尿生殖道感染等,其临床检出频率仅次于铜绿假单胞菌,在非发酵菌中占第二位。

二、革兰阳性球菌感染

手术和创伤感染的革兰阳性球菌感染中以金黄色葡萄球菌、肠球菌、表皮葡萄球菌和链球菌感染常见。

(一)金黄色葡萄球菌和表皮葡萄球菌

金黄色葡萄球菌(*Staphylococcus aureus*)和表皮葡萄球菌(*Staphylococcus epidermidis*)是外科手术后及创伤感染最常引起化脓、坏死和脓肿的病原菌之一,它们也是存在于上呼吸道及皮肤的正常菌群之一。由于金黄色葡萄球菌能产生各种侵袭性酶(如血浆凝固酶、耐热核酸酶、透明质酸酶、纤维蛋白溶酶等),以及各种外毒素(如溶血毒素、杀白细胞素、表皮剥脱性毒素、毒性休克综合征毒素等),因此它是引起血源性感染的最常见病原菌之一,检出率约为29.2%。此外,由于其易产生耐药性,尤其是耐甲氧西林金黄色葡萄球菌(methicillin resistant staphylococcus aureus,MRSA),事实上它不仅耐甲氧西林,而且对多种抗生素如氨基糖苷类、β-内酰胺类、头孢菌素类都耐药,甚至近年来有对金黄色葡萄球菌敏感的抗生素——万古霉素也耐药的报道。因此,对MRSA菌株的研究和防治措施是当前外科、创伤领域中控制感染的一项重要课题。

表皮葡萄球菌是存在于人皮肤、黏膜的正常菌群之一,其不仅分布广泛,而且能产生细胞外黏质物(extracellular slime substance,ESS),ESS黏附于菌体表面,具有抗吞噬、抑制细胞免疫和阻止抗生素渗透等作用,此菌除了易于黏附外,它也易产生多重耐药性,它也是外科、创伤感染的常见病原菌。

葡萄球菌尤其是金黄色葡萄球菌易形成缺壁的"L"形,这样易造成病原菌的误诊,这也是在防治这类菌中应注意的问题。

(二)肠球菌

肠球菌属(*Enterococcus*)在分类上属于链球菌科,是人类和温血动物肠道的正常菌群之一,在手术和创伤感染中仅次于葡萄球菌属病原菌,极易由移位而引起血源性感染。因此,它不仅是术后感染常见病原菌,也是尿路和败血症感染常见病原菌,并且肠球菌对多数常用抗生素都耐药,因而它也是防治重症感染较棘手的问题之一。

(三)链球菌属

链球菌属（*Streptococcus*）包括40个菌种及亚种，它是人口腔和消化道内的正常菌群之一，也是术后和创伤感染常见病原菌之一，由于其容易从伤口入血流，不仅引起心内膜和肾脏损害，而且易表现为菌血症、败血症或脓毒血症，故应在患者畏寒、发热，尤其是使用抗菌药物之前积极抽血培养。

三、常见厌氧菌属

(一)类杆菌属

类杆菌属（*Bacteroides*）是革兰阴性无芽孢厌氧杆菌，它是人和其他动物肠道的正常菌群之一，约占可分离细菌的1/4，属于原籍菌，主要菌种包括脆弱类杆菌（*B.fragilis*）、普通类杆菌（*B.vulgatus*）和多形类杆菌（*B.thetaiotaomicron*）等，它是手术、创伤后引起内源性感染的重要病原菌之一。

(二)消化链球菌

消化链球菌属（*Peptostreptococcus*）是革兰阳性专性厌氧球菌，包括厌氧消化链球菌（*P.anaerobius*）、不解糖卟啉单胞菌（*P.asaccharolytica*）等9个菌种。它是人口腔、上呼吸道、消化道及女性生殖道的正常菌群之一。它也是临床上最常分离的厌氧菌之一，占临床分离厌氧菌株的25%~30%，常从胸、腹部及妇产科手术和创伤化脓性伤口标本中分离，是厌氧菌和需氧菌混合感染中最常被分离的厌氧致病菌之一。

四、常见致病真菌

(一)白色念珠菌和其他念珠菌

念珠菌属（*Candida*）占真菌感染的80%，尤其是白色念珠菌（*C.albicans*）是临床上常见致病真菌之一，约占念珠菌感染的70%，既可引起浅部也可引起全身性感染，它们是人体肠道、口腔、生殖道的正常菌群之一，既可引起外源性也可引起内源性感染。引起真菌感染的诱因包括大型手术和严重创伤（体弱）、病程长、免疫功能遭严重削弱，或者多联、大剂量抗生素的长期使用扰乱了肠道正常菌群相互作用（制约）格局等，或者大剂量激素、免疫抑制剂的长期使用导致机体免疫功能降低，加上长期静脉内插管和静脉内高营养都会导致真菌的感染。

(二)曲霉菌和毛霉菌感染

20世纪60年代以后，国内外有关手术后及严重创伤后尚有曲霉菌和毛霉菌感染的报告如下。

曲霉菌（*Aspergillus*）是常见污染真菌，也是条件致病真菌，它广泛分布于自然界中，存在于土壤、腐败有机物、粮食和饲料中。它可以产生多种真菌霉素，食后引起真菌霉素中毒症。它一般在手术、创伤导致机体免疫功能低下时引起人体感染。

毛霉菌（*Mucor*）是另一种常见污染真菌，是人鼻腔、咽喉或肠道中的正常菌群之一，也是较常见的条件致病真菌之一。一旦发生感染，则病情凶险、病死率高，应切实注意早期诊断和早期防治。

第二节　病原菌的主要致病因子——毒素

人从出生后逐渐接触无数微生物，遂出现保护性正常微生物群，这些菌群除了提供少量人类必需的生长因子，以及参与人类代谢和营养转化等过程外，还可以刺激机体的免疫系统，使其发育和完善，所以即使发生感染，亦表现为无症状或亚临床状态，人们称这类对宿主主要发挥有益作用的微生物为正常菌群。但是也有不少微生物在与宿主的相互作用过程中，在宿主体内繁殖后引起相关的组织损伤或生理性改变，由此而出现体征或症状者被称为感染，因此感染的基本特征是微生物在宿主体表或体内繁殖。具有致病力的微生物被称为病原微生物或原因菌。在人群中，病原微生物的致病力不等，除了其致病因子作用外，还与宿主防御系统密切相关，例如铜绿假单胞菌等可以在体内繁殖，但对防御系统完整的宿主不致病，只对免疫功能下降者致病，人们称这类细菌为条件致病菌，金黄色葡萄球菌等也一样，须在宿主防御功能有一定损伤或局部被破坏时才能致病。

不论在细胞内或细胞外、黏膜或黏膜下，还是血液中或特定解剖部位内，病原菌都能以特有方式进行生长和繁殖，致使宿主的生理功能发生变化，使组织发生损伤并引起疾病。病原菌和非致病菌的差异在于其在体表或体内的繁殖力不同。可在深部组织繁殖的微生物较黏膜表面生长的非产毒性微生物更易致病。有的病原菌能在吞噬细胞内繁殖并破坏吞噬细胞，损伤宿主自稳功能。而共生菌的有限繁殖不能损伤宿主自稳功能。

微生物是否引起一种或一种以上的感染或产生疾病取决于其遗传本质。遗传本质表现为表型，由一个或一个以上基因及其产物决定。病原菌凭借其产生的化学趋化性物质或黏附结构，使其与宿主体内特定受体结合而入侵体内特定组织，并逃避免疫监视系统或破坏宿主的防御功能，如荚膜可抗吞噬，产生毒素或酶以损伤免疫细胞和生理屏障结构，逃避或混淆免疫监视系统，从而得以在宿主体表或体内组织繁殖。故现在讨论的关键问题是病原菌产生的毒素和酶。

一、外毒素和毒性酶

（1）铜绿假单胞菌产生外毒素A，约90%的菌株可产生外毒素A，为本菌主要毒力因子，分子量为27 000~900 000道尔顿，不耐热，等电点为5.0，近N末端有4个二硫键。外毒素A在细菌的衰亡期以酶前体的形式分泌，由613个氨基酸组成。在合成过程中还会有一个由25个氨基酸组成的高度疏水性先导肽链，它在分泌过程中被除去，由生化方法变性证实它由A和B两个片段构成，A片段分子量为27×10^3道尔顿，具有腺苷二磷酸核糖（ADPR）转移酶活性，B片段分子量为45×10^3道尔顿，具有识别宿主细胞表面受体（α_2-巨球蛋白）的功能。采取α-晶体衍射技术分析，发现外毒素A立体结构：Ⅰ区（与识别易感细胞受体有关）；Ⅱ区为中央区（与毒素跨膜移位有关）；Ⅲ区为c末端区，具有ADPR转移酶活性，作用于延伸因子-2（EF-2）抑制蛋白质合成，导致细胞死亡。外毒素A是本菌分泌毒性最强的蛋白，其可抑制许多组织和器官蛋白质的合成，对多种培养细胞具有毒性和动物致死作用。它既可引起被侵入组织坏疽和深部脓肿，又可引起低血压、肺水肿、肝脂肪变性、坏死及肺肾出血性坏死。此外，铜绿假单胞菌还可以分泌碱性蛋白酶S，胞外酶S也有ADPR活性，但其靶分子不是延伸因子-2而是GTP蛋白，它主要与人类肺部感染密切相关。此外，铜绿假单胞菌还可以分泌弹性蛋白酶，是一种金属蛋白酶，具有分解弹性蛋白和胶原蛋白的作用，损伤血管导致坏死性血管炎的发生，也有抑制中性粒细胞、灭活IgG和补体作用，还可以分泌胶原酶、杀白细胞素等。

（2）金黄色葡萄球菌产生外毒素如毒性休克综合征毒素-1（TSST-1），是一种蛋白质，由18种氨基酸组成C末端氨基酸为天冬酰胺，分子量为20 049道尔顿，等电点为6.8~7.2，带有α-螺旋及β-折叠的三维结晶结构。毒素通过结合MHCⅡ类分子或T细胞刺激作用产生大量IL-1和TNF，引起机体发热、皮疹、渗透压不平衡、低血压，累及数器官受损害和消化道、肾、肝、血液、中枢神经系统等多脏器功能损害，其不仅能损害宿主免疫功能，还能增强机体对内毒素的敏感性。控制TSST-1产生是DNA序列有708 bp开放阅读框架（ORF），起始密码ATG，从Shine-Dalgarno序列7个bp下游，终止密码在UAA末端，TSST-1决定子同插入到葡萄球菌染色体几个位点的Tn样片段有关。

此外，由噬菌体Ⅱ组金黄色葡萄球菌产生另一种外毒素——表皮剥脱毒素，又称为表皮溶解毒素，它引起人类的葡萄球菌性烫伤样皮肤综合征，又被称为金黄色葡萄球菌型中毒性表皮坏死松解症，表皮剥脱毒素是蛋白质，分子量为$(24\sim33)\times10^2$道尔顿，等电点为7.0，对酸不稳定，pH为4.0时即失活，在100 ℃环境下持续40分钟则失活，经链霉素蛋白酶或胰蛋白酶失活。表皮剥脱毒素作用于表皮颗粒层，使透明角质颗粒的突起增加，继而出现裂隙，表皮和真皮中均无细胞浸润，由于颗粒层细胞水肿，胞间颗粒广泛分解，胞间空泡消失，表皮上层桥粒崩解（可能是蛋白水解酶的作用），最终造成裂隙。表皮剥脱毒素分为A、B两型，B型合成基因由pRW002质粒携带，其为56 S，分子量为$27×10^6$道尔顿的大质粒。A型是由242个氨基酸组成，分子量为26 950道尔顿，其*1.39 bp*基因位于染色体DWA片段，为单一大的ORF。并且葡萄球菌凝固酶阳性菌还产生α、β、γ、δ溶血素，它们是膜损伤毒素，能激活T细胞，分解红细胞等其他细胞产生细胞毒；此外还产生白细胞溶素，它与病原菌的入侵密切相关。

其他细菌的外毒素，如链球菌的致热外毒素（SPE）也被称为红疹毒素（ET），是一种蛋白质，有致热性、丝裂原性及增加对内毒素敏感性，抑制IgM的产生，增强IgG的产生。TSST-1和SPE等都属于超抗原家族。它们可不经过呈递细胞的处理直接激活$CD4^+$T细胞，具有类似丝裂原作用，其作用为一般抗原的数千倍。

二、内毒素

内毒素是革兰阴性菌细胞壁最外层结构，是细胞外膜组成或构造之一，脂多糖（lipopolysaccharide，LPS）是类脂、多糖、蛋白质的复合物。

（一）分子结构

脂多糖由3部分构成，外层为特殊性多糖链，为细菌特异性抗原；中层为R-多糖，其内部核心会有革兰阴性菌脂多糖所特有的庚糖及2-酮基-3-脱氧辛酸（KDO），K-多糖为细菌类属共同抗原；内层为类脂A，主要决定其生理活性，类脂A是LPS的生物活性中心，是一种于氨基和羟基处连接有脂肪酸的二氨基葡萄糖。虽然内毒素的毒性作用和强度随菌种而异，但因各属菌的类脂A结构基本相似，因此不同革兰阴性菌感染时，由内毒素引起的机体反应及临床表现多十分相似。

（二）生物学活性

内毒素的生物学特性非常广泛，尤其在体内作用错综复杂：一方面它是革兰阴性菌的致病因子，在革兰阴性菌感染的发病机制中起十分重要的作用；另一方面LPS对机体也可能表现出一定的有益作用（如抗肿瘤作用、增强机体非特异性抵抗力等）。总之，它参与了机体许多病理生理反应过程，概括来说其生物学活性包括以下6个方面：①发热反应：将极微量内毒素注入机体后，2小时内可使体温上升，并维持4小时左右，其发热作用机制是通过诱生内源性热原质，在激活单核巨噬细胞后，释放IL-1和TNF-α等内源性热原质，继而刺激下丘脑体温调节中枢温敏神经元，使体温调定点上升而致发热；②刺激单核巨噬细胞、内皮细胞、粒细胞等的合成，释放一系列炎症介质，尤其是TNF和IL-1及蛋白酶类等物质等，介导机体多种组织和细胞的损伤；③白细胞数目改变：注射内毒素后，血液循环中白细胞数骤减，其原因是大量白细胞黏附于毛细血管壁，数小时后骨髓中大量粒细胞释放入血,而使循环白细胞大量增多;④施瓦茨曼反应与弥散性血管内凝血,施瓦茨曼首先观察到对家兔进行皮内注射内毒素8~24小时后,再以LPS静脉注射,10小时左右第一次注射的皮肤局部出现出血、坏死,如两次都为静脉注射,则动物两侧肾皮质呈现坏死,动物最终死亡。内毒素可促进血小板凝集,激活凝血系统,加之白细胞受损,黏性增加,进而黏附于血管上,不久白细胞数急剧上升并于12~24小时达高峰,出现血管内凝血,来自骨髓新增加的白细胞中含有许多幼稚细胞,带大量富有高电荷的蛋白颗粒,此时内毒素继续进入血液循环,则新增加的大量幼稚细胞遭到破坏,释放出高电荷颗粒,从而激活多种血液成分,最后形成DIC;⑤对免疫系统影响:可激活补体,促进B淋巴细胞有丝分裂,诱导干扰素,并有抗肿瘤和免疫佐剂的作用;⑥内毒素血症与休克:由于大量内毒素入血,宿主若有免疫功能下降的情况,则出现发热、白细胞数变化、出血倾向、心力衰竭、肾功能减退、肝脏损伤,以致中毒性休克,因为内毒素可引起组胺、5-羟色胺、前列腺素、激肽等释放,导致微循环扩张、静脉回心血量减少、血压下降、组织灌注不足、缺氧及酸中毒等,严重时则形成以循环衰竭或低血压为特征的内毒素休克。

(三)释放、吸收及灭活途径

内毒素可在菌体被破坏(自溶或人工使细菌裂解)时释放出来,许多革兰阴性菌在生长、繁殖过程中细胞外膜以"出胞"方式持续释放。胃肠道中大量革兰阴性菌既可通过被动扩散,又可通过主动运输经肠壁吸收入血。内毒素可经门静脉入体循环。过去人们认为门静脉是内源性内毒素的主要吸收途径,近年来动物研究证实肠系膜淋巴系统,尤其是肝系统的支路胸导管,也是肠道内毒素重要的迁徙途径。

肝脏是内毒素灭活、清除的主要部位,其主要是由肝巨噬细胞起作用。非肠道进入机体的内毒素可在血液中解毒,其中中性粒细胞、血小板可能参与内毒素的解毒过程;此外胆汁在肠道中可以灭活内毒素并减少其吸收。可见在正常状态下,由于上述种种灭活作用,机体不会出现明显内毒素血症。但在严重感染或外科应激情况下,体内灭活、清除功能障碍,内毒素过量释放入血,则可能出现内毒素血症或全身炎症反应综合征(systemic inflammatory response syndrome,SIRS)。

(四)手术、创伤感染与内毒素血症、败血症、菌血症、脓毒症、SIRS、多器官功能障碍综合征

我国第三军医大学西南医院全军烧伤研究所动物实验证明:大鼠重度出血性休克仅30分钟,有1/3的动物已经出现肠源性内毒素血症;休克2小时,其阳性率高达87.5%,同时约半数动物伴有菌血症。解放军总医院第四医学中心烧伤研究所报告证实:正常大鼠门静脉血中含有微量内毒素(0.071 EU/mL),低水平内毒素可能激活机体免疫系统使之处于

"预激"状态，烫伤后2小时内毒素含量迅速升高，伤后8小时内毒素水平达峰值，且证明体循环内毒素水平明显低于门脉系统内毒素水平，24小时门静脉循环、体循环内毒素含量基本处于同一水平，此结果说明：在创伤早期，肠腔内毒素即可通过受损的肠黏膜屏障，由门静脉经肝脏进入全身血液循环，在烧伤应激状态下，由于肝功能受损而削弱了其灭活、减毒作用，从而使肠腔中内毒素移位"溢出"而进入体循环，从而导致内毒素血症。由于内毒素分子量较小，所以内毒素移位早于细菌移位，很快达到峰值并形成内毒素血症，循环中的内毒素又反馈性促进肠道中内毒素或细菌持续入血，形成一个恶性循环链。自20世纪60年代中期建立鲎变形细胞裂解物（limulus amebocyte lysate，LAL）检测内毒素的方法，这样使内毒素血症得以确定。20世纪80年代余庆等人采用毛细管鲎试验，检测了5例烧伤患者的血浆内毒素含量，结果证明烧伤患者创面被革兰阴性菌感染后，引起轻重不同的内毒素血症，直至20世纪80年代中期日本学者基于鲎试验凝胶原理，发明了显色基质法测定内毒素，从而证实了脓毒症患者血浆中持续测出较高水平内毒素，预示患者极易发展成致死性内毒素休克，为鲎试验对内毒素血症快速诊断和预后上具有相当的实用价值做了出色工作。

败血症（septicemia）是指病原菌及其毒素侵入血流所引起的临床综合征（如高热、寒战、心动过速、呼吸急促、皮疹伴神志改变等，严重者可引起休克、DIC和多器官功能障碍综合征等）。

菌血症（bacteremia）指细菌在血流中短暂出现的现象，一般无明显毒血症表现。在国外，败血症与菌血症名词常混用。

脓毒症（sepsis）主要是毒素入血流后，引起全身炎症反应综合征。一般由微生物分子信号（microbial signaling molecules）或毒素的全身播散导致，引起宿主对微生物感染的全身性炎症反应，其血（细菌）培养可以呈阴性。

内毒素血症仅由革兰阴性菌的内毒素入血流后引起SIRS。

SIRS患者常突然发生：①体温＞38℃或＜36℃；②心率＞90次/分；③呼吸＞20次/分或PCO_2＜4.3 kPa（32 mmHg）；④白细胞计数＞$12×10^9$/L或＜$4×10^9$/L，或不成熟细胞比例＞0.1等，极易发展为休克、ARDS、DIC或多器官功能障碍综合征。

一般认为脓毒症起因于病原菌（包括革兰阳性菌、革兰阴性菌、立克次体、真菌等），由微生物分子信号或毒素全身播散引起，脓毒症诊断不需要阳性血培养结果。而SIRS可以由其他因素引起（如急性胰腺炎、严重创伤、烧灼伤、缺氧等），其主要是由机体过度炎症反应或炎症因子失控所致，可以不是细菌或毒素直接作用的结果，这是脓毒症与SIRS的区别，两者共同点在于其临床表现基本上是一致的。而早期干预SIRS的发生和发展则有助于脓毒症并发症的防治。

多器官功能障碍综合征指机体遭受严重创伤、休克、感染及外科大手术等急性损害的24小时内，同时或序贯出现两个或两个以上系统或器官功能障碍而不能维持内环境稳定的临床综合征。

第三节　手术、创伤与免疫平衡的失调

手术和创伤，尤其是大型手术和严重创伤时皮肤或黏膜的屏障结构直接损伤，或间接损害（如激烈刺激引起超常应激反应时而使肠黏膜受损），势必引起细菌、微生物分子信号和毒素入侵和移位，以至不可避免地出现感染并发症。

手术及创伤可导致机体对感染的易感性增加，而易感性增加和伤后感染并发症发生较难控制的原因都与伤后出现免疫功能紊乱密切相关。

免疫功能紊乱诱发感染并发症：手术和创伤刺激使机体产生应激反应，应激反应是为了抵御或清除刺激，保持机体内环境稳定，然而，当创伤过于强烈时，会超出防御机制的调控能力，呈现异常应激反应，肠系膜等细胞紧密连接处出现破损，肠源性内毒素大量流入，使血浆前列腺素E_2（PGE_2，重要免疫抑制因子）大量产生、释放，造成免疫功能紊乱，导致机体对感染的易感性增加。当然免疫功能的紊乱既表现某些功能异常上调，又表现有些功能显著下降。

一、免疫系统中巨噬细胞的变化

巨噬细胞（macrophage，MΦ）在免疫活动中居重要地位，其主要功能包括：①吞噬功能：通过表面Fc受体和C3b受体与抗原结合，吞噬和杀灭病原微生物；②抗原递呈作用：将吞噬微生物分子或多肽小分子，形成抗原-RNA复合物，免疫原性大大提高，并将这些抗原递呈给淋巴细胞，从而触发细胞免疫和体液免疫活动进行；③产生多种细胞因子：如IL-1、IL-6、IL-8、M-cSF、GM-cSF、G-cSF、TNF等，还产生转化生长因子和血小板衍生生长因子（PDGF）等。

创伤可激起免疫细胞活化，并造成MΦ分泌失调，严重创伤时则表现为过度活化，过度活化MΦ表现为分泌功能的异常上调，分泌过多的炎症介质（细胞因子、脂质代谢产物）会引起局部甚至全身性炎症反应，造成组织细胞损伤，受伤组织又成为细菌、毒素入侵和移位的门户及通道，从而发生感染并发症。

过度活化MΦ的肌醇脂质信号系统被明显激活，这与TNF-α细胞因子的大量产生密切相关，细胞信号传导系统的两条第二信使通道（即DAG-Pk和$IP3-Ca^{2+}$）都被激活，其中DAG-Pk通道比$IP3-Ca^{2+}$通道与TNF分泌功能关系更为密切；此外MΦ过度活化使蛋白质

酪氨酸激酶（PTK）信号系统也被激活，从而产生过量的NO、TNF、PGE$_2$，可见强烈创伤刺激激活了细胞内信号传导系统，触发了某一相应功能的靶蛋白，使之表达异常或过度表达，致使细胞出现异常功能，其大量分泌的TNF、PGE$_2$和NO都将参与炎症反应，促使组织损伤和感染并发症的发生。从细胞凋亡的调控来看，因创伤而活化MΦ通过分泌大量TNF可延迟或阻断多形核白细胞（polymorphonuclear leukocyte，PMN）的凋亡，从而使PMN的存活得以延长，但在炎症反应中PMN的凋亡被认为是一种自我调控机制，而凋亡被阻遏，将使更多的PMN得以保留，从而加重炎症反应和促使感染并发症发生；当LPS等与宿主防御细胞（如单核细胞和MΦ等）接触数分钟至数小时，即可诱导一些细胞因子如TNF-α、IL-1、IFN和各种集落刺激因子产生，其中TNF-α在革兰阴性菌败血症的病理生理改变中起关键作用，如血浆中游离TNF-α水平升高极易出现败血症等典型的临床表现，TNF与IFN-α水平与病死率呈正相关，故目前认为TNF-α是合并感染病理改变中最强的炎症介质，也被称为前炎症细胞因子，它不仅与IL-1、IL-6均为内源性致热原，而且可通过PAF使白细胞趋化、聚集、活化、黏附血管内皮细胞，损伤血管内皮细胞，造成毛细血管壁的完整性被破坏，进而毛细血管渗漏导致微循环障碍，引起一系列中毒性休克等临床症状。PMN杀菌功能显著下降，过度活化的MΦ，其吞噬和清除功能、抗原提呈能力，以及与之有关的细胞表面DR抗原的表达则显著下降，从而大大削弱了抗感染的非特异性免疫，结果更易发生感染并发症。PMN吞噬杀菌功能是机体防御的重要环节，但在手术或创伤后此功能显著降低，是感染并发症的主因之一。Rosenfhal等证实，MΦ及PMN细胞杀菌功能显著下降与细胞内还原型辅酶Ⅱ（NADPH）氧化酶组分P47-pbox和P67-phox的缺失，尤其是前者的减少有关，已知PMN的杀菌功能有两条途径（需氧和不需氧），NADPH氧化酶参与需氧途径的"呼吸爆发"，当细胞受到创伤刺激时，此酶被激活催化NADPH产生NADP$^+$和具有杀菌活性的氧自由基；当受到创伤时，PMN细胞质中P47-phox缺失，影响NADPH氧化酶的活化，致使PMN的需氧杀菌功能削弱，使感染并发症发生。

二、感染因素加重，免疫功能紊乱

手术及创伤促使免疫网络平衡失调。免疫失衡促使感染发生，而感染又进一步加重免疫失调。血浆内毒素（LPS）被认为是一个来自革兰阴性菌的感染因素，它可以激活多种免疫细胞，促进细胞因子和炎症介质过量释放，解放军总医院第四医学中心（原中国人民解放军第304医院）曾观察到LPS可激活MΦ，使之产生过量的TNF和PGE2，使创伤后免疫功能进一步降低，LPS在有正常血清存在时提供LPS结合蛋白和CD14，可促使肠上皮细胞分泌IL-8，吸附PMN并与之黏附，LPS也可直接刺激PMN穿越上皮细胞，向炎症部位聚集，肠源性内毒素血症可影响细胞因子（如IL-1、TNF）的活性和水平；铜绿假单胞菌

MAP能刺激单核细胞产生TNF，不仅革兰阴性菌，革兰阳性菌细胞壁组分如肽聚糖和胞壁酰肽也能与单核细胞上的CD14结合，促使单核细胞产生单核因子。可见引起感染的因素也可加重创伤后免疫功能紊乱，实际上在严重创伤时，免疫功能紊乱和感染相互协同作用，从而加重机体防御机制的损伤，故创伤后感染并发症之所以难以控制，甚至发展成全身炎症综合征和多器官功能衰竭（multiple organ failure，MOF），也是由创伤引起免疫功能紊乱及感染综合作用的结果。

三、因手术和创伤部位不同而引起不同系统的微生态失调症

如行胃切除术，以毕Ⅰ式胃切除术为例，临床上易发生脂肪泻，这与胆汁等分泌和作用有关；肠上段需氧（兼性）菌数增加，检出率也大大高于健康人群，尤其是肠球菌检出数明显增加，与健康人群相比有显著性差异，说明手术引起胃肠道及内环境改变，影响正常菌群的定植，致使微生态系统的群落和种群有所改变；如行毕Ⅱ式胃切除术，也易产生脂肪泻，其需氧菌总数和检出率都较健康人群高，其中肠球菌及肠杆菌都在改变，尤其是肠杆菌，其检出率和总菌数与健康人群相比差异显著，而厌氧菌总数和检出率较健康人群差异极显著，尤其是类杆菌、优杆菌和双歧杆菌检出率和活菌数都较健康人群高，并且差异极其显著。通过胃切除术的两种不同手术方式比较可知，毕Ⅱ式对小肠菌群的影响较毕Ⅰ式更明显，尤其是毕Ⅱ式直接使原籍菌数受到影响。由此可见，因手术和创伤部位不同，而引起微生态系统改变不同，即使是同一部位的手术，若手术方式不同、所切除的组织和器官部位不同，也会引起微生态系统不同的改变，一般来说，应具体情况具体分析，建议最好做相应标本的微生态分析，可以比较明确其改变的差异而采取相应措施来调整微生态失调症。

四、败血症、脓毒症、SIRS的抗生素治疗

败血症等一经诊断，在获得病原学结果之前，应根据情况给予抗菌药物的经验性治疗，一般选用能兼顾革兰阴性杆菌和革兰阳性球菌的抗菌药物联合应用，如选用抗假单胞菌联合氨基糖苷类抗生素。如果是免疫功能低下的患者院内感染，应多考虑为金黄色葡萄球菌等葡萄球菌及假单胞菌感染可能性较大，可考虑给予万古霉素联合应用第三代头孢菌素中的头孢他啶。之后根据检测的病原菌种类和药物敏感试验结果调整给药方案。为保证适当的血浆和组织的药物浓度，宜静脉和大剂量给药，且应选用杀菌剂。疗程宜较长，一般3周以上，或在体温下降至正常及临床症状消失后，继续用药7~10日。如有迁徙性病灶或脓肿，除穿刺或切开引流外，疗程须适当延长。如观察48小时临床疗效欠佳，血清活力指数和杀菌效价偏低（4倍以下），则应对抗菌药物进行调整。对于免疫功能紊乱者，还

应适当采用免疫疗法。

抗生素在抑杀致病微生物方面目前是不可替代的，其治疗了许多感染性疾病，挽救了数以千万的生命，其历史业绩毋庸置疑。但是不能忘记抗生素的不良反应，抗生素抑杀微生物是不分对象的，一般来说抗生素在抑杀致病微生物的同时，不可避免地抑杀了机体许多生理性微生物，尤其是原籍菌，因此扰乱了微生态中各群落间相互制约的格局，破坏了微生态平衡，造成共生菌、过路菌和条件致病菌，尤其是后者，过度增殖和释放毒素，极易引起内源性感染或二次感染（如抗生素相关性肠炎或伪膜性肠炎），使临床上一些感染性疾病病情急剧变化或缠绵难愈。此外在抗生素的选择压力下，细菌极易产生耐药性质粒，并且这种耐药性质粒（R因子）在数小时内可从耐药菌株传递给敏感菌株，这种传递不仅在种内，甚至在种间、属间进行，因此使临床防治感染性疾病更加棘手，所以滥用抗生素对微生态系统的破坏，不亚于宏观生态学中滥伐森林、填湖造田、排污江河之灾，不可低估它对人类健康的潜在性威胁。所以笔者主张尽量选用既能控制感染，又不影响定植抗力的抗生素最为理想。在优先考虑控制感染尤其是败血症等病症（sepsis、SIRS、MOF）时，杀灭病原微生物以控制感染是关键，但是还应该兼顾在大剂量抗生素使用后引起微生态失调的生态防治，一般宜根据菌群失调情况，有的放矢的调整为宜。

五、内毒素血症的防治

内毒素血症的防治目前尚是一个棘手的临床问题，因为内毒素仅作为炎症反应的触发剂，而在激活产生的细胞因子中，TNF可能起核心作用，此外还有IL-1的协同作用，当内毒素侵入机体后，TNF在循环中出现早而且迅速达到高峰，并几乎与血中LPS值呈平行关系，尽管TNF半衰期短，但是足以诱导次级细胞因子IL-1、IL-6的产生，而由TNF、IL-1、IL-6进一步诱导出一系列级联反应，产生大量炎症因子而损害机体。因此尽管采用抗生素治疗及其他强有力的支持措施，但是由于一般不能有效中和、灭活内毒素毒性或抑制其诱生的多种活性介质，所以难以从根本上解决其防治问题。

（1）内毒素及抗TNF单克隆抗体的应用：尽管理论上可降低实验动物对感染的易感性，但需严格要求给予的时间和剂量，否则将出现不利结果。Frecman曾报告从PMN在创伤后感染和组织损伤中起作用的角度，考虑使用针对PMN功能的措施处理肺部大肠杆菌感染的大鼠，如给予抗CD11b单抗（抑制PMN功能）或重组粒细胞集落刺激因子（G-CSF）促进PMN功能，其结果显示，虽然两种制剂分别改变了肺中聚集的PMN数和肺损伤，但有一点两者是相同的，即都明显地增加了死亡的危险性。根据以上可知，此类治疗措施虽能起到某些作用，但未能真正解决问题。这可能是由于这类制剂特异性过强，只能针对某一致病因素，而不能解决全部问题。

（2）TNF单克隆抗体的应用：LPS作为内毒素血症是引起炎症反应的触发剂，随之而来的是被激活细胞因子TNA可能引发核心作用，但还有IL-1等的协同作用，TNF与IL-1在炎症级联反应初期就可能有协同作用，也可能有相互调控作用。IL-1既可由LPS直接刺激巨噬细胞产生，也可由TNF刺激巨噬细胞或血管内皮细胞产生，IL-1引起细胞增殖，诱导IL-2的产生和增加IL-2R的表达，以及引起IL-4激活B细胞，使其增殖和分泌免疫球蛋白。因此，TNF单克隆抗体是针对某单一的致病因素，而内毒素血症引起免疫功能紊乱的发病机制极其复杂，单一的方法是不可能真正奏效的。

（3）从全身性防治角度来看，目前比较成功的是解放军总医院第四医学中心（原中国人民解放军第304医院）报道的"选择性肠道去污染"预处理，不仅可以防治细菌和毒素，又可改善内毒素血症患者免疫功能的异常。姚咏明报道，使用PTA方案选择性脱污染术成功地防治动物内毒素血症及免疫功能紊乱，给予口服多黏菌素E、妥布霉素和两性霉素B，每日4次。解析其方案：多黏菌素E（或B）抗菌谱主要是对革兰阴性杆菌肠道杆菌科及假单胞菌属作用显著，不影响厌氧菌群（原籍菌群）活性，此外，其高血浓度还能与内毒素结合，中和内毒素，从而阻止其启动巨噬细胞释放TNF。妥布霉素对革兰阴性变形杆菌属、摩根菌、假单胞菌及克雷伯菌有一定作用，与多黏菌素E合用有协同作用。它们口服均难吸收，可维持肠道内高浓度，而减少耐药菌株产生。两性霉素B对真菌表现出较强作用，因其毒副作用大，应尽量避免全身用药。口服用药也是用以保持肠腔高浓度，耐受较大剂量。这一方案既选择性抑杀了革兰阴性菌，减少了潜在致病菌来源和内毒素释放，又避免了因免疫功能低下而并发致病性真菌感染，因此PTA方案是目前比较广泛地用于临床防治内毒素血症、多发性创伤、器官移植及耐药菌的院内暴发性流行和感染，以及大型围手术期用药等较好的方案。

（4）内源性感染：内源性感染的发生有三大环节，即贮菌库、移位途径和易感生境。人体有六大正常菌群，它们分布在皮肤、口腔、呼吸道、肠道、尿道、阴道，从感染微生态学角度来认识，它们应被称为六大贮菌库和毒素池，它们是内源性感染病原菌和毒素的主要策源地。肠道是人体最大的贮菌库和毒素池，其病原菌和毒素的含量足以使宿主死亡数百次，但是有肠黏膜这一坚固的屏障可保护宿主不受其损害。肠黏膜损伤的诱因包括：①肠道缺血再灌注及自由基损伤，20世纪90年代Deitch就报告一组休克复苏动物，24小时在其肠系膜淋巴结、肝、脾等脏器中的肠道细菌检出率高达61%，而正常对照组仅7%；笔者在使用双糖探针检测休克复苏动物时，70%动物双糖探针排出异常，L/m比例改变，说明肠黏膜损伤明显。②肠道营养不良是促进肠黏膜损伤，导致肠道细菌和毒素移位的另一重要原因。中国人民解放军陆军军医大学对烧伤动物分别行肠道早期喂养和延迟喂养，吴承堂也曾报告对急性胰腺炎动物模型行早期和延迟喂养，他们都观察到手术和创伤动物的早期肠道营养对肠黏膜下血流量改善和肠黏膜损伤保护都具有意义。③肠道微生态系统平衡失调也是引起肠道细菌和毒素移位的重要原因。手术和创伤的打击及抗生素的使用等，都可能引起肠道菌群微生态平衡失调，微生物种群和群落改变，相互作用相互制约的生态关系被打破，都极易造成肠道细菌和毒素移位。④感染与机体免疫功能紊乱是肠道细菌和毒素移位的主要诱因或结果，可以说是互为因果关系。对肠道细菌和毒素移位引起内源性感染的防治原则：a.防治休克包括有效复苏，尤其应注意纠正潜在的隐性代偿性休克；快速复苏，尽快使尿量达到80 mL/h。在快速、有效复苏过程中，宜补充维生素C、维生素E和甘露醇等自由基清除剂；b.早期经肠道喂养并注意补充以双歧杆菌为主的微生态制剂，有利于改善肠道血供和坚固肠道生物屏障及改变肠黏膜通透性；c.合理使用抗生素，按肠道脱污染术原则应用两种抗生素以兼顾革兰阳性菌和革兰阴性菌为宜，应选择保护宿主的定植抗力而不对原籍菌有明显损害的抗生素，保护宿主的定植抗力就能有效控制内源性感染。

第四节　手术、创伤后免疫功能紊乱和微生态失调的防治

目前对于手术、创伤引起的内毒素血症，以及对免疫功能紊乱、微生态平衡失调的防治措施都处于试探性阶段，这主要是因伤后免疫功能紊乱的发生机制过于复杂。免疫反应原本是为了保护机体抵御外来袭击，促使机体康复，这时外界刺激不强，机体的防御机制尚能调控反应，也是机体需要的有益反应。但外界刺激过强时，原本为了保护机体的防御机制失控，出现免疫功能紊乱，众多的免疫细胞和细胞因子表现出异常或超常的级联反应，反而成为有害机体的因素，即感染并发症易于发生并难以控制。另外，严重的革兰阴性杆菌感染是手术、创伤患者死亡的原因之一，而存在于革兰阴性菌外膜上的内毒素，是这类菌导致内毒素血症，以及机体出现全身炎症反应综合征和脓毒症休克、多器官功能衰竭乃至死亡的主要原因。有证据表明，由革兰阴性菌引起的脓毒症占45%～60%，因此寻找有效拮抗内毒素的治疗方法并明确其疗效，一直是临床医学界关注的重点和焦点问题。

在复杂的炎症反应网络中，分别针对各种炎症因子的调控措施（如抗TNF抗体、抗IL-1抗体等）不断提出并进行动物实验，但其结果都不令人满意，主要原因归于各种炎症因子相互作用、密不可分，是连锁反应，而且炎症因子本身对机体的正常防御是必不可少的，因此第一个问题是如何掌握应用这类抗体的时间和剂量，过早或过大的剂量都会适得其反，适当剂量有利于对机体起保护作用，稍过时或过量的抗炎因子疗法可能破坏调控功能，而似乎抗LPS抗体更有价值。

一、抗内毒素的抗体研究和应用

LPS是SIRS发生的重要启动因子。进入血中的LPS，其主要生物学作用包括：①与巨噬细胞接触后能诱生释放炎症介质如TNF-α、IL-1、IL-6、IL-8等，通过介质直接或间接发挥局部和全身反应；②LPS分子可与多种组织、实质细胞结合而直接导致细胞损伤；③激活凝血、纤溶和补体系统，诱发DIC；④作用于α受体，促使肾上腺儿茶酚胺分泌，导致微循环障碍，血浆外渗直至休克，以及其他如发热、白细胞减少、施瓦茨曼反应等。

以多聚体形式存在的LPS与内毒素结合蛋白（LBP）结合后解聚为单体分子，并被转运至单核细胞——巨噬细胞，随后与细胞膜上CD14受体结合，LPS-CD14复合物可直接与跨膜受体TLR4结合，将外源信号转入胞内，通过诱导核转录因子NF-κB的活化，分泌TNF-α、IL-1、IL-6等细胞因子，导致SIRS和脓毒症的发生。可见尽管SIRS发生机制复杂，但从源头上阻断LPS作用，可为控制SIRS发生的瓶颈部位。

关于采用单克隆抗体技术制备抗LPS抗体近年来国内外都有报告，如付伟灵等报告在实验动物和临床烧伤患者中试用抗内毒素类脂A的抗体，可使血中LPS水平及某些炎症介质IL-6、IL-8、TNF-α，以及可溶性白介素-2受体（SIL-2R）降低，从总体来看，单克隆抗体在动物实验中疗效较好，不过对临床有着不同的报道。鼠源性IgM单抗E5，Ⅱ期临床试验结果表明，E5可以降低危重患者革兰阴性菌感染的早期并发症和死亡率，3周后抗E5 IgG抗体的阳性率为53.3%。而另一种人源性IgM单抗HA-1A，半衰期为15.9±1.5小时，在22个医疗机构进行了543例随机、双盲、对照的前瞻性研究，对革兰阴性菌的菌血症和休克患者有明显防治作用，无明显不良反应，但也有研究报告说HA-1A治疗患者病死率比对照组要高，其原因不明，可能与LPS单克隆抗体可以中和血中LPS有关，但是LPS只是机体一系列炎症因子的触发剂，控制触发作用的关键是掌握使用时间和剂量，它对之后炎症因子的炎症或级联作用几乎消失。陆军军医大学西南医院全军烧伤研究所也研制了抗LPS类脂A的单克隆抗体。在30%体表面积Ⅲ度烧伤内毒素血症大鼠模型中，观察到抗LPS单抗迅速中和血中LPS并可减少TNF的分泌，说明抗LPS单抗对内毒素血症动物有一定的治疗作用。他们进一步观察LPS单克隆抗体对烧伤面积达50%~100%患者的临床LPS单克隆抗体可有效降低血清TNF、IL-8及血浆LPS浓度，说明LPS类脂A的单克隆抗体对缓解烧伤患者的病情有一定作用，他们还进一步观察了抗生素与抗LPS抗体联合用于严重烧伤患者内毒素血症的治疗，结论是对降低血浆内毒素水平、预防烧伤后期并发症和康复有积极意义。

在动物模型的研究中，在注射活菌攻击后给予抗TNF受体Fc段嵌合蛋白，目前的研究显示出了不一致性，早期治疗一般能获较好的保护作用，延迟治疗在许多模型上缺乏保护作用，一般认为在LPS攻击后延迟治疗不及攻击早期或预防性给药有效。尽管在动物脓毒性休克和致死性模型上拮抗TNF-α已取得令人鼓舞的效果，但抗体在降低28日病死率中仍未被证明有效。对抗IL-1活性的药物有可溶性IL-1a和可溶性IL-1受体（IL-1R），IL-1a已被应用于患脓毒症休克患者的试验性治疗，在Ⅲ期临床试验中显示仅有降低28日病死率的趋势，但无统计学意义。鼠源性单克隆抗体直接应用于人体时，可导致人体产生鼠抗体，而使单克隆抗体效价降低，严重时还可引起变态反应和排异反应，第三军医大学西南医院全军烧伤研究所故采用最新噬菌体抗体库技术构建鼠抗LPS单链噬菌体抗体库，为筛选出对LPS具有高亲和力的单链Fv抗体奠定了坚实基础，也为此抗体能运用于人体做了较扎实的工作，但是正如前文提到的LPS仅为SIRS全身炎症反应的触发剂，而由其触发引起的一系列炎症级联（连锁）反应也不是LPS单克隆抗体所能奏效的，所以另辟蹊径也是当前防治内毒素血症的另一重要研究。

二、杀菌性/通透性增加蛋白的研究

杀菌性/通透性增加蛋白（bactericidal/permeability increasing protein，BPI）是一种普遍存在于哺乳动物中性粒细胞嗜苯胺蓝颗粒中的蛋白质，分子量为55 kD。BPI由两个活性部分组成：N氨基末端具有杀菌活性，羧基末端起固定作用。BPI对内毒素LPS分子具有高度亲和力，可有效阻止LPS激发的一系列免疫病理反应，对致死性内毒素血症具有保护性拮抗作用。同时，BPI对许多革兰阴性菌外膜有特异性结合能力，发挥其细胞毒作用，促使细菌外膜通透屏障被破坏，导致不可逆性细胞损害及死亡。BPI强有力地中和内毒素及杀灭革兰阴性菌的双重特性表明，在革兰阴性菌脓毒症及MODS的治疗中可能具有较好的应用前景。绝大多数动物实验显示，完整的BPI及其活性片段对小鼠、大鼠、家兔、猪、狒狒等革兰阴性菌感染或内毒素攻击均可产生良好的防护效应。Ⅰ期临床试验观察发现，rBPI23、rBPI21可显著抑制人体内毒素血症诱发的一系列免疫病理反应，证明它是一种安全、高效的抗菌及中和内毒素的制剂，故有人称其为"超级抗生素"。近年来研究还证实，BPI和抗生素联合应用可发挥协同抗感染效应，其比单独使用效果更佳，据报告，rBPI21在急性腹腔感染模型中，虽然能够明显抑制机体的全身炎症反应、改善心血管功能及代谢紊乱等，但单独使用并不能显著降低革兰阴性菌感染的病死率。联合应用头孢孟多酯钠或头孢孟多，则不仅能进一步减轻动物对革兰阴性菌攻击而导致的各种病理生理改变，而且可显著地改善其预后，因此BPI作为临床抗感染治疗的重要辅助措施之一，可能具有诱人的前景。

国外文献报告BPI从人、牛、兔的中性粒细胞中提取，军事医学科学院致力于从CHO细胞中提取人源BPI，但由于表达量低，大规模用于临床还较困难，第三军医大学西南医院全军烧伤研究所从猪血中采用大肠杆菌（J5）亲和纯化法和凝胶层法提取、纯化蛋白质，经蛋白质分子量、Westemblot鉴定以及生物活性分析后，结果证明从猪血中提取的蛋白为BPI，采用体外杀菌实验观察到从猪血中提取的BPI对多种革兰阴性菌具有增加其外膜通透性并将其杀灭的作用。采用鲎基质显色法观察猪源BPI与LPS结合能力，结果表明BPI能与LPS结合，体外细胞培养实验证明猪源BPI可降低LPS诱导的TNF产生能力。在亚致死量LPS致大鼠内毒素血症模型中，研究证实BPI对内毒素血症大鼠有明显的治疗作用。在使用铜绿假单胞菌致30%体表面积Ⅲ度烧伤大鼠菌血症模型中，猪源BPI对菌血症大鼠可明显提高其存活率，可降低全血中铜绿假单胞菌数量及血浆中LPS、TNF-α水平，并对大鼠的葡萄糖代谢具有明显的改善作用。以上第三军医大学西南医院全军烧伤研究所的猪源性BPI研究，有望成为临床防治内毒素血症的重要措施，可能具有较广阔的应用前景。

三、BPI模型多肽分子及生物活性的研究

BPI是一种既可杀灭革兰阴性菌又可中和内毒素的蛋白质，应用计算机技术对BPI分子的三维结构进行分析，进一步确定BPI与LPS结合的功能区内更小的结构区域。BPI由23 kD的N末端片段和32 kD的C末端片段组成，其中BPI的杀菌和中和内毒素活性主要存在于N末端。通过将BPI进行一级、三级结构分析，初步发现BPI的杀菌及中和内毒素活性与BPI酶N末端的三个功能区有关，科学家希望通过研究BPI、LBP功能区结构与功能关系，得到分子量小、合成成本低的小分子多肽，应用这些小分子多肽以杀灭革兰阴性菌和中和内毒素，从而达到减轻脓毒症和内毒素血症的治疗目的。国外已有文献报道BPI杀菌和中和LPS的活性区域分列位于17～45、65～99和142～169氨基酸区域内，通过直接合成功能区片段，并对其功能进行分析研究，获得具有生物活性的小分子多肽。第三军医大学西南医院全军烧伤研究所应用计算机技术对BPI分子的三维结构进行分析，并进一步确定出BPI与LPS结合的功能区内更小的区域，以三段带强正电荷的片段呈花瓣样形成空间结构为其特点，由于BPI与LPS结合方式为静电作用，故其根据BPI与LPS的作用方式，应用分子模拟技术模拟BPI功能区结构，设计、合成了一系列BPI模拟肽分子，通过体内、体外生物学活性分析和鉴定，筛选出数个具有杀菌和中和LPS活性较强、成本比BPI更低的多肽分子，其中活性较好而毒性最低者被命名为BDN。体内、体外杀菌和中和LPS生物活性表明：①BDN不仅对革兰阴性细菌有杀菌活性，而且对野生耐药金黄色葡萄球菌和标准金黄色葡萄球菌都具杀菌活性，与BPI相比，BDN多肽抗菌谱更广，对大肠杆菌（J5）的杀菌活性更强；②BDN多肽在体外对LPS具有直接中和作用，当BDN浓度为12.5 μg/mL时，几乎能完全中和1000 pg/mL的LPS；③BDN对致死量LPS攻击小鼠有明显的保护作用，而且预防性给药（LPS刺激前10秒～1小时）后，其保护作用更加显著，半衰期明显长于BPI，对LPS刺激小鼠的保护作用优于BPI。可见BDN不仅保留了BPI中和LPS的特性，而且分子量

小，比BPI本身更具较强的杀菌活性，抗菌谱也更广，对LPS刺激动物模型的保护作用更强，因此将BDV多肽分子物质应用于抗内毒素血症及脓毒症或SIRS防治可能具有更广阔的前景。

四、微生态制剂对菌群和毒素移位的保护作用研究

急性坏死性胰腺炎是发病极凶险、死亡率较高的外科急腹症，随着对急性胰腺炎病理生理的认识不断深入，以及诊断技术和外科临床护理、治疗水平的进步，急性坏死性胰腺炎早期死于循环呼吸衰竭者已大为减少，但是晚期发生继发性胰腺感染（包括菌血症、脓毒症）仍严重威胁着患者的生命，据统计，临床上死亡患者80%是由继发感染引起的。许多学者注意到，从胰腺感染患者血中培养出来的细菌往往与肠道的一些细菌一致，故提出继发性胰腺感染可能是由肠道细菌（内毒素）移位所致，肠道是细菌感染的根源。国外kazantsev和国内吴承堂等分别报道了用耐药标记的大肠杆菌制备实验性胰腺炎模型时，通过喂服实验犬结肠的耐药标记，大肠杆菌移位到胰腺或肠系膜淋巴结和血液中，证实了胰腺炎后感染是属于肠源性感染。在此实验动物模型中，他们设计了微生态合剂（双歧杆菌1×10^9 cfu/g、乳酸杆菌4×10^8 cfu/g和肠球菌1×10^7 cfu/g等），用于急性胰腺炎实验犬动物模型防治肠源性感染，结果显示：①喂服微生态合剂组第4日后胰淀粉酶显著降低（$P<0.01$），与空白组相比下降了40%左右，至第7日胰淀粉酶微生态合剂组基本上恢复到术前水平，与空白组相比大约下降了71.4%，差异极显著（$P<0.01$）；②喂服微生态合剂组血浆内毒素水平第2日就显著降低，与对照组相比下降了15%（$P<0.05$），至第4日下降最为明显（$P<0.01$），接近正常值，与对照组相比下降了70%；③细菌移位率从第2日就明显下降，与对照组相比下降了17%，至第5日喂服微生态合剂组基本无细菌移位，而对照组细菌移位率仍达22%左右，从1~7日携带耐药性质粒喂服JM109株大肠杆菌移位情况来看，空白对照组为100%，而喂服微生态合剂组只有62.5%，下降了38%左右，与空白对照组相比有显著差异（$P<0.05$）；④喂服微生态合剂组第4日开始TNF-α下降37%，与对照组相比有显著差异（$P<0.05$）；⑤血浆及回肠组织DAO，喂服微生态合剂组表现为术后第1日升高，至第4日后接近正常水平，但对照组高出1~3倍，与对照组相比，差异极其显著（$P<0.01$）。

在应激条件下，肠黏膜屏障结构发生改变，已证实肠黏膜上皮细胞紧密连接处破坏及肠道菌群微生态系统发生紊乱，是引起肠源性细菌移位和内毒素血症的重要原因，因此应用微生态（活菌）制剂是防治内源性感染和内毒素血症合理又可行的途径。目前，以双歧杆菌为主的微生态合剂在防治肠道疾病及改善抗生素或放疗引起的菌群失调等领域已取得良好的效果，但对用于防治肠道菌群及内毒素移位目前尚无报告，笔者在吴承堂制备的胰

腺炎动物模型基础上进行了有益的探索，通过实验证实，补充生理性菌群可坚固肠道菌群生物屏障，提高定植抗力，从瓶颈处阻止肠道细菌和内毒素移位。

—— 参考文献 ——

1. MÉNARD S, LAHARIE D, ASENSIO C, et al.Bifidobacterium breve and streptococcus thermophilus secretion products enhance T helper 1 immune response and intestinal barrier in mice.Exp Biol Med（Maywood），2005，230（10）：749-756.
2. 夏阳，杨喆，陈红旗，等.联合益生菌的快速肠道准备对结直肠癌术后肠道黏膜屏障功能的影响.中华胃肠外科杂志，2010，13（7）：528-531.
3. 任建安.当前腹腔感染诊治的难题与对策.中华胃肠外科杂志，2011，14（7）：483-486.
4. CAMMAROTA G, LANIRO G, GASBARRINI A. Fecal microbiota transplantation for the treatment of clostridium difficile infection：a systematic review.J Clin Gastroenterol，2014，48（8）：693-702.
5. VARIER R U, BILTAJI E, SMITH K J, et al.Cost-effectiveness analysis of treatment strategies for initial clostridium difficile infection. Clin Microbiol Infect，2014，20（12）：1343-1351.
6. 秦环龙，尹明明.肠道微生态和肠道营养.中华普通外科学文献（电子版），2015（3）：182-187.
7. ROSSEN N G, MACDONALD J K, DE VRIES E M, et al. Fecal microbiota transplantation as novel therapy in gastroenterology: a systematic review. World J Gastroenterol，2015，21（17）：5359-5371.
8. 李宁，田宏亮，马春联，等.菌群移植治疗肠道疾病406例疗效分析.中华胃肠外科杂志，2017.
9. 李宁，田宏亮.菌群移植在肠道微生态相关疾病中的研究进展与思考.中华胃肠外科杂志，2017，20（10）：1104-1108.

第九章

转基因食品、中药与微生态学

第一节 转基因食品与微生态学

一、转基因食品

转基因食品（genetically modified food，GMF）一般分为三大类，即GM.plant、GM.food及GM.microbe，一般认为GMF主要涉及农业基因工程和食品基因工程。

GM.plant：提高农作物产量和改善抗虫、抗病、抗除草剂和抗旱的能力。

GM.food：强调改善食品营养价值和食用风味，如营养素含量、风味品质、延长食品储藏和保留时间，以及基因工程菌生产食品添加剂和功能因子等。在GMF中，常用手段有蛋白质工程、碳水化合物工程和油脂工程（这两者主要是基因调控技术）及微生物工程，如"高蛋白米""黄金水稻"。

GM.microbe：即转基因微生物。在高产优质、低耗、高效地发展农业和净化坏境等方面效果十分明显。转基因微生物也广泛用于各种酶制剂和食品加工原料的生产。

二、GMF中几个重要的微生态学问题

（1）转基因结构的稳定性。必须确保这些遗传生物已达到要表达优良性状所需的最小遗传生物片段，否则DNA结构不稳定会影响性状的表达，可能会产生不需要的性状和有毒产物。如20世纪80年代美国利用微生物基因工程生产色氨酸，虽然经高效液相色谱（high performance liquid chromatography，HPLC）分析其产品纯度达99.9%，但在1989年，此产品作为营养素补充剂被投放市场后，造成几千人患病，其中包括1500人永久性伤

残和37人死亡，这无疑与工程菌结构不稳定而影响了性状表达，可能还产生了不需要的性状和毒性产物有关。

（2）基因插入受体基因组的位置。如果在受体细胞调控其他基因表达的基因区中插入遗传物质，可能造成多效性，即表达生成所需产物的同时，还产生其他基因产物，因此基因插入受体基因组的位置要准确。如美国pioneer Hi-Bred公司曾将巴西坚果基因引入大豆以提高其营养价值，经检测，基因已稳定插入目标作物，但后来继续研究发现，引入基因表达的产物对人体是一种变应原，也就是说巴西坚果的变应原被引入大豆，这使得消费者有可能因摄入此种大豆而产生变态反应，尽管这种大豆是作为动物饲料，但无法保证这种大豆不进入人的食物链，这可能是基因插入受体基因组的位置欠准确而表现出多效性，在表达所需产物的同时，还产生其他基因产物（变应原）所致。

（3）载体的选择及使用。具有抗生素耐菌性的选择性标识基因是否会对人类产生有害影响？目前全球为了对基因工程菌进行筛选，在插入目标基因的同时插入一段抗生素耐受性基因片段，透过抗生素选择性筛选，将转基因个体分离出来。所谓可安全使用的标记基因，仅指基因本身而言（如启动子和终止子除外），以及其主要产物可安全地作为人的食物，这并不包括基因的多效性及其多种次效应。通常标记基因所涉及抗生素不用予以治疗，而会在加热过程中降解，因此大部分标记基因的安全性已获得国际社会的认可，但仍有一部分标记基因的安全性未得到肯定，如Norvartis公司研发抗阿莫西林基因的玉米，这种玉米直接用来喂养牲畜而不经加热处理，因此有可能将抗性基因转移给动物的肠道菌群（包括人体致病菌），又通过食物链转向人体的肠道菌群。有鉴于此，这类产品未获得批准。

（4）GMF的安全性应着重从宿主、载体、插入基因、重组DNA、基因表达产物和对食品营养成分的影响六个方面认真评估，有计划地对食用GMF后的人群健康进行监测是GMF发展的关键问题。应该指出，目前还难以预料GMF对人类的长期影响，现有的理论和技术都无法从根本上彻底阐明或证实GMF可能对人类的现在和将来产生长远的危害，对GMF的安全性进行全面的评价是一项长期的工作。

（5）基因漂移问题对GMP是环境安全性问题，对GMF是人类安全性问题。GMP释放到田间后，存在是否将所转基因漂移到野生植物中，是否会破坏自然生态环境，打破原有生物种群的动态平衡，如转基因作物演变成农田杂草的可能性或基因漂流到近缘野生种的可能性，后者作为食物进入人体后是否会发生基因漂流而使人体肠道菌群中某类微生物产生演变，进而影响人体体细胞基因组，不仅有可能打破原有肠道菌群的生态平衡，而且有可能改变人体正常生理状态，这就要求对GMP或GMF除了按一般的卫生标准进行安全检测外，还必须使用现代分子生物技术对GMF进行包括营养学、毒理学和致病性等方面的检测。例如美国曾报道一种转基因土豆（高蛋白）被小鼠食用后，小鼠产生了肠道肿胀反应，这说明外源基因表达产物可能对哺乳动物的消化系统有害，因此此土豆未进入市场。

尽管如此，在过去十几年里，60%~80%的生物技术研究和开发集中在医药领域，而从事生物药品研究开发被称为生物技术的"第一浪潮"，近年这种趋势开始发生改变，随着转基因技术在动植物研究中不断发展和成熟，农业生物技术也迅速发展起来，被称为生物技术的"第二浪潮"。转基因作物从1995年的120万平方米到1999年的3990万平方米，我国1999年共对48种转基因作物进行中间试验，涉及作物达11种，并对10种作物进行环境释放，包括水稻、玉米、大豆、马铃薯、西红柿、甜椒和辣椒等。

另一种趋势是GMP从产量增加到产品质量提高的转变，如GMP可预防各种疾病（糖尿病、高血压、高胆固醇血症、过敏、肥胖症及病原菌引起的感染等）发生，在特定条件下，相关基因特有蛋白的表达在生理或医用功能性新食物的表达水平很高（1%~20%）。

无论如何，转基因食品对人们来说都是个新问题，仍需要不断地提高认识和发展，而随着转基因技术日益先进及农业发展需要，在世界范围内开展GMF的研究是一种不可阻挡的新趋势。

第二节　中药与微生态学

一、中药寡糖与免疫增强作用及肠道双歧杆菌关系的研究

一些被称为益生原的物质——中药中的低聚糖，已被证明具有多种重要生理活性，它们在细胞识别、信息传递、免疫功能调节、促使双歧杆菌生长等方面，越来越引起人们的关注。

据国内徐超斗、张永祥等报告，地黄寡糖（RGO）和巴戟天寡糖（MOO）整体给药对正常小鼠脾细胞增殖反应及抗体生成反应均有明显促进作用，提示它们对机体具有增强免疫功能的作用。

给予口服MOO对快速老化模型小鼠（SAMP8）、免疫功能低下小鼠脾细胞增殖反应有明显改善作用。对S180荷瘤小鼠及环磷酰胺处理的免疫功能低下小鼠脾细胞增殖反应，以及免疫球蛋白生成细胞反应具有明显改善作用，提示口服RGO及MOO对衰老荷瘤及化学损伤等多种原因所致免疫功能低下都具有明显改善作用。综上所述，RGO及MOO是具有明显促进或改善免疫功能作用的活性寡糖。

体外应用RGO和MOO均对正常小鼠脾细胞增殖反应无影响，对正常小鼠帕内特细胞

增殖反应及ConA诱导的增殖反应均无明显影响，提示RGO及MOO对免疫功能的增强或改善作用不是直接作用于免疫活性细胞产生的。

体外应用RGO及MOO对婴儿双歧杆菌、两歧双歧杆菌生长均有明显促进作用，给予口服RGO及MOO对促进肠道双歧杆菌的生长有作用，但对肠道其他菌群生长无明显影响，其中RGO对肠杆菌有抑制生长作用，提示RGO和MOO是良好的双歧因子。

给肠道菌生长抑制模型小鼠口服RGO及MOO，则其免疫增强作用消失，提示RGO及MOO免疫增强或改善作用与肠道双歧杆菌生长或功能状态具有密切关系，促进肠道双歧杆菌生长而影响机体免疫功能可能是RGO及MOO对发挥免疫功能增强或改善作用的重要机制，即RGO或MOO对机体免疫的增强和改善，是通过促进肠道双歧杆菌生长而发挥作用的。

国内齐春会、张永祥等的枸杞多糖（LBP）体外试验证实，对正常小鼠和快速老化模型SAMPS及SAMRI模型脾细胞增殖反应具有促进作用，正常小鼠脾抗体形成细胞（PFC）数目明显增加，迅速导致脾细胞及腹腔巨噬细胞内的Ca^{2+}增加，并有一定剂量依赖关系，LBP对分化成熟的脾细胞功能有直接增强作用，B淋巴细胞可能是其直接作用的靶细胞之一，其活化淋巴细胞的分子机制可能与细胞表面LBP结合位点、通过Ca^{2+}和CAMP两条重要跨膜信号传导途径作用有关，其结合位点不是甘露糖受体，即其促进增殖作用不通过ConA受体所传导。

李小安等报告，沙棘总黄酮（TFH）与杜仲叶浸膏粉（DELE）类寡糖物质具有抗衰老作用，其机制在于抑制脑单胺氧化酶（MAO-B）活性，减少自由基反应，增强机体免疫功能，提高机体代谢功能。

张逸凡等报告，淫羊藿黄酮能抗炎与降低炎症渗出物中前列腺素含量有关，并与具有对抗组胺与5-羟色胺作用有关，也具有相关的免疫调节作用。

二、中药方剂与微生态学

周佩云等报告，睿祺片是由人参、黄芪、珍珠粉、枸杞、淫羊藿等组成的抗衰老方剂，已证明其能提高血清中SOD活性，增加谷胱甘肽（GSH）含量，降低丙二醛（MDA）含量，提高机体抗氧化能力，改善血液流变学状态，增加脑血流量，改善脑功能活动状态，尤其是降低大脑皮层、海马细胞钙离子的浓度及提高线粒体活性是其延缓、改善记忆的机制之一，其不影响双歧杆菌和乳杆菌生长，在中、低浓度时可促进青春双歧、两歧双歧、长双歧及婴儿双歧杆菌生长，抑制肠道肠杆菌、肠球菌等生长，维护机体生态平衡，达到延缓衰老的目的。

杨胜、张永辉等报告，补中益气汤由黄芪、党参、白术、甘草等八味药组成，能恢复免疫功能低下小鼠的细胞免疫功能及增强自然杀伤细胞活性，使腹腔巨噬细胞分泌TNF达到正常水平，并具有一定抗肿瘤作用。该方可能是通过改善蛋白质代谢和机体免疫功能达到抗肿瘤效果，喂服小鼠后，对双歧杆菌、乳杆菌有促进生长作用，而对肠杆菌、肠球菌及类杆菌几乎无影响，提示机体免疫功能可能是通过调整肠道菌群作用而增强的。

六味地黄丸由熟地、山茱萸、山药、茯苓、泽泻、丹皮等组成，该方具有免疫调节作用，可对抗环磷酰胺及地塞米松所致的小鼠免疫功能抑制，使血清抗体水平和淋巴细胞转化功能恢复，其水提物重要成分是CA4-3酸性多糖，可拮抗环磷酰胺所致的免疫活性细胞下降，促进早衰小鼠抗体产生细胞及脾细胞增殖反应。其调节免疫功能机制在于调节T_H及T_S功能，并通过提高机体免疫功能提高荷瘤小鼠存活率及降低自发肿瘤的发生率，使恶性细胞表型向正常转变，抑制*C-myc*基因在TPG 165细胞的表达，同时呈现*P53*基因的表达。体外应用六味地黄多糖对婴儿双歧杆菌及两歧双歧杆菌均具有明显促进作用，而喂服动物对正常小鼠肠道双歧杆菌无明显促进作用，给予肠道细菌生长抑制模型小鼠喂服CA4-3仍具有免疫增强作用，提示CA4-3对机体免疫增强作用或改善作用与肠道双歧杆菌生长状态无关，因此不具有双歧因子作用。

参考文献

1. MAYENO A N, LIN F, FOOTE C S, et al. Characterization of "peak E," a novel amino acid associated with eosinophilia-myalgia syndrome. Science, 1990, 250（4988）: 1707-1708.
2. YOUNG G J, ZHANG S, MIRSKY H P, et al. Assessment of possible allergenicity of hypothetical ORFs in common food crops using current bioinformatic guidelines and its implications for the safety assessment of GM crops. Food Chem Toxicol, 2012, 50（10）: 3741-3751.
3. MIKI B, MCHUGH S. Selectable marker genes in transgenic plants: applications, alternatives and biosafety. J Biotechnol, 2004, 107（3）: 193-232.
4. GAY P B, GILLESPIE S H. Antibiotic resistance markers in genetically modified plants: a risk to human health? Lancet Infect Dis, 2005, 5（10）: 637-646.
5. KUMAR K, GAMBHIR G, DASS A, et al. Genetically modified crops: current status and future prospects. Planta, 2020, 251（4）: 91.
6. 王志刚, 彭纯玉. 中国转基因作物的发展现状及展望. 农业展望, 2010, 6（11）: 51-55.
7. TAL P, BUJNA E, ANTAL O, et al. Effects of various polysaccharides（alginate, carrageenan, gums, chitosan）and their combination with prebiotic saccharides（resistant

starch, lactosucrose, lactulose) on the encapsulation of probiotic bacteria Lactobacillus casei 01 strain.Int J Biol Macromol, 2021, 183: 1136-1144.

8. WANG Y, LIU S, TANG D, et al. Chitosan Oligosaccharide Ameliorates Metabolic Syndrome Induced by Overnutrition via Altering Intestinal Microbiota. Front Nutr, 2021, 8: 743492.

9. 徐超斗, 张永祥, 杨明, 等. 巴戟天寡糖的促免疫活性作用. 解放军药学学报, 2003, 19 (6): 466-468.

10. CHI L, KHAN I, LIN Z, et al. Fructo-oligosaccharides from Morinda officinalis remodeled gut microbiota and alleviated depression features in a stress rat model. Phytomedicine, 2020, 67: 153157.

11. 齐春会, 张永祥, 赵修南, 等. 枸杞粗多糖的免疫活性. 中国药理学与毒理学杂志, 2001, 15 (3): 180-184.

12. 王秉文, 李小安, 康军, 等. 沙棘叶总黄酮抗衰老作用的实验研究. 沙棘, 1998 (2): 26-31.

13. 张逸凡, 于庆海. 淫羊藿总黄酮的免疫调节作用. 沈阳药科大学学报, 1999 (3): 182-184.

14. 周佩云, 葛文津, 刘维佳, 等. 睿祺片延缓衰老改善记忆的临床观察. 中国中药杂志, 2002 (11): 873-875.

第十章 益生剂与健康

微生态学（microecology）是研究人体微生物群与宿主及环境构成微生态系统客观规律的生命科学分支，亦被称为生态学的微观层次研究领域，通俗地说，微生态学是细胞或分子水平的生态学。

威克尔（Volker）提出胃肠道生态学的微观层次研究领域，即细胞或分子水平的生态学，亦称为微生态学。20世纪60年代里尔（Lilley D M）和斯第威尔（Stillwell R H）提出"益生菌——由微生物产生的成长促进因素"，首先提出了"益生菌"一词，不过当时是被两位科学家当作"抗生素"的反义词来使用的。之后帕克（Parker）提出益生菌可用作饲料添加剂，自此之后"益生菌"被描述为有益于健康且自然存在的微生物。直到1987年，当代益生菌之父——英国学者罗伊·福勒（Roy Fuller）博士才给出了益生菌的较完整定义：益生菌是一种活的微生物喂养补充剂，通过改进宿主动物的肠道微生物菌群平衡，从而对宿主动物产生有益的效果。此定义有两点必须重述，一是该定义强调了益生菌是活的微生物，不是坏死菌和代谢产物，二是具有改善宿主健康的功效。此定义被全球学术界普遍接受。

2001年10月1日至4日，来自10个国家的11位联合国粮食及农业组织和世界卫生组织有关专家在阿根廷科尔瓦多召开第一次关于益生菌营养和保健功能讨论会，FAO/WHO有关专家对益生菌的营养和保健功能进行了论述和报告，并对益生剂（或益生菌）进行了重新定义：益生菌是活的微生物，通过给予（摄入）充足的数量，对宿主产生一种或多种特殊且被临床论证的功能性健康益处。此定义包括三个核心要点：其一，益生菌必须是活的；其二，益生菌的数目是充足的，目前科研已证实每日摄入10^9~10^{11}或以上数量的活性益生菌，才可能对人体产生积极的健康功效（不同益生菌株的作用剂量有明显差异）；其三，益生菌的功效和益处必须是经过临床验证的。2004年9月，在斯洛伐克举行的第二届国际益生菌会议上，英国学者福勒博士再次提出："益生菌是一种可被消耗或摄入的存活微生物，通过影响宿主的肠道菌群和（或）改善宿主的免疫状态，从而产生对宿主健康有益的作用。"2005年，美国北卡罗来纳州大学教授Dobrogosz和Versalovic提出了"免疫益生菌"这一新概念并进行定义："免疫益生菌是指调节免疫应答的益生菌，它可赋予更多健康益处和效果，诸如竞争性排斥病原体，以及合成维生素B_{12}、共轭亚油酸等物质，吸收分解益生原。"

近些年来，有一个暂被称作"生物治疗剂"的词，在文献上常与"益生菌"这个名词平行或等同使用。它通常被定义为"通过与宿主的天然微生态系统相互作用，且可被用作防护和治疗人类疾病的一类活的微生物"。生物治疗剂所包含的微生物种类有乳酸杆菌、双歧杆菌和酵母菌等。

另附：益生菌（probiotics）一词来自希腊语，其中"pro"表示有益于，"biotics"表示生命，故从文字来解释为"有益于生命"的语义。

综上所述，故将益生菌制成的药物称为"益生剂"。

一、抗生素过度使用的危害

自1929年弗莱明发现抗生素，并首次证明青霉素及其明显的抗感染作用后，牛津大学教授弗洛里对青霉素进行了提纯和纯化，并于1940年首次将青霉素用于临床，发现其用量少而效果惊人，青霉素很快就成为当时最有效的抗感染药物，在临床治疗中取得了巨大的成果。第二次世界大战期间，青霉素拯救了成千上万的受感染者，成为第一个应用于临床的抗感染药物。1952年诺贝尔生理学或医学奖获得者瓦克斯曼（Waksman，1888—1978年）对抗生素的发展起了举足轻重的作用，他和他的学生抛弃了传统的靠碰巧来分离抗生素的方法，开始通过筛选大量的微生物，来有意识、有目的的寻找抗生素。并于1942年，给抗生素下了一个明确的定义："抗生素是微生物在代谢过程中产生的，具有抑制他种微生物生长和活动，甚至杀死他种微生物性能的化学物质。"并且他和他的小组成员对土壤中微生物进行多年观察后，还发现了灰色链霉菌产生的链霉素。尽管人们如此努力，但细菌也在不断产生对那些抗生素具有抗药性的突变菌株，微生物学家百折不挠地寻找还没来得及制成新的抗菌性化合物的细菌，现实的情况是，人们开发抗生素的速度永远赶不上细菌产生耐药能力的速度。

当人们还在赞叹抗生素带来了光明、健康的奇迹时，很快就发现抗生素过度滥用带来的无穷尽的灾难：①抗生素过度使用会引起酵母菌生长，从而产生毒素，损伤人体组织；②抗生素过度使用易导致慢性疲劳综合征发生，约80%的患者为儿童和青少年；③抗生素对免疫力有抑制作用；④抗生素过度使用会造成营养物质丧失；⑤抗生素会引起食品不耐受和过敏效应，并易破坏肠道菌群平衡而致微生态失衡，引起不耐受症发生（如乳糖不耐受症等）；⑥抗生素滥用也可能使肠壁变薄，肠道渗透性增加，对食物耐受性降低，对环境更加敏感，易发生呕吐、干呕、腹痛、皮疹及过敏性休克等；⑦抗生素过度使用可引起菌群功能紊乱，严重者可危及生命。

另外，研发新的抗生素越来越昂贵，使人们不堪重负。人们对抗生素的认识促进了益生菌研究和开发。

二、益生菌的兴起

（一）益生菌作用机制的研究进展

肠道内菌群的构成反映了肠内的代谢，而肠内代谢必然对人体的健康产生各式各样的影响：一方面把食物的各类有益成分转化而吸收；另一方面把体内代谢产生的各类物质，尤其是有毒物质排泄出去，其结果是给宿主的营养、药效、生理功能、老化、致癌、免疫、感染等带来极大的影响，因此，肠内菌群对宿主本身健康或有益或有害，也被认为是宿主一生中出现各类疾病的原因。

肠道菌群给机体带来的有益作用包括：参与维生素、蛋白质的合成，并被宿主利用，即与食物的消化和吸收有关；常住生理性细菌黏附在黏膜受体表面形成膜菌群，构成生物屏障结构，并通过分泌细菌素、酶和短链脂肪酸等参与构成肠道化学屏障；通过刺激机体的免疫系统，从黏膜免疫到体液免疫和细胞免疫，构成了机体的免疫屏障，从而形成了阻止外来致病菌的屏障，既防止肠道感染，又防止细菌和毒素移位，还能抑制肠内腐败菌和有害菌的增殖，净化肠内环境，肠道菌群不仅提高了机体的免疫功能，还提高了机体的定植抗力，维持了宿主的健康。

肠内菌群中的腐败菌会产生许多有害的代谢产物，如氨、硫化氢、胺、酚、吲哚及毒素、致癌物（如亚硝基化合物、偶氮化合物、次级胆汁酸）等有害物质，在给肠道本身带来直接损伤的同时，其一部分会被吸收，这种毒素和有害物质的长期积累和吸收，可致人体出现癌、动脉硬化、高血压、肝脏损害、自身免疫性疾病，而免疫功能低下又极易导致感染和相关性疾病。

（二）益生菌的功能

（1）益生菌广泛分布在人体各处，如口腔、皮肤、胃肠道、阴道等，它为人们的健康服务，防止病原菌入侵，经临床研究和观察证实，人体菌群平衡维系着人体的健康，益生菌有助于预防和治疗某些细菌、真菌、病毒感染等传染性疾病。肠内益生菌除了参与消化、营养吸收外，还参与有害物质的清除，许多益生菌可在胃肠道内产生酶，帮助人体更好地消化摄入的食品及吸收食品中的营养成分。益生菌还可以竞争性地黏附在肠上皮细胞上，产生屏障作用，抑制有害菌的增殖和入侵。

（2）益生菌能参与一些营养物质的合成，如肠道菌群能产生一些维生素（包括泛酸、氨基酸、维生素B_1、维生素B_2、维生素B_5、维生素B_6等），并对营养物质的吸收有重要贡献。此外，益生菌还能产生短链脂肪酸（乙酸、丙酸、丁酸等）、抗氧化剂、氨基酸和维生素等许多物质，它们对于宿主的健康（如菌群生长、心搏力、骨骼生长等）起主要作用。

（3）益生菌能提升人体的免疫功能，也能刺激抗体的产生和增强白细胞活性，还能促进用于免疫细胞沟通物质（如细胞因子）的产生，而细胞因子能激活免疫细胞吞噬病原体等有害微生物。

（4）益生菌还可以降低感染的发生率。肠道菌群产生一些化合物可杀死致病菌。不少益生菌还具有酸化胃肠道、尿道，提高定植抗力的作用，当尿道或生殖道pH接近中性时，则有利于酵母菌和有害菌的生长。通过降低环境pH，可抑制有害菌、酵母菌和病毒生长，益生菌还可通过与有害菌竞争空间和资源，而遏制（抑制）它们，或直接抑制有害菌、酵母菌和病毒的生长和繁殖，或通过抑制有害菌的黏附或抑制其毒素产生而消灭它们。

（5）益生菌还可以帮助预防食物过敏症。肠道菌群可看作是一道屏障，它与免疫功能结合，还可以共同防御一些不应该流入血液循环的物质，且在肠道炎症时易形成肠瘘的"孔""洞"，会允许较大外来食物颗粒进入循环系统，此外人体的免疫系统也参与除去这些外来颗粒的过程，避免宿主出现食物过敏症。益生菌已被证实能够减少肠道炎症发生和防止食物过敏症。

（6）益生菌还可抑制或延缓某些癌症的发展，许多动物实验和人体试验研究表明，益生菌可抑制某些毒性化学物质引发的各类癌症的发生、发展，如结肠癌、乳腺癌等。

（7）益生菌可抑制酵母菌的生长和感染等。有一类酵母菌被称为白假丝酵母，即白色念珠菌，是人体胃肠黏膜的天然寄居菌，当宿主菌群平衡和免疫功能良好时，这些酵母菌受抑制和限制，当人们使用抗生素或激素时，食品中碳水化合物过分分解，易导致体内益生菌数量急剧下降和白假丝酵母菌迅速生长，进而出现白色念珠菌病或酵母菌感染，它会波及阴道、眼睑、咽喉、哺乳期母亲乳房、皮肤、睾丸、指甲，进而播散至全身。如正在进行化疗并有免疫缺陷的人群会出现免疫系统（免疫力）受损倾向，严重者可引起全身性真菌感染。

（8）益生菌可预防和治疗腹泻和便秘。国内有不少报告证实：此类制剂对旅行者腹泻有肯定的作用，益生菌可降低结肠pH，使之偏酸性而利于缓解和治疗便秘。

（9）益生菌有预防和治疗肠易激综合征、炎症性肠病、溃疡性结肠炎、克罗恩病及不明原因的胃肠慢性结节性炎症的作用，所有这些紊乱和失调都与体内菌群失调有直接联系，可采用益生菌来防治。

（10）益生菌还可预防和治疗口臭（包括胃肠上部有益菌和有害菌不平衡所导致的口臭）、胃溃疡，益生菌还可以防治幽门螺杆菌（H.pylori）引起的溃疡病和慢性肠炎，世界胃肠专家正在为此努力工作和研究。

（三）益生菌减少的原因

（1）由于现代许多食品及包装并非使用纯天然的材料，加之食品中添加了各种添加剂，因此各种添加剂食品随处可见，无法满足人们对健康食品的需求。

（2）城市居住环境不够理想，环境污染严重，城市用水都经过自来水厂工业化处理，而含氯的水也会损害体内益生菌的定植和繁殖。

（3）现代人生活紧张，压力增大，益生菌生长时对宿主压力状况极为敏感，由于激素水平改变而影响益生菌的生长、繁殖、定植等。

（4）现代人饮食中，大量精细的碳水化合物、肉类多而蔬菜少、饮食结构不合理，导致益生菌生长受限，而其他有害物质增多，影响宿主健康。

（5）现在抗生素的普及及滥用破坏菌群平衡，伤害益生菌而促进有害菌增殖。

（6）人们对避孕药的滥用，使激素失调而影响益生菌的生存和发展。

（7）随着经济全球化和市场国际化，人员流动、外出旅行，常导致益生菌减少、菌群平衡破坏等菌群失调和紊乱的现象发生。

（8）老年人各方面生理功能下降，益生菌也会减少。

（9）慢性疾病也会引起益生菌减少。

三、为什么现代人更需要补充益生菌？

（1）现代人饮食中摄入益生菌数量过少，"垃圾"食品和快餐充斥在人们餐饮中。

（2）现代人晚婚晚育较多，婴儿缺乏母乳喂养，这往往是生活习惯破坏了体内益生菌群。

（3）城市居住环境易被污染，加之自来水的工业化处理，易损害益生菌的生长和存活。

（4）现代人生活紧张、压力大，易使体内激素失衡。

（5）现代人易使用类固醇类药物，以及泼尼松等，都会影响正常菌群的生理作用。

（6）抗生素的滥用易造成正常菌群被杀灭、益生菌减少。

（7）口服避孕药易使激素分泌减少，菌群失衡，不利于菌群生长繁殖。

（8）频繁使用抗酸药物影响益生菌的生存环境，减少有益菌的数量和作用。

（9）益生菌广泛存在于人的皮肤和黏膜上，不但起屏障作用，而且对正常菌群起保护作用。

（10）益生菌可产生短链脂肪酸和抗氧化剂，可保障宿主获取营养、代谢正常。

（11）益生菌还参与合成一些营养物质（如泛酸、氨基酸、维生素B_1、维生素B_2、维生素B_5、维生素B_6等），参与宿主正常代谢。

（12）益生菌可减少感染的发生，杀死有害菌，与其争夺空间和资源。

（13）益生菌可以预防和治疗便秘和腹泻。

（14）益生菌参与肠易激综合征、炎症性肠病，常是肠功能性实验的防护。

（15）益生菌参与炎症性肠病、肠易激综合征、溃疡性结肠炎、克罗恩病及胆囊炎、结肠炎等疾病的防治。

（16）益生菌尚可防治口臭、胃溃疡（由幽门螺杆菌引起）等。

四、益生剂在临床上的应用

（一）感染性腹泻

感染性腹泻是一个世界性问题，每年有几百万人因此而死亡，尤其是发展中国家儿童，即使是发达国家，每年也有多达30%的人受到食源性腹泻影响，益生菌在减少这类问题上起重要作用，国际上首选鼠李糖乳杆菌和产乳酸双歧杆菌BB-12，二者对轮状病毒感染的急性腹泻儿童防治效果较好。除了轮状病毒感染外，许多细菌会导致患者死亡，体外试验证实益生菌能抑制肠道病原菌的黏附和繁殖，动物实验表明益生菌对病原菌（如沙门菌）有抑制作用，研究还表明多种病原菌引起的旅行者腹泻，通过服用上述益生菌具有较好的防治作用。

值得重视的是，用益生菌治疗急性腹泻，需与口服（或静脉滴注）盐水结合使用。WHO建议在临床上对急性腹泻者应补充水、电解质和提供营养支持，口服盐水已被广泛使用，提倡结合应用益生菌治疗腹泻。

（二）幽门螺杆菌感染及其并发症

幽门螺杆菌是一种革兰阴性病原菌，主要导致B型胃炎、胃溃疡和胃癌，益生菌的一个新应用就是降低幽门螺杆菌的活性。体外和动物实验表明乳酸菌能抑制幽门螺杆菌的繁殖并降低尿酶活性。虽然人体的试验数据相对有限，但有许多研究表明约氏乳杆菌具有这种作用。

（三）肠炎和肠易激综合征

肠炎疾病（如贮袋炎和克罗恩病、肠易激综合征）可能因肠道菌群改变或感染而引发或加重，尽管要充分阐述在这种条件下益生菌的作用不太成熟，但这提供了一种新的研究途径。在有肠炎的情况下，益生菌可通过调整肠道菌群而起重要的（防治）作用，临床研究表明，益生菌具有辅助治疗和预防的作用（需了解细菌、宿主细胞、黏液、免疫防御之间的关系而建立有效的干预措施）。这些研究必须包括对肠道菌群（不仅是便样）分子水平的检测和长期（5～10年）的临床观察。

（四）癌症

初步证据显示，益生菌能防止或延迟某些癌症的发病期，这是由于益生菌能阻止肠道中微生物菌群产生类似亚硝酸胺等致癌物质。理论上，恰当运用乳酸杆菌和双歧杆菌可以限制肠道中的微生物菌群，减少 β-葡萄糖苷酸酶及致癌物质的生成。并且有证据显示，益生菌有助于降低癌症复发和转移的可能性，例如用益生菌灌肠可降低膀胱癌的复发和转移。体内研究表明，使用益生菌可降低细胞腔内黄曲霉毒素致癌风险，然而，从临床上认为益生菌可有效防治癌症还为时过早。

目前仍缺乏足够证据来说明益生菌与微生态学及抗癌作用的关系，关于这方面急需开展广泛的研究工作，且必须针对目前已被国际认证的癌症的遗传标志，或者是潜在的导致癌症的风险因素，用相当长的一段时间去评价益生菌与防治癌症初期的这些标志及致癌物质带来的损害、肿瘤的出现、降低癌症发病率与复发率之间关系。

（五）便秘

对于益生菌可以减轻便秘（排便困难、粪便过硬、粪便从肠道排出过慢）这个问题仍存在争议，但是有些益生菌是有此作用的，推荐使用有效的随机安慰剂对照研究，来探讨益生菌抗便秘作用（详见第十一章第三节益生原与人类健康相关的若干问题）。

（六）肠道免疫

先天性免疫和适应性免疫系统被认为是两大主要的免疫响应系统，巨噬细胞、中性粒细胞、自然杀伤细胞，以及血清补偿是先天性免疫系统的主要成分，是抑制许多有害微生物的第一道防线，然而有许多原因使得这个系统不能被认识，这时适应性免疫系统（B细胞和T细胞）组成了第二道防线，先天性免疫体系的细胞调整了适应性免疫反应开始和后续的方向，自然杀伤细胞（包括γ-T细胞和δ-T细胞）控制空气传播变态反应疾病的发展，表明白介素在其中起了很大的作用。

（七）细菌性阴道病

细菌性阴道病是一种由不确定的病因导致厌氧菌过度生长的疾病，该病伴随着正常阴道菌株乳酸杆菌的消失。许多患细菌性阴道病的女性临床症状虽不显著，但是她们面临很大的危险，如子宫内膜异位、盆腔炎、妊娠期综合征（包括早产）。有临床证据表明，口服乳杆菌可以治疗无症状及症状显著的细菌性阴道病。

口服嗜酸乳杆菌及酸奶酪已被用于预防和治疗念珠菌阴道炎。利用乳酸杆菌生成过氧化氢是有必要的，这些微生物很容易被避孕药杀死，因此推荐两种或更多种益生菌株联合使用，一种菌株生成过氧化氢，其他菌株抵制避孕药的作用，自然可以助于疾病的治疗。

霉菌性阴道炎是一种非常常见的疾病，多数是由使用抗生素导致的，避孕药及激素的滥用是否导致霉菌性阴道炎尚无定论。霉菌性阴道炎不同于细菌性阴道病和泌尿生殖系统紊乱，霉菌侵占人体后不一定会使体内乳酸杆菌丢失。非常少的乳酸菌株可以抑制白色念珠菌或其他念珠菌菌株，无可靠证据显示阴道注射乳酸杆菌能根除霉菌感染，但有证据显示阴道注射乳酸杆菌能降低流产后感染复发的风险，并且该疾病的广泛传播及给人类带来的危害使得深入研究受到重视。

（八）泌尿系统感染

全球有几亿女性患有泌尿系统感染疾病。来源于结肠的大肠杆菌是引起85%泌尿系统感染的原因，无症状的细菌性泌尿系统感染有时发生在有症状的泌尿系统感染之后，也是女性泌尿系统感染的一个共同表现。包括随机对照试验在内的数据显示，每周对阴道用一次冻干乳酸杆菌（GR-1和B-54），每日口服一次乳酸杆菌（GR-1和RC-4），可以使阴道中优势菌群乳酸杆菌恢复，并降低泌尿系统感染发生的危险性。在阴道中建立一个乳酸杆菌的屏障，几乎没有病原体可以上升至膀胱，因此就阻断了感染。

五、益生菌在健康人群中的其他应用

（1）益生菌的使用不应替代健康的生活方式和平衡膳食：首先，对于健康没有精确的衡量标准，健康在任何情况下都是以没有疾病来衡量的；其次，究竟摄入多少益生菌能在饮食、锻炼或其他生活方式中对促进生命健康有益，这一研究还未进行。在芬兰月托中心进行的四项研究表明，益生菌的使用降低了呼吸道传染病的发病率。与会专家更愿意听取健康人群摄入多少益生菌才最能保持身体健康这方面的研究成果，这方面的研究需要多个研究中心参与，也需对年龄、性别、种族、受教育程度、社会地位及营养摄入等不同的人进行研究。

（2）到目前为止，规律摄入益生菌对肠道菌群的影响还是不确切的。例如，是否会导致肠道其他微生物的损耗或消失，从而有益宿主的健康？这方面的研究还没有足够的证据显示，而且笔者所指的恢复正常平衡是无论在任何情况下保持肠道菌群的正常组成。与会专家认为，对人体健康和疾病有关的各种微生物进行深入研究是非常重要的。另一点值得注意的是，通过代谢进入宿主身体的益生菌株仍不能在宿主体内长期繁殖和存活，微生物不能永远存活，它是一代一代繁衍生命才得以延续，这是个不变的道理。因此，益生菌的作用是短期的，为了防治疾病，连续使用是有必要的。

（3）新生儿体内的菌群总体仍未固定，适当地使用益生菌有可能使之成为他们体内的益生菌群主体，也许会给新生儿的身体健康带来长期效果，甚至让他们终身受益。如果想通过这些益生菌预防和治疗早产婴儿的不健全、婴儿的体重轻，那么对婴儿体内菌群的改变是个非常复杂的过程。正因如此，人类的基因组计划有一种暗示，即筛选益生菌，在人类一出生就摄入体内，创造出一种可以延长生命健康的新菌群。这个课题对未来计划是非常重要的，不过同时也是受到人类道德理念争议的课题。

（4）建立实验方法评价益生菌对健康的好处。对于体内试验，应该采取随机、双盲的安慰剂对照人体试验评价益生菌在体内产生的功效。与会专家承认，只有在足够数量的人员自愿参与试验并成为被研究对象的情况下，研究结果才具有统计学意义，并且与会专家主张该研究应由多方面的研究中心参与，这是因为事物带给人体的功效是错综复杂的，要想从这种错综复杂的功效中得出益生菌的功效更是难上加难，因此在人体试验中需要采用适当的控制手段，而且要注意的是，一类含有益生菌株的食品为人体带来的功效，不可以外推到含有其他益生菌株的食品或是其他的益生菌。

关于益生菌机制的研究：尽管特定的益生菌能够为身体健康带来益处，但其作用机制仍未被知晓。作用机制也会因益生菌的不同而不同，或因同一种益生菌不同的作用方式而不同，而且作用机制也许是各种事件的综合反应，那么对它的研究是错综复杂的。益生菌作用于人体提供益处，可以是凭借益生菌的酶和代谢产物直接作用，或是益生菌直接导致对身体健康有益活动的产生。

β-半乳糖苷酶可以被添加到食品中帮助治疗乳糖不耐受症，但是需注意，在发酵奶制品（如酸奶奶酪中同样可使用乳糖发酵的德氏乳杆菌保加利亚亚种和嗜热菌）时不能作为益生菌使用，这是因为它缺乏在肠道内的繁殖能力。

六、使用益生剂或将其作为保健食品等，必须全面考虑安全问题

（一）益生菌的评判标准

1. 评判特性

（1）益生菌菌株的属、种、株的鉴定：确定其菌属、菌种名称（使用表型和基因型结合方法进行），以及等到糖发酵试验并改用脉冲凝胶定电泳法确定基因型。

（2）益生菌菌株的体外试验：①对胃酸的抵抗力；②对胆汁的抵抗力；③对人肠上皮细胞和细胞菌的黏附力；④对潜在致病菌的抗菌活性；⑤降低致病菌的黏附力；⑥胆盐水解酶活性；⑦其他。

（3）益生菌菌株的一些特性试验：①抗生素耐菌谱；②某些代谢特性（D-乳酸盐产生、胆汁解离）；③人体试验过程中不良反应的评估；④进入人体使用的不良反应，发生

率的综合监察；⑤如果评估的益生菌菌株、菌属已知能产生针对哺乳动物毒素的种属，必须检测其产生毒素的能力；⑥如评价的益生菌菌株能产生溶血；⑥确保安全：还必须用实验证实益生菌菌株对免疫受损动物不具感染力。

（4）益生菌菌株的动物和人体内试验，一般需经过4个阶段：①第一阶段：安全性；②第二阶段：有效性；③第三阶段：使用随机、双盲、安慰和对照实验（DBPC）；④第四阶段：监测。

（5）益生菌对健康有益的声明要注明此菌株的具体作用。

标识应包括益生菌菌属、菌种、储存期、最少活菌数量、发挥作用使用剂量、健康功效、储存条件等。

从目前所涉及的资料来看，此观点还不够全面或不够准确，FAO/WHO专家比较强调以下几点：①包括益生菌在内的任何细菌，抗生素的耐受性也存在于乳酸菌中，这种耐受性（耐菌性）与位于染色体、转离子和质粒的基因有关。然而没有充分信息显示在何种情况下，这些遗传因素才会启动，何种情况下临床症状才能看得出来；②应该考虑不要在食物中添加具有耐菌性基因的益生菌，还应该致力于研究乳酸菌和双歧杆菌的抗生素耐受性，以及与肠道内的或食品携带的微生物同潜在遗传因素之间的关系；③有信息显示乳酸菌使用很长一段时间了，但迄今仍无它对人类健康造成危害的报道；④经过几十年研究证明，FAO/WHO专家一致呼吁肠球菌不能作为益生菌供人类使用，其根据包括：a.肠球菌的菌株对万古霉素有很强的抵抗作用或该菌株会产生获得性抵抗。如果该菌株对万古霉素产生抵抗性，这种特性会传递到其他生物体中使之也产生抵抗性；b.对万古霉素具有抵抗作用的肠球菌是非常容易在医院内播散的；c.与会专家还认识到一些肠球菌的菌株具有益生菌的特性，同时表现为对万古霉素无抵抗性，然而专家们根据前人经验得出结论：肠球菌对万古霉素是极容易产生耐菌性，并能迅速地传播。这一责任是非常巨大的，这就是为什么必须把国际上最新报告传递给国内的读者，以便使人们的认识能与国际方面接轨；⑤另一点是关于给菌途径，通过注射方法进入宿主体内的益生菌株是不能在宿主体内长期繁殖和存活的，微生物单一个体不能长期存活，它是靠一代一代繁衍，生命才得以延续，这是个不变的规律。因此，益生菌的作用是长期的，为防治相关疾病，连续使用是很有必要的。

从上述一段文字及笔者对益生菌使用株出于安全的考虑，一定要注意这些使用益生菌菌株的安全性，高度关注它们对抗生素的敏感性。也就是说，一般作为益生菌使用的双歧杆菌或乳酸菌菌株必须检测其是否含有菌株性质粒，凡含有耐菌性质粒的菌株一般不使用。FAO/WHO有关专家一致认定的肠球菌素属于极易获得抗生素耐菌性又极易传递这种耐菌性的微生物，因此即便它具有许多益生菌的特性，也不应该在保健食品中应用，尤其不应该作为防治腹泻常用益生菌而广泛运用。对一些不懂微生态的运营商来说,他们为了获取利润,播散耐菌性,贻害人们的健康。目前人们还无法预先得知某种菌株的耐药性是如何产生的,尤其是如何将耐药性传递给其他敏感菌株的,也就是说这类耐药菌质粒是如何产生的又是如何消失的还未知。在目前人类尚无手段揭开自然界中这些谜之前,还是应该尽量避免将肠球菌作为益生菌使用,若将它作为益生菌使用,一旦获得了耐万古霉素的耐菌性,那么人类将面临对严重感染性疾病无药可医的局面,因为万古霉菌基本上被公认是临床上对付一些严重感染的最后一道防线。

(二)益生菌与其他药物有很大的不同

药物强调疗效、缓解和治愈疾病,然而益生菌作为食物添加剂或补充物,更多是强调调节健康,而非救治某病,因此其更安全性高、针对面更广,可能主要作为缓解病情更合理。

(三)益生菌要有正确标识

为了认定与分辨食物中的益生菌,建议在标识上注明益生菌的微生物种属,如果对菌株进行了处理也要标识,因为不同益生菌菌株的功效是不同的。

有必要精确地列出食品中的益生菌种类,以及它们的货架期。

(四)益生菌加工处理过程

为了确保益生菌的活性,益生菌的贮存培养基一定要在适宜环境下保存,而且要适时地检查益生菌菌株的情况,并且在加工过程中必须保持益生菌的存活与活动能力,包括添加到食物中的益生菌要保证直到食物的货架期限,益生菌仍然存活并有功效。

(五)益生菌奶产品

干粉剂益生菌奶粉应当有足够的活菌数量,在货架期也应该保证其稳定性。

向奶粉中加入冻干培养物是使奶粉含有活菌的方法,然而仍然很有必要做储存试验来确保这种方式的可行性。

(六)益生菌存活率的影响因素

(1)益生菌扩大的方式。

(2)包装类型。

(3)包装尺寸。

(4)储存的条件。

(5)奶粉的质量(标准情况的参考)。

(6)再水化的步骤。

(7)再水化的产品处理。

（8）市场监控。益生菌生产人员、医学专家和公共卫生官员应当考虑用某种系统来监控长期摄入益生菌对健康的影响，这可作为一种方法来获得益生菌的不良反应并进行长期监测，适当的追踪系统是必要的前提。

七、建议

（1）益生菌必须用包括国际上可接受的分子技术来鉴定，必须根据国际命名法规来命名，还应当保存国际上认同的有知名度的标本。

（2）必须对宿主有益处，可为人体所利用的益生菌产品才可被称为益生菌。

（3）很有必要通过体内和体外试验来更好地预测益生菌对人体的作用。

（4）很有必要获得人体更多的统计上有完善的差异性数据。

（5）良好的生产实践必须有质量保障，必须建立货架期条件，必须标示最小剂量和证实了健康需要。

（6）益生菌作为添加至食物的成分，必须由国际机构建立统一指挥、方法、比较等例证。

（7）益生菌必须建立一个可调整的框架，以示其有效性、安全性标识，以及其他属性和需要。

（8）对被定义为对人体有益处的益生菌产品，必须描述这些特定的益处。

（9）监控系统（包括追踪和供市场监督）必须适当地记录和分析食物中与益生菌有关的危害。这样的监控系统也可以被用来监控益生菌对健康的长期益处。

（10）在进行救济工作时和在高患病率、发展率的人群中，应当努力地使益生菌产品更广泛地得到监控。

（11）对益生菌，很有必要做更多的工作来提出标准和方法。

八、益生菌在保护人体健康中的应用前景

（一）益生菌为解决癌症防治问题提供了可能

益生菌在预防体细胞癌变过程中扮演着积极角色：首先，益生菌可以制造防御物质，并为之解码；其次，它可以吸收有毒物质，并减弱其毒性；更重要的是，它会让身体远离有害菌，并尽可能吸附有害物质，将其转变成无害物或转化成非致癌物，可见益生菌可防御并化解有害化合物对健康细胞的DNA攻击，从而使机体避免基因突变。

（二）益生菌有可能成为防治冠心病的神奇武器

补充益生菌可以调节肠道菌群平衡，并引发人体内胆固醇的调配机制的变化，从而有效降低体内胆固醇的含量；益生菌还可以有效降低血压，可以说益生菌已经成为对抗冠心

病的神奇武器。

(三) 益生菌可能为孤僻症患者带去康复的希望

摄取益生菌有可能修复肠瘘,并为肠瘘设置物理障碍,防止病原体侵入体内,从而促进自我修复。其次是益生菌的排毒功能,它还可以通过使用摩尔因子将体内有机汞转化为挥发性自然汞或转变成无毒的无机汞,从而改善孤僻症。

(四) 益生菌可能缓解老年痴呆的进程

在一定程度上,益生菌能阻止并扭转老年痴呆的退化进程,每日摄入一定量的益生菌,机体可将许多其中所含的酶吸收进入循环系统,由于可分解体内有害物质,如长期囤积的肽和生成的血凝块等会被消化掉,有效地解决了老年痴呆形成的主要原因之一。

益生菌不仅能延缓老年痴呆等疾病的发生,还能延缓身体衰弱的进程,世界上许多长寿村老人喜好喝酸奶就是明显的例子。

九、结论

大量的科学研究证据表明饮食摄入益生菌有利于身体健康。然而本研究的建议尚需进一步做系统工作,提供大量研究数据以表明益生菌有益于身体健康的作用机制和效果。有证据显示一些特定益生菌可以安全使用,并且有利于宿主的身体健康,然而在没有进行实验研究之前不能认为其他的益生菌也会如此。因此,安全性和长期稳定效果仍值得人们深入研究。

益生菌对在人类疾病中占很大比例的肠胃感染、消化系统紊乱、变态反应、循环系统的疾病与癌症有一定的抵抗疾病的效果,应用益生菌防治这些疾病得到医药协会的广泛重视。而且,近期有证据显示,益生菌有利于提高身体健康的人群抵抗疾病及调节免疫能力。到目前为止,国际上认为达成统一基准来评价食品中益生菌对身体的健康有调节作用,但只是在少数国家内制定了相应的评价程序,允许特定的益生菌产品可以被描述成对身体健康有特殊功效。

肠道中有益菌以多种方式保护宿主的健康:①产生抗菌物质,抑制致病菌的生长,影响黏膜上层正常菌群的生理生化状态,修复破损的黏膜屏障功能;②为改变机体的免疫调节状态,增加分泌型IgA的产生,减少促炎症因子,增加抗炎因子;③调节宿主的基因表达,在分子水平上预防和控制疾病的发生;④从总体上看也许最主要的是益生菌能恢复和保持肠道菌群平衡,从而保持人体的健康状态。

恢复宿主与肠道菌群的平衡,远优于那些广泛抑制炎症和适应性免疫反应的治疗方法。因此,益生菌疗法是肠道疾病预防和治疗方面既安全又有效且经济的方法,这些也正是益生菌疗法日益受到重视和推崇的原因。

参考文献

1. AGUIRRE M, COLLINS M D.Lactic acid bacteria and human clinical infection.J Appl bacterial, 1993, 75（2）: 95-107.
2. 熊德鑫.FAO/WHO 有关专家对食品中的益生菌的营养和保健功能的评价.第九届全国微生态学学术研讨会, 2007.
3. GIBSON G R, ROBERFROID M B.Dietary modulation of the human colonic microbiota: introducing the concept of prebiotics.J Nutr, 1995, 125（6）: 1405-1412.
4. ELMER G W, SURAWICZ C M, MCFARLAND L V. Biotherapeutic agents. A neglected modality for the treatment and prevention of selected intestinal and vaginal infections. JAMA, 1996, 275（11）: 870-876.
5. GOLDIN B R, GORBACH S L, SAXELIN M, et al.Survival of lactobacillus species（strain GG）in human gastrointestinal tract. Dig Dis Sci, 1992, 37（1）: 121-128.
6. SAXELIN M.Colonization of the human gastrointestinal tract by probiotic bacteria. Nutrition Today, 1996, 31（suppl 1）: 51-85.
7. SAGGIORO A.Probiotics in the treatment of irritable bowel syndrome.J Clin Gastroenterol, 2004, 38（suppl 6）: S104-S106.
8. SEN S, MULLAN M M, PARKERT J, et al.Effect of Lactobacillus plantarum 299v on colonic fermentation and symptoms of irritable bowel syndrome. Dig Dis Sci, 2002, 47（11）: 2615-2620.
9. SI J M, YU Y C, FAN Y J, et al.Intestinal microecology and quality of life in irritable bowel syndrome patients. World J Gastroenterol, 2004, 10（12）: 1802-1805.
10. SHANAHAN F.Probiotics and inflammatory bowel disease: is there a scientific rationale?Inflamm Bowel Dis, 2000, 6（2）: 107-115.
11. SHORNIKOVA A V, CASAS I A, ISOLAURI E, et al.Lactobacillus reuteri as a therapeutic agent in acute diarrhea in young children.J Pediatr Gastroenterol Nutr, 1977, 24（4）: 399-402.
12. SHANAHAN F.Crohn's disease.Lancet, 2002, 359（9300）: 62-69.
13. BORODY T J, WARREN E F, LEIS S, et al. Treatment of ulcerative colitis using fecal bacteroitherapy.J Clin Gastroenterol, 2003, 37（1）: 42-47.
14. WAKEFIELD A J, PITTILOR M, SIM R, et al. Evidence of persistent measles virus infection in Crohn's disease.J Med Virol, 1993, 39（4）: 345-353.
15. 熊德鑫, 姚玉川.肠道微生态制剂与消化道疾病的防治.北京: 科学出版社, 2008.

第十一章

益生原与健康

随着我国经济的高速发展,人民生活水平也日益提高,生活质量不断改善,人均寿命普遍延长。不过,伴随着生活质量的提高,人们的膳食结构也正在发生着较大的变化,小部分的人膳食结构已逐渐西化,常以高脂肪、高热量、高蛋白质、低膳食纤维等所谓的"三高一低"西式膳食为主,加之我国人口老龄化逐渐加剧,由于上述营养过剩而引发的糖尿病、冠心病、脑卒中等疾病的发病率逐渐升高。

因此,过去一些以富含碳水化合物、脂肪等食品作为保健品的发展已经到了瓶颈阶段,现在必须尽量避免造成营养过剩状态,发展新的碳水化合物类营养保健品,既不造成营养过剩,又可满足机体一些营养的特殊需要,这类物质用途广、需求量大,并且这类物质还能大规模工业化生产。直到20世纪70年代,由著名的微生态专家——光冈知足先生提出的大豆低聚糖和水苏糖类物质,基本上能满足上述条件,因此功能性低聚糖(即益生原物质)逐渐走上了保健品舞台,本章将重点介绍益生原有益于人类健康的养生问题。

第一节 益生原简介

什么是益生原?所谓的益生原是指在人的上消化道不被消化、吸收和利用,直达人的结肠,能选择性促进一种或数种生理性细菌生长的物质。

读到益生原这个词,就要先提及益生菌一词,一般认为益生原是由益生菌一词引申而来。益生菌一词是1989年由微生态专家富勒首先提出来的。1995年,英国学者吉布森也提出了益生菌,并由此还引申出另外两个词汇——益生原和合生原,这3个词汇概括了微生态应用领域三个方面的成就,这一提法很快被微生态界普遍接受,并得到了广泛的应用和推广。

20世纪80年代,医学家发现低聚果糖等难消化的低聚糖不能在小肠被消化吸收,而是完整进入大肠,被大肠(结肠)中双歧杆菌选择性利用,使其得以迅速地增殖并成为优势种群,由于占位包括黏膜位点生命体,进行位点的营养争夺而成为优势种群,而那些有害的荚膜杆菌或卵磷脂酶阴性梭菌等有害菌大大减少,肠道菌群得以调整和改善。直至1995年,吉布森等将这类具有促进肠道双歧杆菌增殖的物质称为益生原,益生原与益生菌一样成为改善肠道微生态的主要手段之一。

前面已提到,作为益生原必须具备两大特点:在人的上消化道中不被消化吸收;能选择性促进一种或数种生理性细菌生长。

从目前研究效果来看,益生原主要含两大类物质:一类是功能性低聚糖;另一类是抗性淀粉。

功能性低聚糖的第一个特点是不能被哺乳类动物的上消化道水解酶水解,只能完整地进入上消化道(空肠),在空肠中也不能被消化,到结肠能诱发糖的分解代谢,也就是说哺乳动物上消化道甚至空肠内的酶不能将其功能性低聚糖水解,它可以完整地进入结肠中;第二个特点是能够被结肠中有益菌选择和利用(即促进其生长和代谢性),反过来即是选择性刺激生理性细菌增殖和代谢。

第二节 益生原的生理功能

益生原的主要生理功能如下。

一、调整肠道菌群,促进微生态平衡,保障人体健康

结肠是人体最大的细菌库,粪便干重的30%~50%是粪便菌群的细菌体,人体细菌95%以上集中在结肠,每克肠内产物有10^{11}~10^{12} cfu细菌,它们由类杆菌、双歧杆菌、化杆菌、乳杆菌、梭菌、消化球菌、链球菌、大肠杆菌、肠球菌等,由40~50个菌属,400~500个菌种组成,在维持机体生物、化学、免疫屏障,以及对宿主营养、健康、抵御致病菌(微生物)侵袭,提高宿主植抗力(CR)、免疫力、抗肿瘤、延缓衰老等诸多方面都发挥了重要作用。

结肠代谢活动非常旺盛。进入结肠的碳水化合物,是经上消化道吸收后的残留物,每日有10~60 g,其中大多数是抗性淀粉,非淀粉多糖及非吸收性糖类和膳食纤维,一般来说,由食物摄入非消化的低聚糖只有数克。结肠中一般缺乏结肠细菌利用的碳源,一旦

有了碳水化合物，尤其是结肠可利用碳水化合物，就会对结肠菌群代谢产物产生一定的影响。而结肠菌群利用低聚糖能力是不同的，一般来说双歧杆菌、乳酸菌等生理性细菌，尚能部分利用它们，而许多有害的肠道细菌却不能利用低聚糖物质，其主要还是缺乏分解和开辟p1-α糖苷链的酶，所以只有含能开辟低聚糖连接酶才能将其分解利用。

二、产生短链脂肪酸，刺激肠蠕动，改善便秘

低聚糖直达结肠后，被双歧杆菌利用，产生短链脂肪酸，主要是乙酸（A）、丙酸（P）、丁酸（B）、乳酸（L）和气体[如CO_2、H_2、CH_4（有机酸浓度可达100～200 mol/L）]，提供机体需要的能量，因此它耗能量低。同时低聚糖所产生的短链脂肪酸还可以刺激肠壁受体，促进肠蠕动，改善患者便秘症状。它还能促进双歧杆菌等生理性细菌增殖，抑制肠道腐败菌增殖，并可抑制一级胆酸，转变成具有一定抗癌作用的次级胆酸。另外，有机酸与毒氨结合，成为不可扩散的铵离子，从而成为有害肠道细菌的天敌，这可能是另一防治致病菌的方法之一。益生原开始成为抗生素治疗之外的另一有效的选择。

三、促进矿物质的吸收

尽管人体仅有1%钙为游离钙，分布于体液和结合于血红蛋白中，是维持血液凝集、肌肉伸缩、神经功能、激素分泌及体液平衡所必需的。为维持机体正常功能，使血钙保持稳定状态，有实验证明低聚果糖和低聚半乳糖都具有维持机体正常功能血钙、磷的吸收和菌化作用。

四、提高机体免疫力，抑制和预防肿瘤发生和损害

肠道菌群与消化道癌症密切相关，消化道中腐败菌可以生成许多致癌物或促癌酶，菌群失调时，细菌产生这些诱导物极易引起体细胞癌变，加之患者饮食结构不合理，如膳食纤维摄入不足，又过多摄入高脂肪、高蛋白质、含高色素、烧烤或油炸食物而诱发结肠癌，患便秘与结肠癌、乳腺癌者较多，便秘又加重菌群失调，增加肠内对其吸收，并增加患结肠癌的机会。

高脂饮食易引发结肠癌，是因为动物脂肪可促进胆汁分泌，引起肠道中胆酸和胆固醇增加，在肠道菌作用下转化为次级胆汁酸、雌激素、二酰基甘油、环氧化物、芳香族碳氢化物等，这些都是具致癌性的物质。而蛋白质在腐败菌作用下可转化为胺类、氨、亚硝酸化合物、吲哚、酚类、3-甲基吲哚、甲基硫酸、硫化氢等各种有毒致癌物，受腐败细菌（如肠道中的类杆菌、梭菌等）产生的葡萄糖醛酸酶的作用，被游离（激活）而致体细胞癌变。

而服用益生原可以明显刺激双歧杆菌、乳酸杆菌等生理性细菌增殖，使肠道中sIgA水平明显提高，对预防结肠癌的发生有一定的作用。此外，随着肠道中双歧杆菌增殖，它具有很强的免疫刺激作用和抑癌作用，可促使巨噬细胞产生IL-1、IL-6、TNF-α等多种免疫细胞的致病分子，增强抑制、杀灭癌细胞能力，并刺激淋巴细胞有丝分裂和增殖。双歧杆菌（如长双歧杆菌）都可促进结肠黏膜产生免疫球蛋白（如sIgA、sIgG等），分泌型免疫球蛋白具有抗感染、抗食物过敏及吸附致癌物的功能。肠道是人体最大的免疫器官（它拥有人体60%~70%的免疫细胞），增强肠道有关淋巴组织，可增强肠道健康和全身免疫功能。

益生原可以调节肠道细胞的酶活性，肠道中腐败菌产生的β-葡萄糖苷酶、芳香硫酸脂酶、偶氮还原酶、硝基还原酶等具有促使消化道致癌原转化成致癌物的作用，益生原通过促进肠道双歧杆菌的增殖，可有效降低酶的活性。益生原还能同一些毒素、病毒和细菌表面结合而削弱其对肠壁的黏附，这点对提高抗感染能力有一定意义。因为病原微生物在肠壁黏附是定植和感染的第一步，它作为一种免疫佐剂，可减缓对抗原的吸收，增加抗原效价和提高人体免疫力，并且益生原也是一种抗原，可刺激机体的免疫力。有研究发现菊粉和抗性淀粉可增加结肠中丁酸浓度，丁酸是结肠细胞重要营养物质，对维持上皮细胞健康、预防肿瘤有重要意义。

丁酸多由直肠真杆菌（$E.rackale$）和球形梭菌（$C.coccoides$），以及酪酸梭菌（$C.butyricum$）等产生，而有些益生原可以增强这些菌的活性，这对预防结肠肿瘤是有益的。

益生原是主要的生态营养物质。生态营养是指生态体系中的营养物质，不会直接被宿主分解和利用，而是被体系中的正常微生物群吸收利用（此又称为初级生产者），并起维持微生态体系的稳定和发展即促进微生态动态平衡作用，反过来又有益于宿主的健康。

益生原作为生态营养物质，其具备低热值的特点，一般为蔗糖5%或30%的热值，因为其热值低，所以一般不被宿主分解利用。

保健食品也被称为功能食品，是指具有调节人体生理功能，适宜特定人群食用，不以治疗疾病为目的一类食品。也就是说这类食品"除了一般食品都具备的营养功能和感官功能（色、香、味、形）外，还具有一般食品所没有或不强调的调节人体生理活动的功能"。由于这类食品强调食品的第三种功能，故称之为"保健食品"，而我国经原卫生部功能评价审定的产品称之为"保健食品"。

保健食品包括营养补充剂，后者是指单纯以一种或数种经化学合成或从天然动植物中提取的营养素为原料加工制成食品。

而特殊营养食品是指通过改变食品的天然营养素成分和含量比例，以适应某些特殊人群需要的食品，它包括婴幼儿食品、营养强化食品、调整营养素食品（低糖食品、低钠食品、低谷蛋白食品）等。

新资源食品是指在我国新研制、新发现、新引进的无食用习惯或仅仅在个别地区有食用习惯，符合食品基本要求的食品。

益生原对人们健康有益首先在于它可以作为双歧因子，选择性促进肠内生理性原籍菌——双歧杆菌增殖，双歧杆菌的增殖不仅可以坚固肠黏膜生物屏障，而且产生大量短链脂肪酸，如乙酸和乳酸等，既可降低局部pH，抑制腐败菌生长和繁殖，又能产生相当量的抗菌物，故可抑制过路菌或腐败菌的侵袭和损害，可用于腹泻的生态防治；它抑制了腐败菌的生长和繁殖，既减少了有毒的代谢产物（如胺类、氨、吲哚、甲苯酚等有害物质）的产生和吸收，同时还可以减少现代病的发生和发展，如肥胖、心血管病等，并且由于双歧杆菌增殖而产生肠蠕动因子，以及产生短链脂肪酸、乙酸和乳酸，都可以刺激肠道的蠕动，减轻习惯性便秘和宿便；此外，还可以促进钙、铁等矿物质的吸收，因为在酸性环境中它们呈离子状态而利于吸收，故有利于青少年发育和预防中老年骨质疏松。双歧杆菌可作为抗原刺激提高机体的黏膜免疫，而产生一系列积极的生理效应：调整肠道菌群，促进肠道菌群生态平衡，可用于抗生素相关性肠炎或腹泻的防治；甚至可防止肿瘤患者放疗或化疗后引起的菌群失调；它们抑制肠内过路菌（致病菌）的繁殖、移位，减少内毒素和致癌物质的产生和移位，以防止各类慢性炎症或癌症的发生或发展。由于选择性促进双歧杆菌增殖，而双歧杆菌又直接影响β-羟基-β-甲戊二酸单酰辅酶A还原酶的活性，抑制了胆固醇的合成，而使血清胆固醇降低，并且双歧杆菌含有使氨合成尿素的酶，而使血氨下降，可用于肝性脑病的防治；同时由于双歧杆菌增殖，坚固了生物屏障而减少了内毒素释放和移位，从而减轻了肝脏负担，维护肝功能正常。益生原可选择性促进双歧杆菌等生长和繁殖，它作为生物抗原而刺激免疫系统，由于这种刺激不仅增强了体液免疫功能，而且强化了细胞免疫功能，刺激巨噬细胞产生白细胞介素和肿瘤坏死因子等细胞因子，并通过这些因子与免疫系统、血液系统、神经系统、内分泌系统、炎症反应等相关联，维持机体自稳机制，这也是维持机体健康状态所必需的。因为双歧杆菌等生理性细菌参与机体B族维生素（B_2、B_6、B_{12}、K）和烟酸、叶酸合成和促进其吸收，因此益生原通过促进双歧杆菌生长，间接供给人体营养。

肠道内菌群的构成反映了肠内的代谢，而正是由肠内代谢必然给人体的健康带来各式各样的影响：一方面把分解食物的各类有益成分转化、吸收；另一方面又把体内代谢产生的各类物质尤其是有毒物质排泄出去，其结果对宿主的营养、药效、生理功能、老化、致癌、免疫、感染等带来极大的影响。因此，肠内菌群对宿主本身健康有益或者有害，被认为是宿主一生中导致各类疾病发生的重要原因。

肠道菌群给机体带来有益的作用：参与维生素、蛋白质的合成，并被宿主利用，即与食物的消化和吸收有关；常住生理性细菌黏附在黏膜受体表面形成膜菌群，构成生物屏障结构，并通过分泌细菌素和酶、短链脂肪酸等参与构成肠道化学屏障；并通过刺激机体的免疫系统，从黏膜免疫到体液免疫和细胞免疫构成了机体的免疫屏障，从而构成阻止外来致病菌的屏障，既防止肠道感染又防止细菌和毒素移位；并抑制肠内腐败菌和有害菌的增殖，净化肠内环境，既提高机体的免疫功能，又提高机体的定植抗力。根据以上各种功能来维持宿主的健康。

肠内菌群中腐败菌产生许多有害的代谢产物，如氨、硫化氢、胺类、酚、吲哚及细菌的毒素、致癌物（如亚硝基化合物、偶氮化合物、次级胆汁酸等有害物质），在对肠道本身带来直接损伤的同时，其中一部分被吸收，这种毒素和有害物质长期积累和吸收，在长时间内又可引起癌症、动脉硬化、高血压、肝脏损害、自身免疫性疾病、免疫功能低下，极易导致感染和相关性疾病。

因此，调整肠内菌群的平衡，增加双歧杆菌等肠内有益菌，抑制梭菌等有害菌对于预防许多成人疾病和消化道恶性肿瘤是极为重要的。益生原作为功能性保健食品对防治许多成人疾病极有前景。

益生原是在人的上消化道不被消化吸收和利用，直达结肠，能选择性促进双歧杆菌等生理性原籍菌生长的物质，也可以认为益生原是能促进结肠有益菌增殖（双歧杆菌）或抑制有害菌增殖，通过调整肠道菌群达到净化肠内环境而对宿主健康有利的难以消化的食品。

功能性低聚糖类益生原物质既具有难消化性又具有类似水溶性食物纤维的作用，其难消化性主要表现为它不被人体唾液中的酶及空肠消化酶水解，健康人群摄取功能性低聚糖后，检测其血糖值和胰岛素都未上升，因此它属于难消化糖。高脂血症患者连续数周摄取一定量益生原的，其胆固醇、中性脂肪和血糖值降低，这主要是由于水溶性食物纤维表面可能带有许多活性基团，可以螯合吸附胆固醇、胆汁酸之类的有机分子，从而抑制人体的吸收，这也是膳食纤维能够影响胆固醇物质代谢的重要原因。此外，水溶性纤维对肠道内容物的水合作用，脂质乳化作用、消化酶的消化作用都有一定的影响进而影响到食物的消化和营养素的吸收。水溶性纤维类益生原物质，更具有一定的容积作用，其浸水之后的体积更大，在胃肠道产生容积作用而引起饱胀感，故它还会影响机体对食物其他成分的消化和吸收，故不易产生饥饿感。

此外，益生原类可溶性纤维具有黏附胆汁酸和脂质的作用，干扰酸粒在空肠中形成以后，以至影响胆固醇和脂肪的吸收，并影响在小肠膜形成的脂蛋白颗粒的大小。膳食纤维可增加粪胆酸的排出，并通过干扰胆固醇与胆汁酸的平衡，而影响肝脏分泌脂蛋白。可溶性纤维可被结肠细菌分解产生气体和短链脂肪酸（尤其是醋酸盐、丙酸盐和丁酸盐）短链脂肪酸几乎完全被吸收到门静脉系统,并可能影响肝胆固醇的合成。实验表明益生原类水溶性纤维有降低血胆固醇浓度的作用,而高胆固醇血症是冠心病高危因素之一,因此益生原类水溶性纤维具有预防冠心病、高脂血症等作用。

益生原类水溶性纤维与其他营养素代谢也具相当密切的关系。

(1)与氮代谢:会对氮代谢和氮的生物利用率产生一些影响,如粪便中氮损失增大,尿中氮含量下降。

(2)与脂肪代谢:会改变脂肪的吸收率或减少脂肪的消化率,总体来说是增加脂肪的排出量。

(3)会改变可利用碳水化合物的吸收:一方面,纤维素会改变物料的黏度;另一方面,纤维素会引起胃排出率下降。或者认为可利用碳水化合物吸收程度下降的机制是纤维素改变了吸收绒毛端活动层的厚度并减缓黏膜表面吸收。

(4)与矿物质代谢:负面影响更多,许多纤维素原料中还包含有少量植酸,会使其与某些矿物质发生化学和物理反应,可见一些纤维素还可能影响一些无机离子的吸收。

(5)与维生素代谢:一般来说,纤维素会使维生素的吸收大大增强,在肠道内的纤维素会被降解以刺激微生物活性,使宿主与微生物之间会竞争吸收维生素B_{12},一般来说,摄入纤维素后,血清维生素值会增加,表明纤维会使维生素吸收大大增加。

最后还应该提及作为水溶性纤维素——益生原物质对肠道菌群的影响。胃肠中流动的胃肠液,正常菌群对食物的蠕动和消化的重要作用,肠内纤维含量增加时会诱导出大量需氧菌和兼性厌氧菌生长,并取代原来的类杆菌、优杆菌、消化链球菌等厌氧菌,这些需氧菌很少会产生致癌物,而厌氧菌则产生较多的致癌毒性物,膳食纤维使这些产生的毒性物质随之排出体外,这也是膳食纤维预防结肠癌的机制之一。

益生原的主要机制在于选择性促进双歧杆菌生长,调整肠内菌群,改善肠道内环境。

益生原低聚糖类物质,多由β-1,6或β-1,4糖苷键聚合的低聚糖,人类消化道的酶不能打开β-1,6糖苷键,故人类的口腔、消化道的各类酶,不能消化这类低聚糖类物质,它们从消化道到达结肠后,被含上述酶的双歧杆菌摄取和利用,这样就等于选择性地促进了双歧杆菌的生长和增殖,而其他过路菌或腐败菌都不含此类酶,故不能增殖。低聚糖促双歧杆菌生长情况列于表11-1中。

尽管20世纪40年代至50年代就有使用半乳糖、苷果糖防治肝昏迷的报道,但是当时人们并不知道使用这类低聚糖主要是有助于肝昏迷的治疗,尤其是与调整肠道菌群密切相关。直至20世纪80年代初,日本著名的微生态专家光冈知足先生首先证实寡糖有改善肠道内环境的作用,其主要机制在于促进肠道有益菌——双歧杆菌增殖和改善肠内环境,减少腐败菌产生有毒代谢产物及毒素分泌,发挥着清除有害菌的"生态清道夫"的重要作用。

表11-1 益生原对双歧杆菌与其他菌的选择促进作用

名称	低聚麦芽糖			低聚果糖	大豆低聚糖	低聚半乳糖	低聚木糖	低聚龙胆糖	壳聚糖
	异麦芽	潘糖	异麦芽三糖						
青春双歧杆菌	++	++	++	++	++	++	+++	++	++
两歧双歧杆菌	-	-	-	-	-	++	-	+	-
婴儿双歧杆菌	++	++	++	++	++	+		+	+
长双歧杆菌	+	+	+	++	++	++	+++	++	±
短双歧杆菌	++	++	++	+	+	++	-	+	±
嗜酸乳杆菌	+	-	-	+	+	++	-	+	±
唾液乳杆菌	-	-	-	++	++	++	+	-	-
产生类膜杆菌	-	-	-	-	-	+			
双辨酸菌	-	-	-	-	-	+			
粪链杆菌	++	++	++	-	-	-			
大肠杆菌	-	-	-	-	-	++			

人们进一步研究证实,这些低聚糖对保护人体健康非常有意义。

低聚糖类物质不仅具有选择性促进双歧杆菌增殖的作用,还已被证实这些益生原类低聚糖物质不能在人们的上消化道被分解和利用,因为人类很少打开这些低聚糖糖苷,因此,不能分解这些低聚糖。光冈知足先生的研究恰恰解决了碳水化合物作为新营养食品而可诱发糖尿病这一大禁忌。因此,益生原类物质(功能性低聚糖)作为新开发的保健品改善了人们的健康,以益生原为原料的保健品应运而生。

第三节 益生原与人类健康相关的若干问题

一、与腹泻相关的疾病的防治

肠黏膜的分泌与吸收障碍、肠蠕动过快、排便频率增加、粪便稀薄并有异常成分称为腹泻,腹泻常见于胃肠炎(或小儿消化不良等病症)。腹泻一般可分为急性腹泻或慢性腹泻:①急性腹泻可由急性胃肠疾病,如急性胃肠感染(病毒性、细菌性、真菌性、阿米巴性、血吸虫性等)或细菌性食物中毒(如沙门菌、嗜盐菌、变形杆菌、金黄色葡萄球菌或梭菌等)引起;此外,还有急性中毒(如毒蕈、桐油、河豚、鱼胆等)或化学毒物(如有机磷、砷等);当然一些变态反应性疾病(如过敏性紫癜)、肠炎或内分泌疾病(如甲状腺危象等)或一些药物不良反应也可引起腹泻(如利血平、胍乙啶等);②慢性腹泻可分为肠源性腹泻(如慢性肠道感染、肠结核或寄生虫如阿米巴痢疾或原因不明的局限性肠炎、吸收不良综合征等)、胃源性腹泻(如慢性萎缩性胃炎)、胰源性腹泻(如胰腺炎或肝源性腹泻（肝硬化）等，以及内分泌障碍（甲状腺功能亢进或糖尿病肠炎）、药物不良反应（如药物过敏等）或一些全身性疾病（如肠易激综合征、神经官能性肠病、尿毒症等）感染性腹泻，这类腹泻是世界性难题，每年有几百万人因此而死亡，主要是发展中国家的儿童，即使是在发达国家，每年也有高达30%的人受到食源性腹泻的影响，感染的原因有病毒（如轮状病毒）或细菌感染引起（如志贺菌、沙门菌或空肠弯曲菌、致病性大肠杆菌等），还有寄生虫感染（如阿米巴、鞭毛虫），甚至还包括真菌感染（如白色念珠菌、曲菌）等。当然还有另外一大类非感染性腹泻，它们都与肠道菌群失调有关（或为因，或为果），这类患者原则上都可以自选药物进行防治。

常见临床上使用克林霉素、氨苄西林、阿莫西林等抗生素过程中或用药后，发生轻重不一的腹泻，一般以排稀水样黄便、不太频繁（即次数不多）的水样便为主，多半是由于抗生素扰乱了肠道菌群的平衡而引起腹泻，这类患者在用益生原的同时，建议选用地衣芽孢杆菌活菌胶囊或金双歧等活菌制剂，腹痛明显者可加用氢溴酸东莨菪碱，每日2~3次，每次10 mg。

还有一些人在旅行期间，每日要解3次或3次以上水样便，或次数不定的水样便、大便不成形，或者伴有发热、腹痛（少数伴有呕吐），少数患者每日腹泻10~20次，病程1~10日，不少腹泻患者持续2~5日后可自行恢复，约55%的患者症状在48小时内消失，腹泻时间平均3~4日，约1/4的患者为不明原因腹泻或为致病性大肠杆菌或弧菌或空肠弯曲菌等引起的腹泻，这类病又称为旅行者腹泻。

建议防治方法：有明显病原菌（如致病菌等）可考虑使用诺氟沙星，每次0.5 g，每日3~4次，如果病因不明显可选用地衣芽孢杆菌活菌胶囊和金双歧，每次各2~4片，每日3次，或加服水苏糖，每日3次，每次1 g，效果也很稳定。

如腹泻时大便呈酸臭气味，多由进食过多、进不易消化食物（消化不良）或连续聚餐、节假日饮食无节制等原因引起。如患者有慢性胰腺炎、胆囊炎则应考虑脂肪泻。这些患者应在服用益生原的同时加用地衣芽孢杆菌活菌片，每次2~4片，每日3次；或选用洛哌丁胺，每日3~4次，每次2 mg（每片含2 mg）；或加服水苏糖，每日3次，每次1 g（尤其是便溏不畅者，效果更佳）。如果患者出现发热、恶心、呕吐、腹痛、大便频急或大便带有黏液或血，尤其是有里急后重感，应去医院检查，常见的有致病性大肠杆菌、嗜盐杆菌，甚至有痢疾杆菌或沙门菌或弯曲杆菌等，早期病情不重、发热但体温不高者可选用氧氟沙星，每日2次，每次100 mg；加用地衣芽孢杆菌活菌胶囊每日3次，每次4丸；并宜加上水苏糖每日3次，每次1 g。严密观察患者的病情变化，患者如有脱水和水、电解质紊乱，应及时补液和补充电解质。

此外，还有一些患者不适宜自选药物治疗，应及时送医院治疗，包括下列7种腹泻患者。

（1）腹泻次数过多且量也较大的腹泻患者，情况比较紧急，后果比较严重，如出现中毒性休克、脱水和水、电解质紊乱或酸碱中毒等。

（2）腹泻持续2日以上，尤其是患者体温升高（达39 ℃或以上）或者腹泻次数持续增加，无好转迹象，说明病情复杂，不可大意，应尽快就医。

（3）出现黏液便或脓血便，常伴有里急后重症状，尤其有块状黏液便应考虑这类患者肠黏膜有炎症或损伤，也应尽快送患者入院治疗。

（4）如果是集体就餐后出现的群体腹泻，要密切注意食物中毒或传染病的可能。

（5）如果腹泻伴有精神症状，如精神萎靡不振、口干、尿少或有恶心、呕吐、寒战、发热、脉搏细弱、全身软弱无力等症状，提示可能有全身性毒血症表现，应立即送医院治疗，高度警惕中毒性休克发生的可能。

（6）腹泻越频繁，便中有脓血或有块状物，呕吐频繁而又无物可吐，患者萎靡不振，要高度警惕伪膜性肠炎合并中毒性休克发生，应立即送医院救治。

（7）小儿腹泻已被治愈，突然出现大便次数增加，便稀软、发绿、有发酵气味，或有泡沫，或大便有黏液，甚至呈豆腐渣样，患儿腹胀并常合并有口腔鹅口疮等现象，这些患儿也应尽快送医院治疗，因为可能发生严重的菌群失调，甚至出现霉菌性肠炎。防治建议：可用地衣芽孢杆菌活菌胶囊或金双歧，每日3次，每次2~4片，并加服水苏糖，每日3次，每次0.6 g/kg，直至大便硬度正常。

可见腹泻是一种多病原、多因素引起的消化道综合征，它直接影响人们的健康。据统计全世界每年有近10亿人次患腹泻综合征，其中约有一半患者属于发展中国家，每年约导致500万儿童的死亡。近年来，研究证实益生菌能抑制肠道病原菌的黏附和繁殖，动物实验表明益生菌对病原菌（如沙门菌）有抑制作用，研究还表明对致病性大肠杆菌、弯曲菌、嗜盐菌，甚至一些弧菌引起的旅行者腹泻，通过服用益生菌可起到较好的防治作用。WHO建议急性腹泻在临床上应补充水分和电解质及进行营养支持，尤其是与口服补盐溶液（ORS）合用，即急性腹泻使用益生菌加ORS是发展中国家防治腹泻的一个重要举措，益生菌可以重建肠道优势种群，减少过路菌或条件致病菌的感染，维持肠道黏膜的完整性，并具有调节电解质平衡等作用。

益生菌防治的腹泻有HY引起的肠炎合并腹泻、轮状病毒引起的秋季腹泻，以及肠炎综合征及肠易激综合征等。

二、习惯性便秘的防治

便秘也是一种多发病、常见病，虽然它并不直接危及生命，但是其对健康的影响却不能忽视，因为它可能是现代病的源头。尽管人的消化活动不受人的意识所控制，胃肠活动一般不受意识控制，无论吃不吃东西，胃肠道都要按自己的规律活动。而排便却是受人意识支配的生理活动，粪便一旦在直肠内形成，就受人的意识支配，或排出或憋住。出生后不久的新生儿开始就有大便排出，6个月以上的婴儿有一定的条件就排便，2~4岁开始转为意识控制排便，以后逐渐建立习惯而服从社会要求的规律。

人的排便固然是生理现象，但实际上受社会规律支配。因此，排便规律是训练而成的，不是天生的。年轻的父母要帮助孩子建立良好的、正常的排便习惯。便秘是排便次数减少，2~3日或更长的时间一次，无规律性，粪便干硬，常伴有排便困难。便秘也可分为急性便秘和慢性便秘两大类。急性便秘由肠梗阻、肠麻痹、急性腹膜炎、脑血管意外、急性心肌梗死、肛周疼痛性疾病等急性疾病引起，其主要表现为原发病的临床表现；而慢性便秘原因比较复杂，多半无明显症状，常用泻药而图痛快排便者可诉食欲减退、口苦、腹胀、嗳气、发作性下腹痛或经常排气等胃肠症状，伴有头昏、头痛、易疲劳等官能性症状，症状可随便秘缓解和加重而相互变化。慢性便秘也是临床上常见的综合征之一，它可由直肠或结肠器质性疾病引起（如肿瘤、脓肿、肛裂、痔疮等），但多数还是单纯性便秘，多由功能性紊乱引起，后者也多称习惯性便秘，这类便秘可能与以下内容有关：①无力性排便，如药物使结肠蠕动功能减弱或丧失（吗啡中毒等）、经产妇腹肌松弛和骨盆底肌肉软弱、肥胖症、重度脱水、巨大腹腔肿瘤、老年肺气肿或膈肌麻痹者；②中枢神经系统疾病，如脑血管意外、截瘫、脊髓病等；③痉挛性便秘，如血卟啉病、铅中毒、结肠易激综合征，主要因为自主神经功能紊乱或肠平滑肌痉挛引起；④直肠排便反应迟钝或丧失，像滥用泻药或不恰当的灌肠等、运动少、年龄老化、生活节奏加快、工作高度紧张又多伏案工作（如编辑、教师），这些都是习惯性便秘发生的重要原因。对于有习惯性便秘的患儿，应该按社会要求训练患儿，尽量让患儿做到每日定时排1次大便，每次排便时间约10分钟，每次排便需排空。建立良好的排便习惯，即使因病或其他原因暂时扰乱了生活习惯，待特殊情况过后，仍然要尽快恢复原来的习惯，使大便保持正常。帮助患儿训练排便记住六个字：即"定时、限时（10分钟左右）、排尽"，让患儿健康的成长。

这里有几个问题要提出来讨论，具体如下：①关于缓泻药、润肠药的使用，这类药偶尔吃一次用以清理宿便是可以的，但作为常规，每日用药，则不可取，这些药物服用后也有相当一部分吸收到全身，影响全身的生理状况。此外这部分药一般都会减少肠道对水分的吸收，使内容物呈稀便排出，这样势必影响营养吸收。同时缓泻药和润肠药还有非常严重的弊端，就是容易对其依赖性越来越强，甚至剂量越来越大才有效，一旦停用这类药又恢复到习惯性便秘的状态。当然更大的问题是，任何缓泻药和润肠药一般对结肠或直肠都具有刺激肠壁和阻止肠壁吸收水分的作用，同时促进肠蠕动，达到缓解便秘的目的，它们对肠道菌群却具有很大的负面影响，一般它们不具有调整肠道菌群的作用，反而因此类药物的应用而不分青红皂白地损害肠道菌群（主要影响生理性原籍菌）；②关于"开塞露"的使用，开塞露一般所含成分硫酸镁、甘油和水的比例是1∶2∶3，所以也称"123灌肠液"，其总量不超过20 mL，量较少基本上不能吸收，所以不必担心有药物中毒的问题。但是"开塞露"也和其他泻药一样，只用于解决多日不排便、排便困难，一次性清理宿便还是有利的，可以使用"开塞露"建立生物钟，训练养成定时排便的习惯，"开塞露"使用安全、方便，一般在家里可由自己操作，"开塞露"也像其他泻药一样，也容易形成"开塞露"依赖性，即用"开塞露"就排便，若不用就不排便，它也像其他泻药一样刺激肠壁蠕动，减少肠壁吸收，进而排便，这也涉及一个损害肠道菌群的问题，因此从微生态学观点来认识习惯性便秘的防治，使用"开塞露"也非经典可取的方法。此外，如发现继发性巨结肠或者原来就有先天性巨结肠或巨结肠类疾病，此外还有不少直肠前突或直肠内套叠或耻骨直肠肌综合征等患者必须选择手术治疗这类慢性便秘，方能有效果。

（1）一般便秘时间2日左右，粪便呈黄褐条状，能曲，多无便意，少数有腹胀、腹痛等症状，对这类病情轻的患者主张首先增加粗纤维多的食物的摄入，如粗粮、白薯、蔬菜、水果（如葡萄、香蕉、苹果、柑橘等）。早餐宜食用燕麦及含一定量果胶的食物（如黑枣、柿子、山楂等）补充膳食纤维，因为它是形成大便不可缺少的物质，通过其持水性，可使其形成粪便后还含有相当量的水分，并通过容积作用产生饱胀感刺激排便，有利于双歧杆菌等生理性细菌生长。

对于这类轻型习惯性便秘者除了饮食中增加膳食纤维外，还可选择使用益生菌或益生原（如水苏糖等），一般来说，有腹泻便秘交替出现的患者选益生菌较好，而以便秘为主要症状者选水苏糖，每日2次，每次1.5 g；或乳果糖每次4 g，每日2次；或低聚木糖每次0.4 g，每日2次。改变生活习惯，适当增加步行时间，每日步行40～60分钟。

（2）便秘症状较重，一般大便4日左右排一次，呈棕色、棒状压迫变形，腹胀、腹痛明显，便秘时间较长，已有数月或数年历史。这属于中重度习惯性便秘，这类患者除了在饮食中增加膳食纤维外，如蔬菜方面适当加入蘑菇、菠菜、栗子、杏仁，膳食方面要适当增加玉米、大豆制品、燕麦等或适当增加果胶摄入，如草莓、柑橘等。主张联合使用益生菌和益生原。

（3）便秘症状特重，便秘时间往往超过一周，即使排便也排出黑色球状粪便，经常腹部胀痛或肛门痛，每次排便5分钟不能排出，对这类患者除了饮食中增加膳食纤维外，多食蔬菜，如黄瓜、土豆、西红柿、玉米等（每日最少300 g），水果200 g以上，如柑橘、苹果、梨等；适当增加步行时间（每日步行不少于40分钟）；这时可先使用一支甘露醇制剂或使用洗肠器先洗一次肠，灌入2%肥皂水500 mL，把积存的宿便一次排尽较好，然后服用益生菌和益生原（水苏糖每日服用3次，每次1 g），待便秘症状改善后，逐渐将益生菌减量，益生原总量不变（水苏糖可每日1次，每次3 g），用药时间可维持2~4周。

三、现代病的防治

近年来统计学资料表明心脏、脑血管病和癌症患者的患病率、死亡率有逐渐升高的趋势，美国有统计资料报告：心脏病、脑血管患者死亡率占总死亡率的50%，癌症患者死亡率占总死亡率的20%，即心脑血管患者和癌症患者占总死亡率的70%。我国这3种疾病患者的死亡率占总死亡率的71%，可见动脉硬化、高血压、心脏病、肝病、肥胖症和糖尿病等慢性病严重影响着人们的身体健康和生命，这些现代病的发生，除了遗传因素外，主要还与"万病之源"——肠道内毒素的缓慢吸收，潜移默化的损害密切相关。

肠道内毒素的产生一方面是肠道内腐败菌（有毒菌）代谢过程中，产生的剧毒代谢产物，如氨、硫化氢、胺类、酚类、吲哚、3-甲基吲哚、吡咯，一般是蛋白质和脂类代谢产物或中间产物；另一方面是肠道内有害菌，如革兰阴性菌的细胞，即内毒素等细菌自溶以后向外分泌脂多糖、多糖残基等类毒素，正常情况下人体肠道屏障结构（生物、机械、化学、免疫屏障）将这成千上万类毒素固定在肠道内，否则这些毒素足以杀死宿主数百次。但是个体生命在种种损害中引起肠道通透性的改变，上述肠内毒素破壁入血或淋巴，随之循环到全身重要脏器和器官，从胃肠慢性中毒到老化，然后是肺甚至内分泌器官的损害和老化，从而造成营养吸收障碍、胆固醇和甘油三酯代谢紊乱，出现心脏病、动脉硬化、高血压、血脂蛋白紊乱等，进一步引起胰岛素抵抗综合征等，所以不少学者认为现代病起源于肠道内毒素堆积、缓慢吸收和不可逆的损害。有人称便秘和宿便是"万病之源"，其主要是食物残渣停留在大肠内时间越久，越易滋生有害菌和产生毒素，有害菌的增殖和毒素的产生，首先就影响了正常菌的增殖，此外对有益菌在种类、数量和定植方面都有极大的影响，也就是会直接影响肠道菌群和生态平衡。

可见现代病的第一个诱因是肠道菌群失调和生态失调；第二个原因多半是饮食无度、营养过剩，即诱发现代病第二大因素是环境因素（即饮食因素），饮食结构模式是高脂肪、高蛋白、高热量且低膳食纤维。现代病又称"文明病"，营养过剩、不良生活方式造成的疾病，已成为威胁人类健康的头号杀手，各种致命的慢性病，即所谓"文明病"是代谢功能障碍造成的病症，又称为"五病综合征"，即以肥胖为核心，包括高血压、高脂血症、心血管病及糖尿病，这也是一组与营养摄入过剩密切相关的"富裕型疾病"，过去多发生于中老年人，而现在发病年龄在逐渐年轻化，由于生活节奏的加快，许多年轻人加入了"快餐店"行列，长期摄入高热量、高蛋白、高脂肪的饮食，又缺少运动，日积月累，使它们患上"文明病",在健康上付出了沉重的代价。"文明病"是一组相互联系、互为因果的代谢性疾病。它们互为因果、相互作用加重病情和危害。

如何预防"文明病"呢?

首先是营养全面,各类营养素质优量足、比例合理(各类营养素比例恰当,适合人体各阶段生长发育的需要);均衡膳食即平衡、多样、适量,膳食所提供热能和营养素与机体需要保持平衡。

五类日常食物如何做到平衡膳食呢?

第一类为五谷杂粮,粮谷类是主食,它供应人们的碳水化合物、B族维生素和无机盐等,食用原则是粗细搭配、精细配合,一般占总热量的32%左右为宜。

第二类为动物蛋白质类,每日摄入200 g左右,占总热量的10%~15%,即瘦肉50~100 g,鱼虾50 g,蛋类50 g左右,此类物质占膳食总量的13%。

第三类为豆类及其制品,豆类蛋白质、不饱和脂肪酸和卵磷脂等,豆类50 g,奶类100~200 g,以增加钙摄入,保护胃黏膜,占膳食纤维总量的9.5%。

第四类为蔬菜、水果,这是人体维生素、矿物质和膳食纤维的主要来源,每日摄入400~500 g蔬菜,绿色蔬菜应占1/2以上。每日在饭后吃100~200 g鲜果,蔬菜、水果类食物占膳食总量的40%左右。

第五类为油脂,油脂可供给热量,并可促进脂溶性维生素吸收,以及供给不饱和脂肪酸,一般每千克按1 g油脂计算,一般占食物总量的2%左右。动物油因饱和脂肪酸较多,其所含的胆固醇又可导致动脉硬化和心脑血管疾病,鱼油因含不饱和脂肪酸,所以不在过分限制之列。

最后还有关于食盐摄入量,大致规定每日4~5 g。

还有就是适当地增加膳食纤维,保持通畅排便,尽量减少宿便,减少毒素和有毒物质的吸收和损害,所以这种保持大便通畅的前提是不损害双歧杆菌,并尽可能在促进双歧杆菌增殖的同时,又促进通畅排便而不留宿便。

能够满足上述条件的物质——益生原。因为双歧杆菌等肠道正常菌群不仅参与生物屏障的构建,而且参与了机体的代谢并具有相当的营养作用,如水溶性B族维生素、硫胺素、吡哆醇、核黄素、叶酸、泛酸、生物素、维生素B_{12}等合成和吸收,都有双歧杆菌等正常菌群的参与。益生原可作为双歧因子类物质,选择性促进肠道生理性原籍菌生长;同时益生原又具有难消化性和类似水溶性食物纤维作用,水溶性膳食纤维表面可能带有许多活性基团,可吸附或螯合胆固醇、胆汁酸之类的有机物分子,从而影响胆固醇和脂类代谢,水溶性纤维素具有吸附水分、扩大容积的作用,既参与粪便制造并利于其排泄,又在胃肠道产生容积作用而引起饱胀感,故影响机体对食物及其成分的消化和吸收,不易产生饥饿感，从而起到抗肥胖的作用。可见益生原类物质既可能选择性促进双歧杆菌生长，又能抑制有害菌的生长，通过调整肠道菌群，达到净化肠内环境的重要生理作用；通过肠内菌群来参与机体代谢，既能影响胆固醇代谢，降低血清胆固醇和血脂作用，又能通过合成吸收和利用B族维生素直接影响机体代谢，并通过水溶性膳食纤维的吸附、激化等作用，减少机体的饥饿感，从而起到抗肥胖的作用，所以益原是目前对抗"文明病"、促进身体健康、延缓机体衰老较好的保健品，其作用效果较广泛，效果肯定。作为重要的保健品，下面对其用量用法进行简易的介绍。

（一）一般成年人或老人

每日服1~2次水苏糖或低聚乳果糖，每日1次，可以晨起服用或睡前服用，每次3 g水苏糖或8 g低聚乳果糖；如每日2次，则每次水苏糖1.5 g或低聚乳果糖4 g，可早晚各1次。

像水苏糖或低聚木糖一类每日需要量较少的益生原产品，可以采取一次性服用法，如每日晨起或睡前服用1次即可，而对需要量较大的低聚乳果糖等益生原物质，可采用口服2次即早晚各服1次的方法，以免一次服用剂量过大。

对多数服用益生原的患者，有两点建议还是得提一下：①每日坚持服用，它对于减少宿便、预防现代"文明病"的发生和发展肯定有防治作用，有些改变可能是缓慢的，日改变是很小的，但贵在坚持；②对使用益生菌口服耐受或自身耐受的患者，益生原恐怕是最理想的替换制剂。

（二）儿童和青少年

学龄儿童由于对排便规律训练不够，也会形成所谓习惯性便秘，当然要带患儿去医院排除相关性疾病，如巨结肠类疾病、特发性巨结肠、神经性肛门（包括括约肌）痉挛和肠动力紊乱等，如属于习惯性便秘，一般不严重，可以通过日常生活训练来防治，也可以借助益生原制剂。当然还应该了解引起小孩便秘的原因，针对原因调整也是解决小儿习惯性便秘的重要措施。首先是饮食量不足，小儿进食太少，经消化后残渣太少，大便自然减少，加之奶中糖量不足可以使大便干燥，况且长期饮食不够引起营养不良，腹肌、肠肌薄弱，肌张力差等常可形成恶性循环，可以引起顽固性习惯性便秘，人工喂养婴儿喂水不足也可引起大便干燥。故小儿不宜进食和饮水太少，否则引起大便干燥。另外，食物成分比例不当，大便性质与食物成分有密切关系，如食物中含蛋白质过多、糖分太少，如儿童过多食用快餐鸡，而这类高蛋白而少粮食和少蔬菜、少水果的饮食，几乎无食物残渣，故而无大便形成；此外人工喂养婴儿比母乳喂养的婴儿更易发生便秘，这是因为牛乳中酪蛋白和钙比人乳多，当粪便形成时内含大量的不能溶解的钙灶，大便不易排出而易发生便秘。

当然像前面提到的肠道功能紊乱，由于生活不规律和对按时大便的习惯缺乏训练，以致没有形成排便的条件反射，终至肠肌松弛而便秘；常使用泻剂或灌肠法排便，缺乏体力活动或患慢性疾病，特别是营养不良、佝偻病或呆小症也会导致便秘。

生理性缺陷，如肛门裂、肛门狭窄、先天性巨结肠等，有的小儿出生后即便秘，有家族史，与遗传密切相关。

还有小儿生活环境和生活习惯突然改变也可诱发便秘。

对于小儿习惯性便秘的防治注意改善饮食内容和习惯；小婴儿人工喂养时应合理加糖和辅食，牛奶喂养可加5%~8%的糖，也可以喂蜂蜜、果汁以刺激肠蠕动；较大的婴儿可加菜泥、水果和粥等；再大一点的儿童应尽早增加含膳食纤维谷类食品，如玉米、小米等五谷杂粮的稀饭。1~2岁后就不宜吃过精细食品，多食粗粮和红薯、豆类、豆制品、蔬菜和水果。因含较多的膳食纤维，可刺激肠蠕动；此外还应培养良好的饮食习惯和生活习惯，不偏食和挑食，营养不良的患儿应尽快改善营养状况，增强肌张力，6个月以上的婴儿就应训练坐盆排便。益生原的使用，对于改善儿童习惯性便秘也很有作用，一般是15岁（或以上）青少年每日1次，1次服水苏糖3 g（或低聚糖5 g），嘱睡前服用；7岁左右儿童可以每晚睡前服1.5 g水苏糖或3 g低聚乳果糖，3岁左右的患儿可服用水苏糖1 g，每日1次，最好是睡前服用，第二日要进行训练排便，这种训练不是1~2日马上可以学会的，而是要经过几个月的训练和巩固，儿童训练排便期间每日服用水苏糖，可以睡前加在水中饮用或加入液体食物奶中食用，另外，也可在训练过程中给低聚乳果糖（每日0.7 g）。

（三）关于孕妇便秘的防治

女性妊娠期间易出现便秘症状，这可能是因为妊娠期间，增大的子宫可以挤压肠袢，使肠道活动受限；或者由于肠粘连而引起肠扭转或发生肠套叠，加上妊娠期间孕妇活动明显减少，一些地区喜欢高蛋白高脂肪饮食，饮食中明显缺乏膳食纤维，易造成孕妇便秘。

孕妇的便秘不好使用导泻药和缓泻药，因为这类药不仅使肠蠕动加快，还会诱导宫缩进而导致先兆流产等。医生除了嘱孕妇适当进行步行活动或膳食中增加蔬菜或水果外，另推荐以下食品：白木耳加核桃仁，前者50~100 g，后者100~200 g，温火慢炖，至白木耳炖干为黏液状，核桃仁也开始化开；或用高压锅炖。炖好后服用前加入益生原如水苏糖3 g（或低聚乳果糖8 g，或低聚木糖0.7 g）。白木耳是一种高等真菌，味甘、淡，性平，具有滋阴润肺、益气和血之功效，被誉为传统滋补品中皇后。白木耳主要含有多糖类物质（又称为银耳多糖，含大量超氧化物歧化酶和单胺氧化酶等），尤其是白木耳还是一种含粗纤维丰富的减肥食品；而核桃仁味甘、性温，具有壮腰补肾、益肺止喘、滋补养阴之功效，其还含有丰富的亚油酸和亚麻酸等不饱和脂肪酸，并且还有润滑肠道、缓解大便秘结的痛苦。

四、免疫耐受性患者与益生原

在临床上使用益生菌防治相关性疾病时发现大约有1/10 000的患者对使用活菌制剂无反应性,这就是所谓的免疫耐受性,它包括自身耐受性,也包括口服耐受性。自身耐受性是指对构成抗原自身的任何成分,人体呈无反应状态;口服耐受是对日常消化食物成分的反应抑制状态。也就是说在临床上大约有1/10 000的患者出现菌群失调而使用益生菌防治时,无效果也无反应性。人体肠道免疫机制包括两大部分,一是先天性免疫,二是适应性免疫。巨噬细胞、中性粒细胞、自然杀伤细胞,以及血清补体是先天性免疫系统的主要成分,是抵抗许多有害微生物的第一道防线,然而有许多原因使得这个系统不能被识别,这时适应性免疫系统(B细胞和T细胞)组成了第二道防线,先天性免疫系统的细胞调整了适应性免疫反应,开始了后续的方向。人体存在着多种能识别自身抗原的自动反应淋巴细胞,以及干扰人体天然内部秩序的自动反应B细胞和T细胞,它们在发展和分裂过程中较早遇到自身抗原而出现反应性抑制,这种状态也称之为细胞系的无反应性,它和非反应性淋巴细胞存在有关,这使得能够进攻自身的淋巴细胞在造成危害前即被除去。可见自身耐受性被认为是一种以多种机制为基础的免疫对策。而口服耐受性来源于肠道抗原的低反应性,当一种口服抗原被再一次通过非口服途径服用时发生免疫反应的非常抑制,是免疫反应排除和抑制的伴随反应,可能由抑制性细胞因子TGF-β的双向作用造成的。

无论是自身耐受性或口服耐受性,它们都属于免疫耐受性患者,即对使用益生菌无反应或诱发异常免疫反应并可能导致致敏作用,因此临床上遇到这类免疫耐受性患者首先是停用益生菌,因为无论哪类益生菌(原籍菌、共生菌或生理性真菌构成)都因为免疫耐受无反应而无效。而对患者存在菌群失调可以完全使用益生原,其疗效、作用不仅不会逊色于益生菌,还不会出现免疫耐受状况。

对这类患者使用益生原,分2~3次服用,每次剂量较少为宜,如水苏糖,每次1 g,每日3次;或低聚乳果糖每次2 g,每日3次;或低聚木糖每次0.2 g,每日3次,第3次服0.3 g。对于这类免疫耐受产生的患者,使用益生原替代益生菌,不仅能保证对肠道菌群的调整,治疗原发病,还可以避免因患者免疫耐受对机体产生的不利影响,中断其恶性循环,因此有菌群失调的免疫耐受性患者其选用药物是益生原。

益生原是功能性低聚糖(1~9个单糖聚合物),分子量较小,非抗原类物质,它在人的上消化道不被分解利用,直达人的结肠后,可以选择性被双歧杆菌等生理性细菌利用而促进其生长,因此益生原类物质属于非蛋白质类-非抗原性物质,并通过双歧杆菌等增殖而达到调整肠道菌群的作用,故临床遇到有菌群失调合并胃肠道疾病的患者,使用益生菌不仅无法改善症状,还会使菌群失调更严重,要考虑这类患者可能存在益生菌的口服(或自身)耐受性的问题,应停止益生菌的使用,改用益生原,可能达到事半功倍的效果。

五、抗生素应用时益生原的选择

临床上常出现为对抗病原菌不得不选择使用抗生素的情况。抗菌药物的毒力大多经肾脏和肝脏排泄，因此比较多见的是肾脏和肝脏的毒性反应。此外，神经系统、胃肠道、血液系统毒性反应也常有发生。抗菌药物的应用一般都会引起菌群失调，使用抗菌药物后，由于它们都有一定的抗菌谱，使用过程中杀灭敏感细菌，促进耐药菌的生长，如肠道菌群应用抗菌药物以后，一方面干扰甚至破坏生态屏障，使外袭菌得以在肠道内定植和繁殖；另一方面对其敏感的厌氧菌减少甚至消除，造成耐药菌株大量扩散，也就是说抗生素尽管能杀灭一些病原菌，但是由于抗生素的滥用，也容易引起抗生素相关性腹泻或抗生素相关性肠炎，甚至伪膜性肠炎或菌交替症等。

因此，笔者曾在《现代微生态学》一书中指出，选择抗生素应用时，应尽量选择不影响定植抗力，又对潜在致病菌敏感，口服不易吸收，能维持肠腔内高杀菌或抑菌浓度的抗生素，不受胃肠道诸多因素的影响，即不易被灭活和降解，窄谱抗生素联合用药效果较好。

为了减少菌群失调的发生，除了按上述原则选择抗生素之外，还应在应用抗生素的同时，适当选择益生菌与之同用，这也可能有预防作用。

首先，选择对革兰阳性菌不敏感的抗生素为宜，这类抗生素基本上不损伤微生态制剂。另外，按药物生产厂家所提供的该制剂对哪类抗生素不敏感的信息，与这类抗生素同用应该不会损害益生菌，可尽量避免杀灭益生菌中的活菌。如地衣芽孢杆菌活菌胶囊，它对于第三代头孢霉素、庆大霉素、氟哌嗪、青霉素等抗生素不敏感，因此应用上述抗生素时可与地衣芽孢杆菌活菌类益生菌同用；如伯拉德酵母菌制剂，它对表霉素G、氨苄西林、头孢哌酮、头孢唑啉、头孢曲松、诺氟沙星、红霉素、复方新诺明、丁胺卡那、克林霉素等许多常用抗生素都不敏感，因此可以与上述抗生素同时使用，既可使用抗生素尽快控制和杀灭致病菌或条件致病菌，控制感染，又因为使用了共生菌类益生菌而能避免抗生素相关性肠炎或相关性腹泻等不良反应发生，尽快改善肠道菌群而促进其平衡。

尽管用药是个好的思路，但是也存在相当多的生物学风险。因为细菌的耐药既有自发的突变，也可人工诱变即诱导突变，细菌耐药性突变可能是单一突变，也可能是多重突变，尽管细菌的耐药是自然随机发生的，但是抗生素的使用可能会起选择压力作用。此外R因子细菌耐药性质粒的转移，既可通过F因子、RTC等自行转移，也可通过嗜菌体作为媒介传导或通过感受态细胞转化（吸收）而实现质粒基因的转移。此外还有转移因子，能在质粒之间或质粒与染色体之间自行转换位置的核苷酸序列，如转座子等。也就是说这种益生菌与抗生素同用，又可能在抗生素选择压力下，诱导耐药性产生，而这种耐药性传递（种间或属间）又有可能使敏感菌变成耐药菌，这种潜在风险还是存在的，加上没有充分信息显示在何种情况下这些遗传因素才会启动,因此不能不顾及这些大剂量抗生素与益生菌同用可能产生的潜在危害问题。

如何解决这一大难题呢?笔者认为,解决使用抗生素后引起菌群失调问题另一个很好的办法是:在准确地选择抗生素使用情况下配合使用益生原类物质。例如,在选择使用抗生素的过程中,嘱患者补充益生原类物质,如水苏糖,每次1 g,每日3次(即每日3 g);或低聚乳果糖,每次2 g,每日3次;或低聚木糖,每次0.3 g,每日3次,每日0.7~0.9 g即可。

六、骨质疏松症的防治

钙是人体最多的矿物质元素,是骨骼主要的构成成分,在机体生命活动的生理和生化过程中起着重要作用。一旦钙缺乏,不但影响儿童的正常生长发育,还可能引发儿童时期的佝偻病、手足搐搦及成人期的骨软化病、老年期的骨质疏松症和骨折等。

骨质疏松症以骨量降低为主要特征,是一种严重威胁老年人(尤其是绝经期女性)健康和生活质量的慢性病。随着世界人口不断老龄化,骨质疏松症逐渐成为全球性的公共卫生问题,骨质疏松性骨折的致残率和致死率都较高,前者达33%,约20%的人在骨折后1年内死亡。

怎么预防骨质疏松症呢?首先,"药补不如食补",改善膳食结构,增加钙的摄入量。我国居民的钙主要来自蔬菜,一般蔬菜含钙量低,而有些蔬菜含钙量就较高,也易于吸收,如甘蓝、盖菜;其次,奶制品含钙量较高,而且奶中钙多为钙离子,易吸收和利用;此外,像小鱼、小虾、大豆及其制品,以及坚果类食物含钙丰富;另外,一些强化食品,如强化钙面粉、食盐、饼干等,既价格合适,又能即时补钙等,都是较好的补钙措施。但是我国是亚洲地区国家,居民中有不少乳糖不耐受患者,既有先天性也有后天性乳糖酶缺乏,故不能通过饮用牛奶达到补钙的目的;同时,我国居民的主要食物是谷物(大米饭),主食中的植物酸、蔬菜中的苯酸等都易与钙离子结合,形成大分子不易溶解的苯酸(或植酸)钙,从而减少了游离钙离子的吸收和利用。当然补钙还可食用一些保健品中强化剂,儿童、孕妇、乳母或老年人都可选用。保健品中钙可分为两大类:一类是无机盐,其含量高,溶解度低,对胃肠刺激大,不易被吸收和利用,如碳酸钙(40%)、活性钙(48%);另一大类是有机钙,其钙含量较低,溶解度高,对胃肠刺激小,如天门冬氨酸钙(23.39%)、醋酸钙(22.7%)。一般婴儿和老年人及胃病患者(如萎缩性胃炎),因胃酸浓度较低加上胃肠功能较弱,选择有机钙较妥当,补钙原则为缺多少补多少。一般情况下补钙量是摄入量的1/3或1/2。此外,补钙的同时也要补充维生素D,因为维生素D能增强肠道对钙的吸收,并减少肾脏的排泄,在血钙过低时还能动员钙进入血液,在整个钙代谢中起重要调节作用,如维生素D的活性代谢产物1,25-(OH)$_2$D$_3$促进肠道吸收钙,并在肠黏膜细胞质内与结合因子结合,然后转运到细胞核内,促进DNA转录为mRNA,从而使细胞合成对钙有高度亲和力的钙结合蛋白,肠黏膜细胞刷状缘附近的钙结合蛋白在Ca^{2+}-ATP酶参与下与来自肠腔的钙离子结合,再转移到肠黏膜细胞基底膜侧,在碱性磷酸酶的参与下将钙离子泵出肠黏膜细胞进入血液,从而完成肠道对钙的吸收过程。

钙营养不足在我国广大人群(儿童、女性、老年人)中广泛存在,而且不可能在短时期内解决。前面提到"药补不如食补",除了饮食中增加钙制剂和维生素D的补充,还有一个相当好的办法是补充益生原,增加钙的吸收和利用。益生原物质,如水苏糖、低聚糖和低聚木糖具有膳食纤维,结合金属离子(如钙、镁、锌、铜等)在胃肠中形成"益生原和矿物质结合物"。它们到达结肠后,随着益生原物质被双歧杆菌等生理性细菌发酵、分解和利用,同时也释放出矿物质并使之更易于被宿主吸收;此外,益生原分解产生短链脂肪酸降低了肠道的pH,在肠道酸性环境中,矿物质溶解度增加,其生物有效性也得到很大的提高(如磷酸钙)。当然生理性细菌产生的一些短链脂肪酸(如丁酸盐)还能刺激黏膜细胞生长,因而提高肠黏膜对矿物质的吸收能力。尤其是益生原可以促进双歧杆菌增殖,双歧杆菌黏附到肠上皮细胞受体后,使肠黏膜上皮细胞开放钙离子通道,大量钙离子被吸收和利用。另外,益生原的补充可大幅度增加结肠中钙结合蛋白DK的水平,而相对降低了其在小肠中的水平,可见益生原还可能通过转细胞途径刺激结肠中钙的吸收和利用,尤其是间接参与血清钙的调节方面起一定作用。血钙调节系统是一个互相联系、互相制约的整体,当血钙下降时,就会有甲状旁腺激素分泌增加,提升肾上腺17α-羟化酶活性,使1,25-(OH)$_2$D$_3$合成增加。这一方面使肠钙结合蛋白生成增加,促进肠内钙的吸收;另一方面和甲状旁腺激素一起动员骨钙入血,其综合结果是使血钙升高,与此相反,血钙高于正常时,就会抑制甲状旁腺激素分泌,使1,25-(OH)$_2$D$_3$合成减少,骨钙动员减少,血钙下降。通过动物实验证实水苏糖具有一定的抗骨钙丢失作用,并提高钙的吸收率,促进了钙的吸收,其对血钙的调节可能与骨钙素有关。骨钙素是一种维生素(双歧杆菌的增殖,其合成增加)依赖性钙结合蛋白,促进非结晶性钙磷盐向结晶性钙磷盐转交,促进了骨矿物质沉淀,增加矿物质含量,其合成也受1,25-(OH)$_2$D$_3$的调节,且成骨细胞1,25-(OH)$_2$D$_3$最有特征性的反应就是骨钙素合成增加。益生原一个重要影响是直接影响血清中骨钙素的含量,使其保持在一定的水平上,而使成骨细胞活性保持一定水平,使血清钙水平稳定。此外,水苏糖能不同程度地提高骨及相关组织血清碱性磷酸酶的活性,提示可以增强成骨细胞的活性,促进骨钙化,从而增加对钙的吸收和利用。从目前发表的人和其他动物报告来看,像水苏糖一类的益生原物质能增强钙的吸收,对骨质疏松者疗效较好。水苏糖可能是通过多种途径提高钙的吸收和利用率,如高效选择性增殖双歧杆菌,增加其对黏膜上皮细胞的黏附,从而直接影响了上皮细胞的代谢,或如开启钙离子通道,让大量细胞外钙离子流入细胞内被吸收和利用;此外,双歧杆菌产生大量的乙酸和乳酸等短链脂肪酸,使肠道环境酸化而提高钙的溶解性,从而有利于钙的吸收;并且提高结肠黏膜结合蛋白浓度,提高钙的转运能力(吸收)。水苏糖主要是增加结肠钙的吸收,当然它可以改善股骨质量,但是对血清钙、磷尤其是骨钙素的影响不明显,可能更重要的还是在骨钙素整体调节下,水苏糖不能直接影响血钙和血磷的水平,但它使钙的吸收率提高,促进了碱性磷酸酶活性的增加,使成骨细胞活跃,使骨形成加强,骨含量升高,骨密度增加,从而保证了骨的质量,这些可能是水苏糖防治骨质疏松的机制。

参考文献

1. ABBOTT A. Microbiology: gut reaction.Nature, 2004, 427 (6972): 284-286.
2. BRITT BOUSMAN C, COLLINS M B, GOLDBERG P, et al.The palaeoindian-archaic transition in North America: new evidence from Texas. Antiquity, 2002, 76: 980-900.
3. BUDDINGTON R K, WILLIAMS C H, CHEN C S, et al.Dietary supplement of neosugar alters the fecal flora and decreases activities of some reductive enzymes in human subjects. Am J Clin Nutr, 1996, 63 (5): 709-716.
4. CORDAIN L, EATONS B, MILLER J B, et al. The paradoxical nature of hunter-gatherer diets: meat-based, yet non-atherogenic. Eur J Clin Nutr, 2002, 56 (Suppl 1): S42-S52.
5. CAMPBELL J M, FAHEY G C Jr, WOLF B W.Selected indigestible oligosaccharides affect large bowel mass, cecal and fecal short-chain fatty acids, pH and microflora in rats. J Nutr, 1997, 127 (1): 130-136.
6. WEISS E, WETTERSTROM W, NADEL D, et al. The broad spectrum revisited: evidence from the plant remains. Proc Natl Acad Sci USA, 2004, 101 (26): 9551-9555.
7. VULEVIC J, RASTALLR A, GIBSON G R.Developing a quantitative approach for determining the in vitro prebiotic potential of dietary oligosaccharides. FEMS microbiology lett, 2004, 236 (1): 153-159.
8. TUOHY K M, ZIEMER C J, KLINDER A, et al.A human volunteer study to determine the prebiotic effects of lactulose powder in human colonic bacteria. Microbial Ecol Health Dis, 2002, 14: 165-173.
9. SOBOLIK K D. A nutritional analysis of diet as revealed in prehistoric human coprolites. The Texas Journal of Science, 1990, 42 (1): 23-36.
10. STINERM C.Carnivory, coevolution, and the geographic spread of the genus homo. Journal of Archaeological Research, 2002, 10 (1): 1-63.

第十二章

合生原制剂与健康

合生原制剂是益生菌与益生原相结合的新制剂,是继益生菌、益生原之后进一步开发的新型微生态制剂。合生原制剂不是益生菌简单地相加益生原的合剂,合生原组合是要符合微生态制剂原则的。合生原制剂既能补充生理性活菌(即原籍菌),又能调整和促进机体的微生态平衡和酶平衡,并且赋活机体的免疫机制,提高机体的定植抗力,促进益生菌的定植和增殖,提升宿主胃肠道内(尤其是小肠内)生理性细菌的活力、增殖力和定植力,从而全面提高宿主的健康水平。

合生原是益生菌与益生原两类物质相叠加的结果,即选择益生原具有确切的促进益生菌中活菌增殖。事实上选择益生菌制备合生原就是要选择对益生菌相加增殖作用的益生原物质,这种制剂中的益生原既能促进制剂中益生菌生长,又能促进宿主体内益生菌的生长、繁殖,这样的组合笔者才称其为制备合生原制剂的完美组合。

关于合生原制剂的开发,至少遵循下列两条原则:一是益生原的选择必须具有菌种特异性,二是益生菌的选择必须具有宿主的依从性。这样的合生原制剂才能充分发挥其生态效应。

另外,益生菌的选择具有宿主的依从性,即复制剂作用所限,也就是说开发一个益生原制剂,其根据需要对液体的依从性选择益生菌。可供选择的益生菌有上百种,一般选择原籍菌——双歧杆菌为主,如用于儿童的抗食物过敏的合生原制剂,一般选用青春双歧杆菌作为益生菌,有报告说明儿童食物过敏症与儿童自身携带的青春双歧杆菌为原籍菌有关,所以此类合生原制剂的开发宜选择婴儿双歧杆菌或长双歧杆菌为妥,了解益生菌的对宿主的依从性来开发合生原制剂,才会有事半功倍的效果。

合生制剂原是指含有益生菌(剂)和益生原成分的复合制剂。益生菌是指能通过改善人体肠道微生态平衡而发挥有益作用的活的微生物,如双歧杆菌、嗜酸乳杆菌等。益生原又称双歧因子,是不被人体所利用,但可被肠道中的生理性细菌所利用,并促进生理性细菌生长的物质,如低聚糖就是益生原。合生原制剂的主要作用:①提高机体的定植抗力,阻止致病菌入侵,预防疾病发生。a.屏障作用:通过占位和营养争夺排斥有有害菌,并产生有机酸、过氧化氢和细菌素等,阻止有害菌的生长繁殖;b.促进免疫细胞产生黏膜分泌型抗体IgA,预防呼吸道和胃肠道感染(如感冒、轮状病毒感染等);c.能够刺激机体的非特异性免疫功能,使机体吞噬细胞的活性增殖,提高免疫力。②促进营养吸收,增强体质,产生乳糖酶。a.助消化乳糖,减缓因乳糖不耐受所造成的腹胀、腹泻和腹痛等症状;b.分解乳糖产生乳酸,促进钙、铁、锌和维生素D的吸收,产生维生素C、B族和K族维生素等营养物质。

保持健康的胃肠道功能:①产生多种有机酸和消化酶,促进胃消化;②产生乳酸、乙酸等物质可刺激肠道,促进肠蠕动,改善便秘;③抑制有害菌的生长繁殖,促进产生抗体IgA,减缓腹泻。合生原制剂多属于多功能保健功能食品,也可以成为儿童防病致病的制剂。

合生原制剂防治内毒素血症及脓毒症的探讨,具体如下。

笔者曾使用合生原制剂[双歧杆菌、乳酸杆菌、肠球菌及中药低聚糖(水苏糖)合剂]进行30%Ⅲ°烧伤大鼠内毒素血症实验性研究,结果证实:①伤后24小时喂服合生原制剂组动物内毒素较对照组动物血浆内毒素明显降低,两组比较有显著差异($P<0.05$),伤后48小时与伤前水平相当;②伤后12小时与对照组血浆TNF-α比较也有显著差异($P<0.05$),至伤后48小时与对照组相比TNF-α分泌量就出现显著性差异($P<0.01$);③二胺氧化酶(DAO)活性:伤后12小时喂服合生原制剂组较对照组低得多,相比有显著性差异($P<0.05$),至伤后48小时以后两组差异就极显著($P<0.01$);④血浆NO:伤后12小时喂服合生原制剂组较对照组有显著差异($P<0.05$),24小时、72小时、96小时后出现极显著性差异($P<0.01$)。上述报告中关于DAO是主要存在于哺乳动物黏膜绒毛膜上具有高度活性的细胞内酶,测定血浆DAO活性能反映小肠黏膜结构和功能状况,笔者的实验证实合生原制剂喂服烧伤动物模型(30%Ⅲ°)能减少动物血浆DAO产生,提示其能保护小肠黏膜结构和功能,进而减少烧伤后肠道细菌和内毒素移位。报告还证实合生原制剂能减少细胞因子TNF-α的产生,减少内生炎症因子对机体的损伤,并有下调组织细胞产生NO的作用,减少NO过度产生,减轻炎症介质损伤机体的级联(连锁)反应,这种下调TNF-α和NO的作用可能与遗传支配有关,详细机制还待更深入地研究,但是合生原制剂保护严重烧伤动物、防治内毒素及脓毒血症还是有相当大的意义。

参考文献

1. 黄文华. 创伤后免疫功能紊乱与感染并发症. 中国危重病急救医学, 1998, 10 (12): 708-711.
2. YAO Y M, LU L R, YU Y, et al. Influence of selective decontamination of the digestive tract on cell-mediated immune function and bacteria/endotoxin translocation in thermally injured rats. J Trauma, 1997, 42 (6): 1073-1079.
3. 府伟灵, 肖光夏, 余佩武, 等. 拮抗内毒素治疗后烧伤病人血中内毒素和细胞因子的变化. 中华医学杂志, 1996, 76 (5): 355-358.
4. 周红, 郑江, 袁建成, 等. BPI作为内毒素自然抑制物的作用研究. 中华烧伤杂志, 2001, 17 (2): 102-104.
5. 陈鸣, 府伟灵, 俞丽丽, 等. 鼠抗脂多糖单链噬菌体抗体库的构建. 第三军医大学学报, 2001, 23 (4): 407-410.
6. 王勇, 黄文华, 彭代智, 等. 严重烫伤后小鼠腹腔巨噬细胞NF-κB、IκB-α、TNF-α的变化及调控. 第三军医大学学报, 2001, 23 (10): 1153-1156.
7. 翁心华, 潘孝彰, 王岱明. 现代感染病学. 上海: 上海医科大学出版社, 1997.
8. 熊德鑫. 现代微生态学. 北京: 中国科学技术出版社, 2000.